АВТО•МАТ

КАЛАШНИКОВА

СИМВОЛ РОССИИ

步枪之王
AK-47

俄罗斯的象征

（俄）**伊莉莎白·布塔** /著　　**孙黎明** /译

社会科学文献出版社
SOCIAL SCIENCES ACADEMIC PRESS (CHINA)

**АВТОМАТ
КАЛАШНИКОВА**

СИМВОЛ РОССИИ

前言

如果谁能造出更好的自动步枪，我会第一个上前握住他的手。

M. T. 卡拉什尼科夫

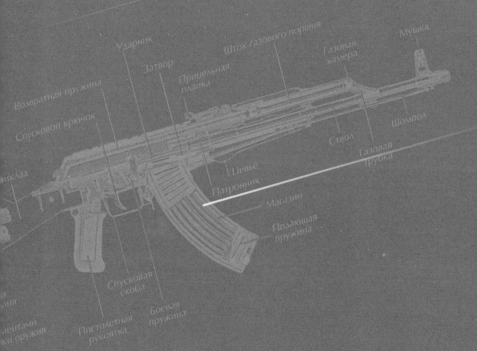

Ударник

Затвор

Возвратная пружина

Шток газового поршня

Прицельная планка

Газовая камера

Мушка

Спусковой крючок

Ствол

Шомпол

Газовая трубка

Цевьё

Патронник

Магазин

Подающая пружина

Спусковая скоба

Пистолетная рукоятка

Боевая пружина

АВТОМАТ
КАЛАШНИКОВА
СИМВОЛ РОССИИ

　　卡拉什尼科夫自动步枪无疑是世界上最民主的发明，在它面前一切都是平等的。这款武器完全可以被称作俄罗斯的象征。"关于俄罗斯您知道点什么？"当向外国人提出这个传统问题时，人们在说出是驯化了的熊之后，马上就能说出自动步枪。该如何解释这种声望呢？首先就是这种枪的结构十分简单。米哈伊尔·季莫费耶维奇·卡拉什尼科夫曾经说过："我在工作时始终记着这样一句话，'士兵终归是士兵，不是院士。'"这句话早已成为家喻户晓的名言。

　　一切起源于 1942 年，大家都很清楚，那时武器世界进入了一个新的时代。20 世纪 40 年代初，整个世界开始使用中等尺寸定装弹武器。之所以获得定装弹这个称谓，是因为就威力而言，它是介于手枪定装弹和步枪定装弹之间的。这种型号的定装弹早在 19 世纪就有人提出了设想，但只是到了 20 世纪初才有可能制造这种中等尺寸的定装弹，按这种定装弹的规格，我们可以把重量适中、高射速和必要射距这些技术指标整合为一体，设计出全新的武器。

　　按中等尺寸定装弹规格制造武器的竞标改变了一切。在几年的时间里，多个武器设计专家组之间进行着竞赛。著名的 AK–47 在竞标的最后阶段与武器设计师 M. T. 卡拉什尼科夫最初提出的设计方案已大相径庭。竞标持续了好几年。没有一个方案完全符合官方提出的要求。在第三轮竞标之前，M. T. 卡拉什尼科夫决定走一步史无前例的险棋。当时，对他的发明提出不同意见的数量之多出乎人们的意料。设计师本人事后也感到吃惊，他竟然通过了第三轮竞标。他以破釜沉舟的勇气，决定对自动步枪的结构进行重大改变，这可是竞标规则所不允许的。最终证明，这次所冒的风险是值得的，1949 年，卡拉什尼科夫的 1947 年式自动步枪列装苏联军队。他的这一举动获得了巨大成功，这种结构简单的天才武器至今仍被人们广泛使用。

AK-47 自动步枪的优点众所周知。首先是它的可靠性。在自动步枪的结构中根本就没有什么小零件，正是得益于这一点，这款枪甚至可以在野外最严酷的条件下使用。该自动步枪最为重要的长处是：对维护条件几乎没有要求，使用和维护极为简单，大规模生产成本低廉。所有这些优点使 AK-47 自动步枪成为理想的战斗武器。到目前为止，世界上没有任何一种自动步枪能在这些性能方面超过卡拉什尼科夫的自动步枪。正是因其操作简单，可靠而又廉价，AK-47 自动步枪已在世界 100 多个国家列装。卡拉什尼科夫系列自动步枪的生产规模令人吃惊。如果把世界上生产的卡拉什尼科夫自动步枪全部加起来，足以满员装备世界上所有的军队。卡拉什尼科夫自动步枪的图案已经印制在了非洲许多国家的国徽和国旗上（比如莫桑比克、津巴布韦、布基纳法索的国徽设计中有 AK-47 自动步枪的图案）。

这种战争中理想武器的图案还被编织到手工挂毯上。今天在许多国家花 10 ~ 15 美元就可以买到卡拉什尼科夫自动步枪（确切地说，完全是仿制品）。自动步枪低廉的成本和超常的可靠性使其成为最常见的复制武器。当前，正式生产 AK-47 的只有十几个国家，而仿制 AK 自动步枪的地下武器作坊却遍及全世界。实际上，所有的索马里海盗集团，以及众多的恐怖组织不仅仅是使用卡拉什尼科夫自动步枪，而且还把其图案印在自己的旗帜和标志上。

米哈伊尔·季莫费耶维奇·卡拉什尼科夫，伟大的俄罗斯武器设计师、俄罗斯英雄、两次"社会主义劳动英雄"荣获者、技术科学博士

AK 自动步枪有资格被称为俄罗斯的象征。如今，不会再有人抱怨俄国人懒，因为世界上每一个国家的人都认识这类俄国人：他们忠实可靠，可以在任何条件下工作，这类俄国人就是卡拉什尼科夫自动步枪。21 世纪初，平均每 60 位成年人中就拥有一支卡拉什尼科夫系列自动步枪。

不要认为 AK 自动步枪是最理想的发明，从定义的角度看，最理想的东西是没有的。只不过在过去的 60 多年中，还没有想出什么像样的东西可以取代这款传奇式的自动步枪。如果硬要在鸡蛋里挑骨头，那也能从自动步枪的优点中找到不足：短瞄准线条件下粗糙的瞄准具，不太舒服的枪托形状和尺寸，不方便的快慢机保险。不过，可靠性和便宜的制造成本卓有成效地弥补了所有这些不足。

伟大的武器设计师米哈伊尔·季莫费耶维奇·卡拉什尼科夫的荣誉与其伟大发明的荣誉连为一体，与日俱增。多年来，有关卡拉什尼科夫系列自动步枪生产的来龙去脉一直处于保密状态，但其发明权却毋庸置疑。国内政治路线的更迭会在军工企业的各个领域，包括武器生产领域体现出来。自动步枪普及范围之广，以至于有关其制造过程中的神话与传说铺天盖地，无法回避。

大多数人认为，M. T. 卡拉什尼科夫很像库利宾（俄国自学成才的武器设计师。—— 译者注），他在伟大卫国战争的战壕里弄几块铁片造出了自动步枪。不论是写回忆录，还是武器设计师本人召开记者会，抑或是请鉴定专家讲话都不能改变人们的这种思维定式。所以，当 2002 年《莫斯科共青团报》发表的文章，对自动步枪的设计者是 M. T. 卡拉什尼科夫这一事实提出质疑时，文章扰动了整个世界。当然，自动步枪不是 M. T. 卡拉什尼科夫在服兵役期间凭空想出来的。自动步枪的知识产权属于以米哈伊尔·季莫费耶维奇·卡拉什尼科夫为首的武器设计团队。为了研制出优秀的自动步枪，卡拉什尼科夫肯定会关注他那个时代所有成功的自动步枪。当然，M. T. 卡拉什尼科夫也会关注竞标委员会对他的发明提出的所有责难，否则他也不可能在竞标中胜出。话又说回来，当世界渴望某种轰动效应的时候，再充分的论据也不会产生什么好效果。

当时，也就是 2002 年，M. T. 卡拉什尼科夫不得不站出来公开驳斥这篇轰动一时的文章，但没起到什么作用。一时间，各种各样关于制造 AK-47 的猜测满天飞。尽管这些猜测一个比一个更不靠谱，但其中多少有那么一点儿实情。有关各种猜测的具体情况可以参阅本书的相关章节。

在介绍 M. T. 卡拉什尼科夫生平的各种版本中，有一个版本把伟大的武器设计师称为"自动步枪人"，这是相当惟妙惟肖、合情合理的。历史不可能假设，正是伟大的武器设计师奠定了卡拉什尼科夫自动步枪的历史。然而，AK-47 自动步枪的历史并不是从 M. T. 卡拉什尼科夫的生平开始的，所有这一切起始于战争。

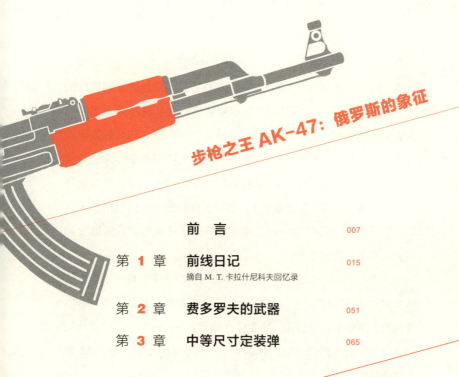

步枪之王 AK-47：俄罗斯的象征

目录

АВТОМАТ
КАЛАШНИКОВА
СИМВОЛ РОССИИ

АВТОМАТ
КАЛАШНИКОВА
СИМВОЛ РОССИИ

第 1 章
前线日记

摘自 M.T. 卡拉什尼科夫回忆录

ФРОНТОВАЯ ТЕТРАДЬ

Из воспоминаний М.Т. Калашникова

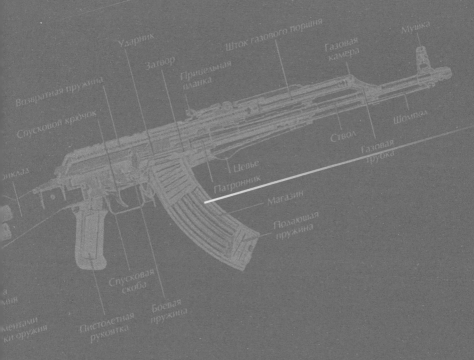

АВТОМАТ
КАЛАШНИКОВА
СИМВОЛ РОССИИ

泥土顺着衣领向脖子里灌。眨眼间，感觉地下掩体上单薄的盖板好像错了位，眼看就要被掀翻。重型火炮在树林后轰轰作响，炮弹接二连三地落在不远处。手里握着的信纸上落了厚厚的一层土，盖住了上面歪歪扭扭的几行字。

本想从掩体里冲出来，但强大的意志制止了我的冲动，我睁开了眼睛。心里默默地嘟囔着来信的前几行文字：你好，亲爱的小儿子，代表我自己，也代表咱们所有的亲人向你问好……我心里很难受，能想象得出来，你的处境有多么不好，连封信都很少写……

近处又响起了爆炸声，巨大的响声穿透了树林，撕开了雨帘，冲击着薄薄的掩体盖板。盖板还是被掀动了，细细的水流从顶上淌下来。

"车长！"我听到是司机在叫我。"排长在叫你，快点。"

撩起当门帘用的一块雨布，一位淡褐色头发的红军战士向掩体内张望，沾满油泥的手里握着一块满是油污的破布。

"可能又要出发了，"他继续说着，"好在没事，咱们的车好着呢。"

我陷入了深思：这个来自沃洛格达的干瘦的小伙子，哪来这么大的劲？执行任务回来时，他和车组的兄弟们一起睡得像死过去了一样，可天刚蒙蒙亮，他起得最早，把坦克收拾得利利索索。

"现在就把兄弟们都叫起来吗？"我问了一句。

"这样的指令还没下达。排长只是叫你一个人过去。"

士兵放下了雨布。

外面，秋雨还在继续哼着索然寡味的小调，雨点儿打在树梢上沙沙作响。我看见排长站在连长旁边。他在全神贯注地听着连长在说什么，全然没有理会那豆大的水珠不时从树叶上滚落到他的衣领里。

看到这些，我不由地耸了耸肩，向两位军官跑去。

"是这样的，卡拉什尼科夫，一个小时后出发。要从左侧去支援步兵。全体乘员准备登车。你要准备在必要时代替我指挥。"

我与排长相互间还不太熟悉。他是前天才从坦克学校回来的，他在那儿带学员。报到后马上就遇上了战斗，他表现得很镇静。说实话，才过了两天，他好像就瘦了许多，眼睛都凹下去了。

湿漉漉的青苔在脚下吱吱作响。掩体内空气中充满了烤包脚布和湿衣服在身上焙干了的气味。在把兄弟们叫醒之前，我把信拿出来，又读了一遍上面的文字：米沙[1]，战争开始前，你从列宁格勒来过一封信，说你做成一个什么仪器，工厂已决定生产了。你来得及把它做完吗，孩子？是不是也像其他事情一样，你的那些零件都白费了？

妈妈在信中说的事儿，我觉得好像很久了，甚至都已不是现实了。我在想那个仪器、那家工厂，还有我作为一名设计师到列宁格勒那家工厂上班时的高兴劲儿，这一切都是真的吗？

不，战争不能把战前所有的一切都一笔勾销。战争也没有能力把一个人的履历从一张白纸上开始重写。在战前的生活中，我们已

---

1 米沙，米哈伊尔的昵称。——译者注

做好了试验的准备，这一切出人意料地被打碎了。正当我们满怀美好憧憬，去实现和平愿望和志向的时候，爆发了战争。

战前，我真的很想把我制作的仪器投入批量生产。距这一幸福的时刻就差一步了。是的，爆炸声打破了列宁格勒上空的宁静。我现在要做的是准备迎击法西斯鬼子的又一轮冲锋。

在我的生活中，还真有一件特别高兴的事！在我这个义务兵的生活中，完全出人意料地走进了基辅特别军区司令员 Г. К. 朱可夫大将的办公室。这是怎么回事？

和将军的会面发生在 1940 年，当时 Г. К. 朱可夫大将是基辅特别军区的司令员。我当时是教导营的一名坦克驾驶员，我们一下子就能感觉到朱可夫将军身上那股子精气神。他是战前头一年的 5 月到任的。在我服役的（我是 1938 年入伍的）这段时间里，我和我的战友还从来没有亲历过像 1940 年夏天和秋天这样强度的演习和野外作业。

我们不分昼夜地用坦克履带碾压靶场的土地，进行长距离行军。我们的坦克一直处于不间断的战斗紧张状态，而对于我们这些坦克兵来说，要想保持坦克始终处于工作状态可不是件容易的事。令人奇怪的是，精神和体能上的负荷在不断地加码，可我们就像被打开了第二个生命源，干好工作、完善知识和技能的兴趣不断高涨。我们当时就在排里、连里直接学习和掌握红军在芬兰战争中以及与日本人在哈勒欣河的战斗中获取的经验，显然，这种方法起到了不小的作用。每次演习和作业前都会给我们下达任务：今天我们要学习的正是明天战场上需要的。部队训练要最大限度地与实战条件靠近。

另外，1940 年的夏天和秋天我们这儿还有一个特点，我觉得也与朱可夫出任军区司令员有直接的关系。那就是在发明和合理化建议工作中，创造性的探索特别活跃，大伙在这方面的兴趣特别高涨。

格奥尔吉·康斯坦丁诺维奇·朱可夫，苏联军事家。1943年
被授予苏联元帅军衔，曾四次荣获苏联英雄荣誉称号，两次被
授予胜利勋章。1955～1957年任苏联国防部部长

我们团就出现了一个专门的陈列台，陈列台上摆放着专门供部队里的聪明人来解决的各种问题卡。每一个问题都很实用，很有针对性，首先是完善技术装备和武器使用维护方面的问题。我们的部队千方百计地去发展这种创新的氛围，指挥员们也都很支持这种活动。

很遗憾，我现在已经忘了那些人的名字了，他们经常会在独出心裁的各种创新竞赛上给我们派活，现在我对某些事情只剩下片断的记忆。

在一个酷热的夏日里，我们连从训练中心返回。靶场的尘土好像全部渗进了装甲，被厚厚的装甲给消化了。这下整个乘员组都得好好干了，必须把每一个部件、每一个装置都擦得发光透亮，像新的一样。

我们当时的连长，是一个很有活力的人，不时给我们甩出一个又一个需要认真思考的问题。他命令我出列站好，像父亲一样拉住我的手问：

"米沙，你从来都不到张贴布告的陈列台前去吗？一定要去看看，看看那里都写了什么。有人建议我们团的能人去参加一个竞赛，他们想制造一个很有意思的仪器，这种仪器是我们坦克兵必备的东西。我想这事你一定会感兴趣。你是有经验的……"

应该好好回答我们连长的问题，他可是了解我们每个人情况的，甚至一些特殊的细节，他似乎可以看透人的心，并且善于拨动人的每一根心弦。我喜欢玩"铁家伙"，总想从中捣鼓出什么来，也喜欢设计点什么，连长早就发现了我这点儿小心思。还没等我回到连队，连长就在回来的路上，一字一句地把部队正在进行的竞赛内容告诉了我，他们想制作一个惯性计数器，用于计算加农炮的实际射击数量。他没讲细节，而是直接说若设计出这种仪器，坦克兵在演习和作战中就可以更加方便和轻松地进行实弹射击。

在我的档案中，有一个很有意思的文件，令人不解地保存了差不多 50 年之久。那是专家对我制造的计数器给出的评语："计数器制造简单，可无故障工作。"看来，这是对我最初设计生涯的第一份官方认可。我满怀感激之情地回忆起我的第一任连长。是他在一个笨手笨脚、干巴瘦的红军战士身上，一个因在队列里的位置而被连队司务长叫作"永远的老末"的、不起眼的年轻人身上，看到了技术创新的潜质。他不仅仅是发现了这一点，而且还为这种潜质的发展创造了条件。

我现在经常在想：你哪来的时间去制造仪器、去做那么多的部件呀？要知道，我们每天的时间都被各种作业和演习、维护技术装备填得满满的。一句话，凡是战斗训练的事，在一个军人看来都是重要的事，不论他是士兵，还是将军。我现在明白了，我们的连长，我们部队的指挥员们真的是从国家的角度，把人员技术创新的事看作提升战备水平的一个非常重要的因素。是的，在时间上是非常困难的，大家都在没日没夜地干。但是，上面仍为我们在日程安排上开了一个"天窗"，挤出一点儿时间，让我们到修理所去"捣鼓"一会儿，让我们能把自己的构想变成现实，变成具体的计数器，变成各种各样的部件。

在制作计数器之前，我的小算盘里已经有了好几个合理化建议。其中有一个就是通过制作一个专门的部件提升 TT（图利斯基·托卡列夫）式手枪在坦克炮塔上直接射击的效果。手枪作为个人武器，当时只装备了坦克兵。但是，通过坦克炮塔专用射击孔射击的效果甚微，另外手枪的弹仓容量也太小。

开始解决 TT 式手枪与战斗使用相关的一些不足时，我怎么也不会想到，几年后，制造和完善轻武器竟然成了我毕生的事业。在战争爆发前，我所有的设计研究工作，如果这些工作可以说是研究工作的话，都与坦克技术装备有直接的关系。

我下一项工作的题目，也是从陈列台上的问题卡中知道的。在那张略微发黄的纸上，写着几个有关军人创新和合理化建议方面的问题。我特别注意到其中的一个问题：竞赛过程中计划制造一个仪器，用于记录坦克发动机在负载和怠速工况条件下的工作。那上面还用粗体字写着这样一句话："制造这种仪器对坦克兵来说，有着重要的实际意义。"

现代化的坦克，里面满是电子设备。所有机组、组合部件和机械装置的工作状况都由几十个精密的仪器记录。可当时，即半个世纪前，很多东西需要最后加工完成，这并不是在设计局，而是直接在部队里进行的。普通坦克手的一个想法、一个建议可能会对某一个部件的最后加工完成起到实质性的作用，可以就在部队中直接制造出一个能大大提升技术装备使用质量的新仪器，这种事情在当时并不少见。

大概是从战前那个时候开始，我在自己力所能及的范围内对完善技术装备的结构提出一些建议。我当时遵循着一条对于我来说是神圣的原则：必须要与到过射击区域、使用过我们设计局制造的武器的人进行磋商。我经常到部队去，尽量去了解士兵和军官的想法。我现在还保存着几百份有关卡拉什尼科夫武器系统的评语和信件。其中有很多都成为自动步枪和机枪某个部件最后加工的依据。

再让我们回到 1940 年，说实话，当时制造仪器的想法占据了我的全部头脑。有一个念头始终缠绕着我：怎样做才能把它做得尽善尽美？我决定把转数表的原理作为基础。转数表可以记录曲轴的转数，能反映出发动机各种工况下的工作状态。在一个学生作业本上，我勾画出了未来发动机寿命计数器的轮廓。可去哪儿找制造这种计数器的材料呢？在什么基础上制造它呢？怎么才能挤出时间来干这个活呢？

连长再一次过来帮忙。他同意我利用自习的时间去干计数器的活，并把我领到团的仪器修理所，我在这里度过了晚饭后的所有自由活动时间。我就不再叙述制造计数器的详细细节了。只想说一点，这活儿我干了好几个月。

我都不知道，当我向连长报告仪器做好了，并向他请求说想在我的坦克上进行试验时，是谁更高兴些。是我，还是我们连长？计数器很快就安装好了。应该承认，当我们证实仪器运行正常，能准确地记录发动机在负荷和怠速工况下的工作状态时，我并没有感到过分的惊喜。

"我对你表示祝贺。"连长用力地握住我的手，差点把我从车上拽下来。他又补充说："我今天就把你的成功向团长报告，他也在关注你的这项探索。"

团长亲自来检查了计数器的工作状况，详细地询问这东西我是怎么做出来的。只有对此事关怀备至的人才会关注这些问题。他非常清楚，这个坦克驾驶员的创造也许能促进一些重要问题的解决，提升坦克技术装备使用的可靠性。

当时我们就决定把计数器送到军区去让专家评审。团长命令我去军区参谋部出差。我当时想没想过，去了基辅，或许就永远离开自己的部队了？当然没有想过 —— 我想的是过几天就能回来。我知道，我们连队、我们团就要参加大演习了，大家都在准备演习。但是，演习照常进行，我却没能参加。因为有关仪器的事向朱可夫大将报告后，他下达指示，立刻让这个仪器的制造者到他那儿报到。

我有点胆怯地走进著名将军、哈勒欣河战斗英雄的办公室。当向将军报告时，我的嗓子有点失真。好像是发现了我的状态，格奥尔吉·康斯坦丁诺维奇笑了，严厉的表情从他宽大的脸庞上消失了，原本严肃的眼睛里泛出慈祥的目光。

办公室里并不只有司令员一个人，还有几位将军和军官。他们认真地看了图纸和仪器实物。

"我们想听听你怎么说，卡拉什尼科夫同志。"朱可夫突然转过身来对我说，"请您给我们讲讲计数器的工作原理和它的用途。"

就这样，我平生第一次向这样一个高规格的委员会报告了我的发明，坦率地说了它的优缺点。在以后几十年的设计生涯里，我有好多次对所制造的武器进行答辩，坚持自己的立场，争取实现我的设计思想，有时也会被批得一塌糊涂。但是，由于激动而语无伦次、逻辑前后颠倒的这第一次汇报，却深深刻入了我的脑海，让我刻骨铭心、终生难忘。

当我解说完后，司令员强调说，毋庸置疑，这个仪器在结构上是原创性的，可以使我们更精确地监控坦克发动机的寿命，同样也可以提高我们使用维护技术装备的素养，提供更加有效地节约燃滑油的可能性。还能说什么，评价非常高了。

与司令员交谈后，我被派到基辅坦克技术学校。我要在学校的车间里做出两套仪器的试验样品，并要在各种战斗车辆上进行全面的试验。我在很短的时间内就完成了任务。

我再一次见到朱可夫大将是在试验完成之后。就时间而言，与第一次相比，这次会见非常短。

司令员表扬了我的首创精神，并表示要奖赏我一件贵重礼物，是一块手表。他立即下达指示，让红军战士卡拉什尼科夫到莫斯科出差。我奉命到了莫斯科军区的一个部队，以此为基础进行仪器的对比性试验。

朱可夫将军送我的手表并没有保存下来。但是有一次，一个叫阿纳托利·米哈伊洛维奇·季谢列夫的军报记者的一封信，让我回忆起 1940 年年底那些难忘的日子。这位记者说，他发现了一张军区的《红星报》，上面有关于军区司令员接见红军战士卡拉什尼科夫的消息。

也就是从那一刻起，我的命运发生了重大的变化。我，一个义务兵，在战争爆发前不久就走上了并不轻松的武器装备设计之路。我提交的用于进行比较性野外试验的仪器很荣幸地通过了试验，很有尊严地通过了那些挑剔的军事专家的评价筛选，并被建议进行批量生产。

我不仅没能回到老部队，就连老军区都没回成。工农红军装甲坦克总局局长命令我到列宁格勒的一家工厂去出差，我的计数器图纸经过修改后，要在这里投入批量生产。1941 年的春天来了，列宁格勒，我平生第一次走在通向工厂的小道上，真不敢想象，就是在这个庞然大物里，将会生产我那个不大的仪器。按条令要求，我向总工程师报到。他很有礼貌地笑着说：

"我们在等你。我们接到通知，知道你马上就到。"他转身向一个一头花白头发显得有点凌乱的人说："来认识一下吧，这位是我们厂的总设计师基兹布尔赫同志。请您与他保持密切联系。祝您成功。"

例行公事，但又是很友好和气的语调，很平等地对一个只有 20 岁，在设计工作中刚刚迈出一小步的红军战士，这种彬彬有礼、同志式的关系，我马上就感觉到了。很快我就沉浸在设计局和车间的这种氛围中了。可以说，在这里我第一次真正了解到，在专业的工厂设计局里对样品进行精细加工是怎么回事了。要想让产品投入量产，需要有耐心，需要集体的力量。设计师、工艺师、工人，他们中的每个人都在为我尚不完善的创造奉献着自己的良心、自己的知识和技能。有一件事非常重要，那就是要保持信息的反馈，要让

坦克兵米哈伊尔·卡拉什尼科夫在进行教学射击（1940 年）

工程师和工人们感觉到，设计师是真心地珍惜他们的劳动。

在开始制造仪器零件的试验车间里，我感受到了一种特别的心情。我喜欢盯着一个又一个的零件看，经过严格的检查后送去组装。回想起我的第一个样品，那是在团的修理所，用报废的零件手工制作的，每一个尺寸可以说就是用眼估摸的。我由衷地感谢军事工程师戈尔诺斯塔耶夫，是他帮助我在部队完成了图纸绘制，热情地给予我支持。

试验样品顺利通过了工厂条件下的试验室试验。向工农红军装甲坦克总局发去了由工厂总设计师签字的文件。文件中表明，经与现有的仪器对比，该仪器在结构上更简单，工作上更可靠，重量轻，体积小。在文件的最后，给出了以下结论：

"以卡拉什尼科夫同志提供仪器的简单结构和试验室试验的正面结果为基础，工厂将在今年7月绘制工程图纸并制造用于进行最终全面试验的样品，以便在专用车辆上推广。"

很遗憾，最终没能进行全面试验。文件签署的日期是1941年6月24日，是法西斯德国入侵苏联的两天后，伟大的卫国战争爆发了。

几天后，我与工厂、工人和工程师们告别，在紧张的共同工作的这段时间里，他们已成为我亲密的朋友。我一辈子也不会忘记总设计师拥抱着我告别时说的话：

"去好好打仗吧，年轻的朋友！请您永远不要对我们留在这里的人失去信心，要相信我们的力量，你的这个仪器我们一定会干到底，只不过要晚一点儿，等我们打败敌人取得胜利以后。"

他像我们大多数人一样，相信很快就会消灭侵略者。坐在南下的火车上，我对这一点也坚信不疑，期望着早点找到自己的部队。不过我不知道怎么去找。根据苏联新闻局的通报，我已知道：乌克兰西部的斯特雷市，也就是我们部队驻扎的地方，已经被我们的部队放弃了。

在我寻找部队的路上，发生了一件应该说是很奇怪的事情。在接近哈尔科夫的一个地方，我们的列车停在了一个小站上。在检查过证件后，我们几个人下车到了站台上。列车员还提醒我们要留神，别误了车。

029

站台上挤满了军人。大家都在上车，都想快点占个位置，说话的声音很大，有的甚至相互大声呼喊着。就在这时，我突然听到一个熟悉的声音。甚至还没来得及想他怎么跑这儿来了，就看见旁边的一条道上有一列货车，敞篷的平板车上是蒙着雨布的坦克车。在一辆坦克上站着一个汉子，那是个超期服役的上士，是我们那位爱听从他爷爷那儿继承来的凸形怀表响声的坦克车长，他爷爷可是第一次世界大战的老兵。

我喊了他一声，向平板车跑过去。我们紧紧地拥抱在一起。两人对这突如其来的会面兴奋不已，相互拍着肩膀，说着，笑着，压根儿就把时间给忘了。原来，我们部队的坦克手们在战争开始前不久都去了乌拉尔，去接收新坦克。我那个车组就没再任命新的驾驶员，还在等着我回去，只是把车长派到工厂去了。

我们团的战友们在回去的路上遇上了战争。就这样，他们在这个叫哈尔科夫的小站上被补充到了新的部队，这支部队就是在这里组建的。就在我与老战友相互拥抱的时候，我乘坐的火车离开了站台，车厢里还有我的大衣和行李箱。好在我并没难过多大一会儿。证件在我身上，我身边都是我的战友。

组建车组时，我被任命为车长，部队下命令授予我上士军衔。在我的履历中开始了新的一页——前线的一页。

现在很难回忆起每一次战斗的细节。大家都知道，战争初期，对于苏联军队来说并不顺利，很多时候甚至很悲惨。我们营甚至都不知道在什么地方打仗，一阵子在敌后，一阵子又成了前线。不停地行军、不停地向侧翼突击，进行着短暂但是非常激烈的冲击，向自己人的方向突围。哪个地方步兵吃紧，就会先把我们派到那儿去。

在那些艰难的日子里，好多东西都靠指挥员们的智慧、忍耐和战术灵活性。冲击时，指挥员要亲自做勇敢精神的表率；防御时，他们要表现出沉着和冷静，把我们团结起来，果断地行动。我好像又听到了连长的嗓音：

"卡拉什尼科夫，你代理排长，我们掩护步兵团的右翼。注意，跟上我的车！"

这事发生在 1941 年 9 月，当时我们在布良斯克的远郊。我们连前出到林子边上，土地被坦克履带划出了一道道深沟。这是我们留下的痕迹，坦克兵留下的。就在这天早上，我们参加了一次反冲击。战斗时间很短，连长果断实施了火力和车辆的机动。多亏了这一着，我们才得以快速地把敌人的步兵和坦克分开，烧毁了敌人好几辆车。

法西斯鬼子们白天再次向高地发起冲击，8 辆坦克不慌不忙地向步兵阵地运动。我们在做坦克设伏，等待时机，尽量不暴露自己。敌人的装甲车像巨浪一样扑过来，通过内部通信，我喘着粗气说：

"我们干吗还不动，连长？他们就要把步兵合围了！"

这时，传来了指令：绕到法西斯坦克后方去，从设伏地猛冲过去，炮火齐射 —— 好几辆德国车辆起火了。敌人的步兵还没来得及靠近，就被我们的机枪火力压得趴在了地上。我们大家都服了，连长总是神机妙算，绝不提前投入战斗。

我拼命盯着，让连长的坦克保持在我的视线之内。可他突然急转弯向后驶去。连长这个动作果断、迅速、自信。很显然，他发现法西斯鬼子又把一个坦克群投入战斗，企图从侧面和后方突击我们。

当我们重复完连长的战术动作，炮弹就落在我们车辆的旁边。我们紧跟着连长，快速向后驶去，很快就消失在高地后面的洼地里。连长不仅带领我们从敌人的炮火下突出来，还把我们的战车带到了敌人坦克的侧翼和后方。我们完全把敌人搞乱了，混乱中法西斯鬼子们遭受重大损失，他们的坦克时不时地像冒烟的篝火，一辆接一辆地退出了战斗。

但是，这种好事并不是常有的。我们也有令人沮丧的失败和惨痛的损失。我们失去了好多同志，好多指挥员，车组又补充了新人。好像万花筒一样，更换着一张又一张面孔、一个又一个名字。

9 月的一天，我们接到命令，在一片茂密的小树林中占领出发地线，很好地进行伪装，做好反冲击的准备。当我们把全部的伪装工作做完以后，我想检查一下 ΔT 式机枪（杰格佳廖夫坦克用机枪），看是不是做好了战斗准备。但我没有注意，机枪已经上了膛。我一把拉开了连接杆，一下子就走火了，要不是友邻用火力挡住了冒出的敌人，掩护我们，就完了。车组要为这一枪付出高昂的代价，首先就是车长。

遗憾的是，我没有能打多长时间的仗。1941 年 10 月，在布良斯克近郊，我受了重伤，而且是内伤。这事发生在一次反冲击中，太多了，记不起是哪一次了，当时我们连绕到敌人的侧翼，去冲击敌人的炮兵连阵地。连长的坦克先起火。后来，突然一声巨响震伤了我的耳朵，瞬间眼前冒起刺眼光亮。

失去知觉有多长时间，我并不知道，可能是相当长的时间。后来我醒了，这时我们连已经退出了战斗。不知是谁想给我解开作战服。左肩膀、左手好像不是自己的。好像在梦中，我听到有人说："奇迹呀，这小伙子还是囫囵个儿的。"肩膀被震伤，还被弹片打穿了。营长命令先把我和其他受重伤的人送到卫生营去，可这个卫生营在哪儿呢,就连我们自己好像都是在敌后。我试图拒绝后送,可没成功。

我们用了 7 天才走出被法西斯侵略者占领的地区。开始时,我们一共 12 个受伤的人被一辆一吨半的小卡车拉着。军医和护士一直跟着我们。我只记着司机的名字,他叫柯利亚,因为他是我们在路上的希望,我们中的大多数人不能独自行走。

好像是一个黄昏,在靠近一个村庄时,军医命令把小卡车停下。他们决定去了解一下,看村子里有没有法西斯鬼子。派去侦察的是司机柯利亚、双手烧伤的中尉和我,也只有我们三个人能走路了,所有人身上的武器一共只有一支手枪和一支步枪。

开始一切都很平静,村子好像死去了一样。黑漆漆的小房子看上去没人住,但每一栋房子里都让人觉得会有危险。危险是真实的,突然,沿着大街朝我们这个方向来了一阵自动步枪扫射。我们趴在地上,开始向后爬,向树林爬,穿过菜园,通过土豆地。我们只想着一件事:还来得及给同志们报信吗?

突然,从我们停车的方向传来了枪声。我记得中尉咬着牙嘟囔着:"是施迈瑟式自动步枪打的,混蛋,要是我们也有两支自动步枪……"

我用没受伤的右手把手枪上膛,穿过灌木丛,猫下身子向发生战斗的地方跑去。

实际上没有发生战斗,只是法西斯鬼子在用自动步枪屠杀手无寸铁的人。如果不是军医下令对村子进行侦察,等着我们三个人的也是这个命运。

当我们跑回来时,一切都结束了。我们看到的是一副冷血野蛮屠杀的可怕景象。我们无助地哭了,真想冲出去追上敌人,向他们开枪。但是,面对着自动步枪和机枪,我们又能怎么样呢?是柯利亚先明白了这个道理,我们决定自己通过前线,找自己人去。

在与苏联的战争中最让德国人没面子的就是苏联的坦克，要想与这种坦克对抗根本就是不可能的

我们只能夜里往前走。有时候，我肩膀疼得失去知觉，中尉也不轻松。我不知道，如果我们身边没有司机柯利亚，将会发生什么事情。真对不起，我没有记住他的姓。剩下的只有对这位忠诚于战友、忠诚于士兵圣训的人的感激之情。他信奉的士兵圣训是：宁可牺牲自己，也要拯救战友。

　　我们尽力绕过每一个居民点，我们都清楚：离前线不远了，村子里可能会有敌人的分队。我们的伤口化脓了。伤口变得干燥缺血，全是脓血污物，颜色发黑。已经没了食物。中尉和我已经很虚弱了，而且状况越来越差。

　　当然，现在很难说，如果当时没有当地苏联人的帮助，我们能不能走出来，能不能找到自己人。由于各种各样的原因，这些人留在了敌占区，他们中有些人是没来得及撤退，有些人是不想离开自己的家园和自己父母的墓地。正是这些人帮助了我们三个，他们是诚实的人，对能取得最后的胜利深信不疑。

　　一个白天，柯利亚看到一位中年农民走在树林边。他上去搭话，问了问附近有没有医生，敌人在什么地方。这位农民把我们领到一条林间小道，上面长满了野草，几乎把小道盖住，这里好长时间没人走过了。他给我们说了怎么才能走到那个村子。按他的话说，那个村子里有一位"非常好的、心地善良的开药铺的"，大概要走15公里。我们再三对这位好心人表示感谢，感谢他给我们的支持，然后就在那里等着天黑。我们沿着这条弯弯曲曲、高低不平的小路整整走了一夜。黎明时分，疲惫不堪的我们终于走到村子附近。到了下午，确认村子里没有德国鬼子后，我们开始向寨墙移动。我和中尉留在灌木丛中，柯利亚一人去找医生。

　　我们久久地等着司机回来。突然间，响起了我们约定的短促的口哨声，我们也回答了约定的信号。不一会儿，柯利亚向我们走来，双手拿着一个装食物的纸包。那张发黄的报纸里包的是半块家里做的面包，几块烤土豆、苹果和一点盐。真是太丰富了！

尼古拉·伊万诺维奇（给我们食物的医生的名字）说，一会儿天黑了，直接在屋子里检查伤员，他还嘱咐我们千万要小心。他对柯利亚说，他有三个儿子，都在红军队伍上打仗。

几个小时以后，我们走进一个窗子被蒙得严严实实的房间。尼古拉·伊万诺维奇仔细地处理了我们的伤口，重新包扎好，很坚决地说："我的医嘱是最少卧床三天，要是你们想结结实实地去找队伍，要是还想去打仗，那就得这么办。现在就去'病房'。"他把我们带到了一间干草棚。

医生只是到了天黑以后才能到我们这里来，给我们送食物，告诉我们村子里发生的一些情况。第三天夜里，借着黑夜的掩护，他把我们带到树林边，祝我们一路顺利，尽快找到自己的部队。就这样，我们和这个人分手了。虽然我们只是萍水相逢，可说心里话，他已经成为我们最亲近的人了，我们都相信胜利属于我们。他为了我们能顺利归队，做了力所能及的一切。

我不再详细地描述找到自己人之前所经受的那些苦难。乡村医生尼古拉·伊万诺维奇的关心和他那神奇的双手干的最重要的事，就是帮助我和中尉坚持到了最后，走完了最后一段路。在离特鲁布切斯克不远的地方，说实话，我们是双腿跪地，一步一爬地靠近了我们的一个部队。你能想象得到吧，那是一种多么大的幸福啊，我们回来了，重新回到了像我们一样的苏联士兵中间。

经过不长时间的相应检查之后，马上就把我和中尉送到了野战医院，司机柯利亚又被编入了部队，我们分手时眼睛里都满含着泪水。七天来，我们一起经受的这一切，真正地把我们连接在了一起，成了最亲密的人。我不知道，后来这两个内心非常强大的人命运如何。或许是在保卫祖国的战斗中牺牲了，或许走到了柏林，成为胜利礼花的见证者。在我的心中至今还保留着那份同志般可靠臂膀的温暖。

只是没有想到，我的伤，一个震动伤就使我很长时间不能归队。医生每次例行检查后，都会摇摇头说：

"您可千万别干傻事，不然会耽误治疗的。要我说，您呀，年轻人，只能耐心留下来好好治疗了。"

在医院里，我好像再一次经历了参加战斗几个月来所发生的一切。一次又一次回到那个悲惨的日子，也就是我们突围的那一天。牺牲的同志一个接一个地出现在我的眼前。深夜，经常在梦中听到自动步枪的射击声，并被那种撕心裂肺的声音吵醒。病房里很安静，不时能听到伤员的呻吟声。我躺在病床上，睁着双眼在想：为什么我们军队里的自动武器这么少呢？那种轻便，那种射速，还没有后坐力，多好啊！

虽然坦克兵个人没有装备 ППД 式冲锋枪（7.62 毫米杰格佳廖夫式冲锋枪），我没有机会手握冲锋枪去冲、去打，但关于这种枪我听说过许多，杰格佳廖夫式冲锋枪在苏芬战争中用得很广泛，也很顺利。就近战的火力效果来说，其他类型的武器没办法和它相比。这款枪成功地把轻便性与机枪火力的不间断性结合在一起，这一点也决定了它的名称 —— 能端着冲锋的机枪。

著名的俄国和苏联武器设计师 В. Г. 费多罗夫在 1939 年出版的《轻武器的进化》一书中写道：

"冲锋枪是相对年轻的武器，是世界战争经验推动的结果，只不过到现在为止，并不是所有人都能认识到这种枪可观的前景。随着时间的推移，它会更加强大，它相对轻便，同时结构又很简单。如果再进行一些改进，这个武器……冲锋枪很好地解决了在近距离战斗接触中使用机枪火力的问题，在这种情况下，没有必要使用威力更强的步枪定装弹。"

想必 B. Г. 费多罗夫将军具备这种勇气，能在那个时候发表这样的文字。我作为一个红军战士，当然不可能知道，军事领导层最高 "车组" 为冲锋枪能够得到承认，为这种枪的未来进行着什么样的斗争。要知道，在反对派的阵营里，有像副国防人民委员 Г.И. 库利克这样当时极有影响力的人。战前是他在领导军械总局，直接分管现代化武器和技术装备的研制以及红军装备列装的问题。

我，一个受伤的战士，从哪儿能知道，1939 年 2 月，杰格佳廖夫式冲锋枪的生产被全部停止，并被从武器装备中撤出，部队中原有的也都被收缴，保存在仓库里。直到后来，从著名航空设计师 A. C. 雅克夫列夫的《生活的目的》一书中，我才得知，有关冲锋枪命运的问题有多么的尖锐，才知道国防人民委员会的某些领导人对待冲锋枪的态度是多么消极，甚至可以说是多么排斥。

当杰格佳廖夫式冲锋枪被从部队装备中撤出后，红军不仅仅是没有了这种武器，而且也失去了了解这种武器性能的可能性，失去了研究其战术性能、特性和战斗使用特点的机会。但是，不管怎么说，B. Г. 费多罗夫、B. A. 杰格佳廖夫、Г. C. 什帕金等武器设计师一直为冲锋枪在武器装备体系中的应有地位而做着斗争。他们一直在关注外国武器的发展，他们非常了解，越来越多的冲锋枪作为完全现代化的武器列装了外国军队，特别是法西斯德国的军队。我们绝对不能落后。设计师们有理有节，继续不断地坚持着自己的观点。其中杰格佳廖夫找到武器装备人民委员部和国防人民委员会，坚持要求恢复 ППД 式冲锋枪的制造并提高其生产能力。

刚刚爆发的苏芬战争决定了冲锋枪的命运。实践证明，在林区和沟壑纵横的地形条件下，冲锋枪是火力相当强大和有效的近战兵器。尤其是敌人装备的索米式冲锋枪，这种枪在近战中，特别是在使用滑雪板的行动中给苏军分队造成了相当严重的损失。1939 年年底，根据总军事委员会的指示，开始大规模生产 ППД 式冲锋枪，1940 年 1 月 6 日，国防委员会做出了关于冲锋枪列装工农红军的决定。

B. A. 杰格佳廖夫对自己的制造系统进行了一系列的改进，最大限度地缩减了在工厂条件下制造 ППД 式冲锋枪所需要的时间。这里我不一一列举，只想说一点，冲锋枪在制造过程中技术工艺性更强、更简单、更方便。通过制造大容量的弹仓，提高了 ППД 式冲锋枪的射速。

ППД 式冲锋枪在卡累利阿地峡战斗中使用的经验给出了正面的结果，马上就有多名设计师着手设计自己的枪型。他们当中有一位是格奥尔吉·谢苗诺维奇·什帕金，他是一位天才的学者，是 B. Г. 费多罗夫和 B. A. 杰格佳廖夫的战友。

"从一开始，"后来他回忆说，"我就给自己定下了目标，新的自动步枪一定要非常的简单，在生产方面也不能太复杂。我想，如果真的用自动步枪装备如此庞大的红军，要在原来复杂的、劳动量极大的技术工艺基础上去做的话，那所需要的车床数量是不得了的，又得派多大数量的人去开动这些车床呢？所以，我想起了冲压焊接结构。说实话，即使是武器生产的专家也不会相信可以造出冲压焊接的自动步枪……但是，我坚信我的想法是对的。"

战后我们会面时，格奥尔吉·谢苗诺维奇不止一次地说过，在与其他设计师之间进行的紧张和互不相让的竞赛中，他特别着急，急着造出 ППШ 式冲锋枪，与他竞争的设计师中就有 Б. Г. 什皮塔利内。就这样，开始工作半年以后，他设计的冲锋枪通过了广泛的工厂试验，又过了两个月，通过了靶场试验。1940 年 12 月 21 日，

正在治疗恢复的红军战士和医务人员在伟大卫国战争时期的野战医院里

国防委员会下达了什帕金式冲锋枪（ΠΠШ 式冲锋枪）列装红军的决定。要知道，这支枪的出世距战争开始只有半年的时间。

这就是为什么在与德国法西斯侵略者最初的战斗中，红军各个部队中冲锋枪严重匮乏的真实原因。但是，我，一个普通战士，就像其他参加伟大卫国战争的战士一样，根本就不可能知道这一切。我那时认为，我们这些人当中，除了 B. A. 杰格佳廖夫，不可能再找出一位设计师可以造出比它重量更轻、尺寸更小、更可靠、更无故障的冲锋枪。顺便说一下，我个人认为，ΠΠД 式冲锋枪离尽善尽美还差得很远。

我夜里醒来，一直在思考着所有的这一切，想象着，我能造出来什么样的冲锋枪吗？早晨，我就从床头柜中取出练习本，开始打草稿，画图纸。后来又没完没了地修改。我病了，真的是得了制造自动武器的心病，被造武器的念头弄得神魂颠倒。一定要造自己的枪，这一念头无时无刻不在缠绕着我，无药可救。

可我时常感觉到，自己的知识是多么地不够。我明白，如果说在我发明和制造发动机寿命计数器时，我在 9 年制中学所学到的自然直观的知识，以及在服役期间当坦克驾驶员获得的经验还足够用的话，而今制造武器所需要的知识可就多了去了。我现在躺在医院的病房里，上哪儿去弄这些知识去呀，我现在整个身子和肩膀疼痛难忍，既不能看书，也不能写字，只能拍拍僵硬的手。

我尽力克制着自己。医院里有一个还不错的图书馆。我在那里找到了几本感兴趣的书。其中有炮兵学院出版的大学教授和武器设计师费多罗夫的两卷本《轻武器的演变》，以及三线步枪、杰格佳廖夫式轻机枪、纳甘式左轮手枪教令。我如饥似渴地读着这些书，进行比较、分析，并画出各种图纸。

在我这个病房里住的有坦克兵、步兵、炮兵和工兵，经常会发生争执，为武器的优点和缺点，哪个更强，哪个更弱争得不可开交。我很少参加他们的这种争论，但对他们的争论留下了一定的印象。我特别注意听那些使用冲锋枪参加过冲锋的、在战壕里经受了敌人猛烈攻击的人说他们的感受，他们的话更有说服力，更知道这种自动武器在近战中到底是怎么回事。在经过这种争论之后，我珍藏的练习本中出现了新的草图。思索着武器各部件之间的相互配合，我一次又一次地在书中、在教令中寻找解决的办法。我给自己编制了各种自动武器的数据表，跟踪它们出现和制造的历史、对战技术性能进行对比。

041

有一位空降兵中尉帮我解决了不少的问题，战前他在一个科学研究所工作。平常他不爱说话，很少参与争论，他更多的是认真倾听伤员们热烈的，有时甚至是带点火药味的谈话，实在憋不住了才说上几句。

"说实话，我认为，冲锋枪能体现步兵的全部力量，战斗中端着冲锋枪会让自己更自信。"我旁边床上的一位侦察员说道。

"你的这个冲锋枪也让我更有力量。射击表尺距离一定就妥了。步枪是没法比的。比如说，最远可以打 2000 米，而自装弹的托卡列夫步枪是它的一倍半。可 ППД 式冲锋枪呢？勉强可以打 500 米。"靠窗躺着的工兵急了。

"哎，工兵小子，"侦察兵懊恼地说，"你要是知道在芬兰，芬兰人在近战中是怎么用索米冲锋枪削我们的，你就明白了。他们藏在树林里，挂在树杈上，把我们放近了，突然就是一梭子。这时你拿着步枪怎么办，打个一两枪，可这时人家自动步枪火力一下子就把你撂倒了。"

"那你就应该机灵点！"工兵一点也不让步。

"我倒是要看看，在大树中间，在战壕里抗着一支带刺刀、一米半长的大枪怎么展开。就这个当口，你早被成梭的子弹打成筛子了。我们部队换了杰格佳廖夫的ΠΠД式冲锋枪以后就好多了。侦察兵是最先换了冲锋枪的。我们马上就让芬兰人尝到厉害了。我们的冲锋枪比他们的索米好百倍。"

"标定表尺不够，射击密集度也不好，这些你是不是又忘了？"工兵还是不肯罢休。他看上去好像是打了鸡血一样，顶牛，死犟，就是要和别人拗着来。

"你们知道'自动步枪'这个词拉丁语的原意是什么吗？"中尉说了一句，声音并不大。所有人都不吭声了，等着他接着往下说。"就是自动的意思。扣一下，就开始工作了，一直到你让它停下来为止。所以说，冲锋枪最大的成就在于，它是自动工作的，有很高的射击速度，它使用起来轻便。我个人对这种高射速的武器前景看好。"

"还有，我们的武器真的就比敌人的好吗？这要看怎么去比，如果说我们大多数人还是在用步枪？"炮兵问道，他一直就没有参与聊天。

"只能在战斗中去比。但可以相信这句话，我们的ΠΠД和什帕金系列冲锋枪（ΠΠШ）就是比敌人的自动武器有优势。在我受伤以前，我把ΠΠД换成了ΠΠШ。我太知道哪个更好了。侦察兵是对的，我们部队里自动武器越多，我们受到的损失就会越小。"

中尉把手伸向我的床，从被子上拿过一张我画草图的纸和铅笔，飞快地写了起来。

"我是想对比一下。我曾经有机会拿过芬兰的冲锋枪索米M–31和德国的МΠ–38，不知为什么我们叫它施迈瑟。据我们掌握的资料，设计师施迈瑟跟这款枪没关系。МΠ–38以及它的兄弟МΠ–40是埃尔玛公司制造的，最初是为伞兵准备的。"

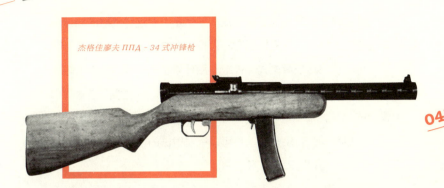

杰格佳廖夫 ППД - 34 式冲锋枪

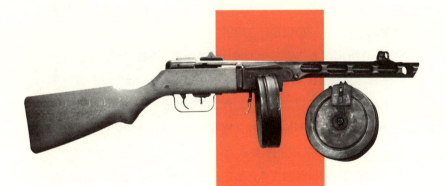

最早生产的带圆盘式弹仓的 ППШ 冲锋枪，一个弹仓可放 71 颗定装弹，门闸式瞄准具，分 10 个刻度，用于从 50 米到 500 米的射击

"我觉得，空降兵很了解轻武器的体系，对这种武器的制造历史有足够的了解。"病房里所有的人都在听中尉讲。

"再说说杰格佳廖夫式冲锋枪，和什帕金式一样，比索米轻近2千克，短差不多100毫米。但这并不太重要，你们要知道，我们冲锋枪的战斗性能要高得多。举个例子，МП–38只能连续射击，而我们的枪有一个转换开关，是可以单发射击的。你们看，我在纸上画一个很小的对比表格，很清楚。"

这张纸在大家的手中传看着。工兵特别注意看每行的数字，不时地摇晃着脑袋，好像不相信自己的眼睛。显然空降兵中尉的话和论据引起了他的好奇，他半信半疑地说道：

"这么说，我们战前就在制造各种自动步枪方面走在了敌人前面？那么就有问题了：为什么我们部队里的自动步枪这么少呢？这简直就是破坏，那原因是什么呢？"

"我们确实是走在了外国设计师的前面，这是对的。那么关于'为什么我们部队里自动武器少'这个问题，一句话回答不清楚。据我看，可能是这样的，沙皇时代，掌握政权的人不太相信俄国设计师的创造潜力，不相信这种武器有发展前景，他们认为外国的枪更好。那现在，苏联时代，我认为，他们对费多罗夫、杰格佳廖夫、西蒙诺夫这些设计师的工作评价不足，对他们在制造自动武器系统方面的探索认识不够。"

听着中尉的讲话，我们大家好像都忘了自己的伤。他的推断和结论可以说让我们茅塞顿开。我们大家更加坚信，他真的知道很多有趣的和出人意料的东西，这个很平静、不太爱说话的空降兵，他的大腿在战斗中伤得不轻。我们谁都没听到过他有半点呻吟，他从来没叫过疼。可他遭的罪不比我们哪个人少，我们病房里住的全都是重伤员。

"您可能知道有关铁匠罗谢佩伊的故事吧？"我懦懦地问道。

在翻阅从图书馆弄来的书时，我发现有地方提到这个人，我现在很想详细地了解一下这位天才发明家的命运如何。

"罗谢佩伊是俄国军队的列兵，团武器修理所的一名铁匠。他能出现在武器设计师的行列里，是一个让人吃惊的现象。"空降兵开始讲起来，"作为一个士兵，在 20 世纪初，他设计出了第一支自己的自动步枪。在这种枪里，铁匠在设计过程中加上了自己的新东西，原理特点就是固定枪管和自由式枪机，有的时候有点卡栓……"

"后来这款步枪怎么样了？"工兵趁着停顿问道。

"很遗憾，这款枪的命运很惨。最高军事领导层不相信这款枪，对发明者不支持，认为他的探索是毫无用处的古怪想法。事情还没算完，对士兵设计师的不信任、对自动武器的不接纳，使该武器在军队迟迟不能列装，结果是罗谢佩伊的设计成果很快就被其他国家利用了。自由式枪机的原理被人模仿，这种原理在奥地利人施瓦尔茨洛泽的机枪和美国人佩德森的自动步枪中找到了自己的用武之地，这些枪都是按大威力定装弹的规格设计的。"

就这样，关于武器的聊天变成了引人入胜的武器历史故事。中尉在讲故事的过程中告诉了我们许多新的、以前全然不知的事情。我们知道了武器设计师费多罗夫按 7.62 毫米口径标准定装弹规格制造自动步枪所做的工作。这款枪引人注目的地方在于，所有进行的试验结果都表明，在以前试验的所有系统，包括外国的武器系统中，这款步枪是最好的。该枪的设计者荣获了米哈伊洛夫大奖并被选为军械委员会成员。原来，早在第一次世界大战之前，费多罗夫就开始研制原则上是全新的中等尺寸武器，也就是介于步枪和机枪之间的武器，并给这种武器起名叫"自动步枪"。说实话，正像罗谢佩伊的步枪一样，这款武器也同样没有得到军方的支持。1916

年这款枪仅仅装备了一个连。

"那是谁制造了第一支苏联的冲锋枪呢？"炮兵又把我们带回了聊天的起点。

"它的作者是我们光荣的武器设计家费奥多尔·瓦西里耶奇·托卡列夫。20年代末，他研制出了试验样枪。而托卡列夫一开始只是教学钳工修理所的一名学徒。"

"要知道，杰格佳廖夫也是工人出身，11岁就去图拉军械厂工作。"工兵提高了嗓音说道，"我记得，战前我读过他的生平介绍，是报纸上登的，当时杰格佳廖夫当上了社会主义劳动英雄，还获得了编号为2号的'镰刀斧头'奖章。"

"完全是工人劳动大学出身的，还不仅仅是托卡列夫和杰格佳廖夫。"中尉用双手抓了一下床的靠背，往上蹭了一下，选了一个舒适的位置。躺累了，换个位置休息一下，接着说："还有西蒙诺夫，他原来就是个铁匠学徒工，后来还干过钳工，干过工匠，什帕金走过的路也是这样的。这说明，所有这些武器设计师的创造潜力，都是在伟大十月社会主义革命以后才展露出来的，才能得以尽情地表现。我敢说，正是社会主义制度给他们打开了取之不尽的力量源泉，让他们把多年的梦想变成现实，为保卫十月革命所取得的成果努力奋斗。"

我现在感觉到，在那些日子里空降兵中尉在我们中间，很像是阿列克谢·马列西耶夫[1]在想结束自己生命时遇见的那位政委。尽管中尉话不多，可他总能为我们每个人找到必要的话，他很善于用政治的主题强化谈话的内容。他身上有一股子内在的力量，有一种

1　阿列克谢·马列西耶夫，前苏联飞行员，战斗英雄。——译者注

令人信服的力量。我都后悔死了，没记住他的姓。我们当时更习惯相互称呼名字或者按兵种属性，叫工兵、炮兵、坦克兵、空降兵。

"我想问您，您说我一个人能造出冲锋枪吗？如果我有这样一个想法，想试试造一个自己设计的武器？"我把自己藏在内心的梦想说给了中尉，把我画草图的练习本递给了他。

中尉并没有笑，也没有讽刺我，很严肃地对我说：

"一个人单枪匹马很难把事情做好，没有助手要想制作一个产品是不容易成功的。但是独自研究结构设计是没问题的，完全可以做到。托卡列夫不就是你很好的榜样吗？他的冲锋枪、CBT 式自装弹步枪、TT 式手枪，每一件设计都是他独自工作的成果。"

中尉接过我的练习本，认真地看了一遍我的图纸。

"说真的，我应该告诉你，武器制造业已经进入了从手工家庭作业向集体创造转变的时代，只不过现在受战争的干扰。当然，像托卡列夫这样强大的个人，还是可以独自做很多事情的。但是，我认为，在向自动轻武器全面转变的条件下，在武器生产越来越趋向复杂化的今天，决定性成果肯定会出自工程设计局。我想告诉你的是，20 年代，费多罗夫就在我国武器设计培训学校里建立了第一个工程设计局，他的书我看你也在认真地读。"

"那您知道谁和他一起工作吗？他在书中没说这方面的问题。"

"现在还不到说这事的时候，要说费多罗夫和谁绑在一块工作，可以好好研究一下 20 年代的各种枪型：费多罗夫－杰格佳廖夫系列轻机枪、费多罗夫－什帕金系列双联轻机枪，还有其他的设计。杰格佳廖夫、什帕金等好多设计师都是费多罗夫的学生，也是他思考问题的同路人，这些人都进入了他领导的工程设计局。"

到了 20 世纪 60 年代，我还记得空降兵中尉说的话，我与他在医院里思考过自动武器的发展，讨论过自动武器的未来。当

我受 Ф. В. 托卡列夫的邀请到莫斯科时，他已是 95 岁高龄。我们之间的谈话涉及设计和日常生活，费奥多尔·瓦西里耶维奇突然回忆起遥远的 1928 年，他的自动步枪进行竞标试验的事情。

"我当时要面对的是一个来自科夫罗夫设计局的、团结一致的发明家团队。好家伙，可真的不得了啊。费多罗夫、杰格佳廖夫、乌拉兹诺夫，还有，好像还有库兹尼佐夫和别兹鲁科夫，他们联合提交的，一下子就是三款枪型。可我呢，只有一款。你看看这阵势！"

我们武器设计师行当中的泰斗笑了一下，满足地用手指捋了一下浓密得像小刷子似的白色胡须。

"我当时绝不向科夫罗夫的人让步。没有，没有让步。"

这已经是后来的事了，基本上是在战后，命运把我和 Ф. В. 托卡列夫、В. А. 杰格佳廖夫，还有 Г. С. 什帕金这些大师级人物扯到了一起。可当时的我，要不就是躲在病房的一个什么地方，要不就是在医院的走廊里，借助一支铅笔和练习本上的几页纸，要不就是在与空降兵中尉的交谈中，把我所知道的我国武器设计师的系统拿来分解，尽自己的最大努力，就是想找到一条自己的路，制造出新的冲锋枪。当时，我从书本里、从与中尉的谈话中弄来的那点经验根本就不够用，尽管他还是尽力给我补充了很多知识。我很想在实际中检验我的设计构想，把我所思考的东西变成实物。

我的伤好得很慢。一只手活动不方便。大夫们使尽了浑身解数，能做的都做了，最后决定让我出院，给了几个月的假，让我继续疗养。应该承认，这并不是我期望的。这个决定有点令人难受，这跟战时的要求有点不合拍。

但是医生们是哀求不动的，他们说："你的肩膀必须要长期治疗，才能恢复手的劳动能力。"拿到休假条后，我收拾好自己的简单的士兵家当，小心翼翼地用报纸把我的练习本包好，这上面

在自己 30 年的设计生涯中，瓦西里·阿列克谢耶维奇·杰格佳廖夫
研制了 82 个型号的轻武器，其中有 19 个型号列入装备

有我关于武器的笔记、图纸和公式。我要回远在阿尔泰边疆区的故乡休假，那是一个很小的村庄。空降兵中尉送我，他拄着双拐和我一起走到了走廊的尽头。

"对，你也别太难受。米沙，不让上前线就不上吧。以后还有的是仗打。马上就能见到家人啦，还可以在工作中验证你的图纸。也许你真的能发明出个什么来，到时候我们拿着你的武器去杀那些该死的法西斯。记住我们前线的金科玉律：最后能成功的，一定是对自己抱怨少的，一定是干事头脑清醒的。在这件事上就别抱怨自己啦，做什么事都要头脑清醒。"

中尉，我的同室病友，好像是在用自己的语言预示着我以后的生活。我真的，最终成了一名专业的武器设计师。

第 2 章
费多罗夫的武器

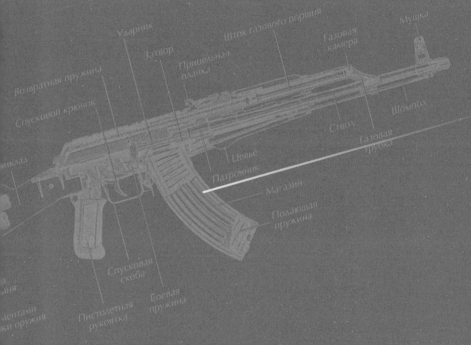

　　正如前边所说的，卡拉什尼科夫自动步枪成为使用所谓中等尺寸定装弹自动步枪竞标会的胜出者。为了更好地理解创建这一人类天才发明的逻辑，以及更好地理解自动步枪的结构，首先要多少了解一下俄罗斯使用"中等尺寸"定装弹的历史。

　　西方早在 19 世纪就已经广泛使用这种型号的定装弹了。例如，著名的温切斯特式步枪使用的正好是这种中等尺寸定装弹。奥地利武器设计师卡列尔·克利卡和瑞典学者黑布勒一直从事 6.5 ~ 8 毫米口径定装弹的设计工作。俄国武器设计师 B. Г. 费多罗夫也在从事 6.5 毫米定装弹的研制工作。1916 年，这位设计师向世界提交了全世界首个使用 6.5 毫米小威力定装弹的自动步枪。

　　俄日战争证明了制造这种新型武器的必要性。要求提升轻武器的火力射击密度和提高射击速度。有关这一点，总结 1904 ~ 1905 年战争的《战术批示文集》曾写道："应该把子弹头像雨点一样撒向敌人，使敌人失去意志，让他们的射击一片混乱。"

　　谁都没有想出来要使用新型的定装弹研制武器。当时有指示，要把 1891 年式三线步枪改成自装弹步枪。

　　1905 年，参与步枪更新改造的武器设计师有：Ф. B. 托卡列夫、Я. У. 罗谢佩伊和军械部干事弗拉基米尔·格里戈里耶维奇·费多罗夫大尉。1906 年 1 月 10 日，军械总局炮兵委员会审查了自装弹步枪的第一批图纸。

奥拉宁鲍姆军官学校的武器修理厂在一个时期内成了研制新型武器的主要基地。当时，这所学校被认为是俄国军队基本科学研究中心。6个月以后，这批研制者被调到谢斯特罗列茨克军械厂。这个时候决定让知名武器设计师、军械学校靶场主任 H. M. 费拉托夫上校加入研制工作。

　　武器设计师费多罗夫和杰格佳廖夫当时正在研制闭锁装置。在长时间的试验过程中，设计师们决定利用枪管短行程的后坐能量，这是唯一正确的解决方案。在使用大威力的 1908 年式 7.62 毫米步枪定装弹射击时，可靠的闭锁是靠枪机直线运动来保障的。枪机的两侧有两个凸齿，枪机与枪管的连接不需要借助于枪膛，而是借助于两个对称的机头。射击时枪机在后坐力的作用下与枪管一起向后运动。枪管向后短行程运动以后，枪机机头的凸出部闭塞住固定枪膛的闭塞凸笋，机头转动，释放枪机凸齿，枪机与枪管脱离。然后，枪机继续向后运动，利用抓弹钩的钩，从弹膛中抛出射击完的弹壳。在枪管和枪机向后运动时，在压紧复进弹簧的作用下，移动部件在射击完成后回到初始状态，在机枪运动过程中从弹仓中将下一颗子弹推进弹膛。步枪有扳机式击发装置。由弹容量为 5 发定装弹的固定弹仓供弹。

　　任何一款武器最基本的品质是结构简单和性能可靠。B. Г. 费多罗夫成功地制造了在各方面都表现甚佳的自动步枪。在 1911~1912 年，费多罗夫的武器在彼得堡枪弹检查委员会靶场和奥拉宁鲍姆军官射击学校的靶场通过了试验，1912 年夏天，由谢斯特罗列茨克军械厂制造的 10 支费多罗夫式步枪被提交到枪械靶场进行试验。执行试验的是靶场和涅伊什洛茨克步兵团混成连的射手。一共打了46920 发。在 36000 发中这种武器的故障百分比仅为 1.66%，而在复杂条件下的故障百分比为 3.9%。

射击证明，自动武器比普通弹仓式步枪优越。射击速度提高了，操枪相对简单，可以缩短士兵训练时间。自动武器研制委员会没有提出什么问题，只是认为，对结构再进行一些改进，该步枪可以成为步兵的基本武器。为了进行大规模的试验，建议谢斯特罗列茨克军械厂生产 150 支费多罗夫式步枪。武器设计师本人因研制 1912 年式 7.62 毫米自动步枪荣获了第一个米哈伊洛夫奖金，这个奖金是为表彰在枪炮事业中有突出贡献的人士设立的，每 5 年颁发一次。

像任何一位以自己的工作为职业的人一样，费多罗夫并不看重奖金，他对自己的工作并不满意。任何一件武器都有自己的优点和不足。费多罗夫在自己的研制过程中，在 7.62 毫米定装弹的使用方面遇到大量的困难。颁发奖金以后，他马上就投入到了修正错误的工作之中。7.62 毫米定装弹有一个带凸缘的瓶形外壳，这个凸缘是利用圆形凸起边缘为支点，在顺着弹膛方向向弹膛压枪弹时用来固定定装弹的。如果说在弹仓式步枪中定装弹的这一特点是个优点的话，那么，在自动武器中它就变成了缺点。

В. Г. 费多罗夫第一个做出结论，定装弹的结构在很大程度上决定着射击武器的构造。费多罗夫立刻参加了新型定装弹研制小组的工作。在试验过程中，最终搞明白了，对于自动武器来说，最适合的是口径 6 毫米，弹头重为 7 克的定装弹，其初始射速应在 1000 米 / 秒。费多罗夫曾回忆说："我不想等待委员会的试验结果，为了加速整个工作进程，我决定独自研制新型的定装弹，与使用三线口径研制系统和改进弹道的新型定装弹的研制工作同步进行。我的工作是 1911 年开始的。"费多罗夫成功地证明了，弹头的杀伤力并未因缩小了口径而发生改变。他研制出了 6.5 毫米和 7 毫米口径的全新的定装弹结构，与此同时，他还设计出了 5 套 6.5 毫米口径定装弹的方案，其特点就在于弹头和弹壳的尺寸和形状不同。

需要缩小口径，获取更大的压力，使用无边缘的弹壳。费多罗夫埋头进行自己的研究。在一年的时间里，他进行大量的试验，最终制成了在当时来说是独一无二的 6.5 毫米定装弹。这样一来，马上就可以解决许多重要的课题：

——改善武器的弹道性能；

——缩小定装弹的重量，进而加大所携带弹药的数量；

——减轻武器重量。

费多罗夫在极短的时间内成功地取得了传奇性成果。1913 年 9 月，委员会的桌子上放着两支费多罗夫设计制作的改进型 6.5 毫米定装弹步枪。自动步枪研制和试验委员会在 1913 年 10 月 25 日第 55 期杂志中指出：

第一，费多罗夫的 6.5 毫米口径步枪顺利通过了委员会试验；

第二，上述步枪是俄罗斯为新型定装弹研制的第一支自动步枪，这种定装弹具有相当大的火药气体压力，弹道得到改善，弹壳没有外边缘；

第三，与同系列的 7.62 毫米自动步枪相比，重新提交的样枪有了很多改进：枪弹棋盘式配置的弹仓，没有从枪托中突出，枪机浑然一体没有焊点，机头和枪机强度大，整枪重量更轻。

委员会关于 6.5 毫米定装弹的试验结论刊登在同年 10 月 28 日的第 57 期杂志上："……B. 费多罗夫研制新型定装弹的工作……是其个人的首创，应该指出的是，这项工作对于研制新型步枪事业来说是非常珍贵的。"

接下来的要求是对费多罗夫的使用 6.5 毫米定装弹的改型步枪进行大规模试验。这次试验的成功很可能会促使俄国军队全面更换新式武器。很遗憾，这一切当时并没有发生。第一次世界大战干扰了武器发展的历史。根据军事部长 B. A. 苏霍姆利诺夫的命令，谢

057

弗拉基米尔·格里戈里耶维奇·费多罗夫
俄罗斯和苏联著名武器设计家，工程技术勤务中将，劳动英雄

斯特罗列茨克军械厂的工作全部停止，设计师和发明家们的活动也中断了。工厂的全部力量投入到为俄国军队生产已定型的轻武器上。В. Г. 费多罗夫全然不顾工厂里巨大的事务性工作压力，继续进行着新型号武器的研制工作。1915 年，天才学者费多罗夫被派往法国出差。在法国，他当然亲身体验到更换自动武器的必要性，他曾经写道："几个拿着最新式的、刚刚装备法国军队的绍沙系列轻机枪的机枪手吸引了我的注意力。轻机枪把射击速提高到了每分钟 150 ~ 200 发，大约可以替代 15 个射手……也就是在这里，在蒙圣埃卢瓦的战壕里，我第一次亲眼看到并验证了，我们非常需要的新式武器……不是自动步枪，我们首先要为俄国军队制造轻机枪！在这里，在这战壕里我就萌生了一个想法，要把自动步枪换成另一种武器，一种接近轻机枪，介于步枪和轻机枪中间的武器，也就是我们现在称为自动步枪的武器。"

1916 年 1 月，费多罗夫回到了彼得格勒。他决定再也不能拖延了。整个世界都在向自动武器转变。继续拖延新式武器的试验会非常危险，会对我们构成威胁，俄国在军队装备问题上会毫无希望地掉队。委员会听了武器设计师令人信服的报告，同意进行试验。1916 年夏天，要求谢斯特罗列茨克工厂生产 150 支 7.62 毫米自装弹步枪和 20 支 6.5 毫米口径步枪的零件。В. Г. 菲拉托夫为了装配武器叫来了自己的老朋友、武器设计师和钳工 В. А. 杰格佳廖夫。

自装弹步枪的基本机件和自动机的工作原理得以保留，设计师只是对击发装置进行了一些改进，增加了转换射击类型的快慢机，使这种武器既可以单发射击又可以不间断射击。费多罗夫甚至还研制出了盒形弹仓，扩大了弹容量，可棋盘式放置 6.5 毫米定装弹 25 发，7.62 毫米定装弹 15 发。

现在是武器有了，可枪弹没有。根本就不知道这事该怎么办。

В. Г. 菲拉托夫当时就决定使用日本的 6.5×51 毫米规格的定装弹，这样一来就要研制新的弹膛，缩短枪管到 190 毫米并安装上简易瞄准具。

　　新型的个人射击武器，其重量没有超过在编步枪，特点是可以单发射击，也可以连续射击。最初给它起名叫枪式机枪，后来菲拉托夫起了一个更完善的名字：自动步枪（автомат，源自希腊文 automaios：能自己运行的）。

　　费多罗夫系列 6.5 毫米枪式机枪自动机的工作原理是，利用枪管短行程条件下的后坐力，通过往复式闭锁卡铁实现对枪管的闭锁。击发机可以单发射击，也可以连续射击。枪式机枪的表尺距离：2000 步（1424 米），弹头初速度：660 米 / 秒。为了适应肉搏战的需要，枪式机枪带楔形刺刀。单发射击时，5 发枪弹弹夹装填情况下，枪式机枪的实际初射速达到了每分钟 20 ~ 25 发，连续射击时，同样的装填方式下，可达到每分钟 35 ~ 40 发。

　　在靶场试验和前线试验中对费多罗夫的武器都给出了非常好的结果。但是，除去无可争议的优点，自动步枪也暴露出非常严重的不足，即寿命短。

　　费多罗夫的自动步枪还是没能取代轻机枪。其实，武器设计师本人也没给自己定下这样的任务。暂时还没制定出对枪式机枪的要求，甚至都没有搞清楚自动武器在战斗中的使命。"费多罗夫的自动步枪无论如何都没达到步兵标准装备的地步，当然，这款枪也不是按这个要求造的，其原因是，为了减轻重量，自动步枪的枪管特别短。这款武器只能看作现有轻武器装备的一种补充兵器。"

　　根据试验结果，军械总局局长 А. А. 马尼科夫斯基将军决定审查费多罗夫的 6.5 毫米枪式机枪。在军械总局军械处 1916 年 10 月 21 日第 N441 号决议中记录了影响这种选择的情况：

第一，6.5 毫米枪式机枪使用日本定装弹射击时，与 7.62 毫米口径武器相比具有以下优势：后坐力更小，枪管升温更慢，更轻便，更紧凑，日本定装弹的线性外形尺寸会对这些情况产生影响，闭锁装置更坚固，25 发的弹仓结构更为合理；

第二，计划把全部的费多罗夫式枪式机枪都交北方舰队使用，6.5 毫米日本友坂式步枪基本上也都装备在那里，可保障有充足的弹药储备；

第三，可以把费多罗夫的枪式机枪作为战前决定的第一块奠基石，当时就决定俄国军队要改用新的小口径无外边缘和具有良好弹道性能的定装弹。这一措施应成为俄国武装力量更换比其他国家军队更现代化的射击武器的开端。

1916 年 12 月 1 日，伊斯梅尔斯基团特种连被派往野战集团军，编入罗马尼亚方面军第 9 集团军。该连的武器装备除了费多罗夫的枪式机枪外，还有 M.1912 式 7.63 毫米自装弹毛瑟手枪，除此之外，还装备了当时最新的光学瞄准具和望远镜、从工事中射击的仪器、便携式步兵盾牌和高加索哥萨克军队匕首样式的枪刺。1916 年由俄国武器设计师 В.Г. 费多罗夫研制的世界上第一种枪式机枪（自动步枪）列装俄国军队。

这是俄国军队中第一支装备了轻自动武器的步兵分队。在西部战线上，也是在 1916 年，与俄军特种连同时出现了类似的部队和分队，但他们装备的是其他型号的自动武器：冲锋枪和自装弹手枪。如，在意大利步兵中组建了装备有 9 毫米 M.1915 式雷韦尔冲锋枪的连队，在恺撒军队中则组建了装备有 7.92 毫米 MG.08/15 式马克辛轻机枪和 9 毫米马拉贝伦 –P.08 自装弹手枪，该枪枪管很长，配有转盘式弹仓，弹容量扩大到 32 发。

尽管当局对步枪很赞赏，新式武器的大规模生产还是停滞不前。军械总局枪械处早在 1916 年 3 月就认定从一家私人工厂订购 25000 支枪式机枪的做法非常好，并委托设计师本人负责这项工作。

在军械总局局长 A.A. 马尼科夫斯基给谢斯特罗列茨克军械厂厂长的指令中说：

我命令现在就着手在你所管辖的工厂里生产费多罗夫少将的自动步枪序列，并请注意以下几点：

第一，步枪生产开始时应按手工方式进行（就像 1912~1914 年工厂生产这种枪的方式一样），然后逐渐的，根据车床到货的情况，转入机器生产方式；

第二，在使用机器加工步枪零件的条件下，允许工厂根据自己的意愿签订特别协议，将步枪某些零件的加工移交给其他国办或者私营工厂；

……

第四，为了加快该型步枪的生产，允许将三线步枪的每月供货减少至 10000 支；

……

第六，步枪生产数量，在手工作业方式下每昼夜应为 10 支，在机器作业方式下每昼夜应为 50 支；

第七，为了加快购置所需要的车床，应该派有经验的人士，在格尔莫尼乌斯和扎柳博夫斯基将军的领导下，到英国和美国去出差，就地购置合适的车床。

谢斯特罗列茨克军械厂和伊热夫斯克铸钢厂共同着手生产费多罗夫的新式武器。国内的政治形势变得不太有利。当时严峻的经济形势不允许马上着手生产费多罗夫的武器。生产数量由最初订购的

40000 支降至 15000 支，后来又降到 4000 支。

后来又决定把生产费多罗夫武器的活儿交给其他工厂。军械总局枪炮委员会与枪械和机枪工厂第一公司进行了长时间的谈判。当时，军械公司与丹麦的一家公司有生产麦得森机枪的合同。军械公司根本就没有能力顶住军械总局枪炮委员会的压力，所以，几个月后签订了生产 10000 支麦得森式自动步枪和 9000 支费多罗夫式机枪的合同。与此同时，国内的政治形势变得更加糟糕。

只是到了 1917 年革命后，费多罗夫式自动步枪的生产才算走向正轨。

到了伟大十月社会主义革命之后才得以顺利组织费多罗夫枪式机枪的大规模生产。1918 年 1 月 2 日，军事人民委员部执行委员会通过决议，并于 1 月 3 日经特别会议主席批准，决定在科夫罗夫安排新式武器的生产。

1920 年 2 月，费多罗夫的一支枪式机枪被送到了共和国武装力量总司令 C. C. 加米涅夫手上。在军事革命委员会副参谋长 1920 年 2 月 6 日给军队特命全权供给代表的电报中说："军械处在全面了解了费多罗夫系列枪式机枪后，认为该武器不论从技术的角度，还是从实践的角度来看都是非常有用的，因此请求采取措施提高工厂生产这种枪的能力，以便在最短的时间内制造出 300 支枪式机枪。"

费多罗夫系列自动步枪最后一次试验是在 1924 年进行的。根据试验结果，委员会通过决议认为："该系统完全适合于工农红军。"所有必要材料、测量工具、装备和模具的匮乏致使自动步枪只能靠半手工作业方式生产。很自然，这也会影响到产品的质量。武器在射击时大量发生故障，特别是从弹仓送弹上膛时。经常从部队发来对自动步枪质量的意见书。与此同时，由于弹药供应上出现了严重

063

费多罗夫的 6.5 毫米口径
1916 年式自动步枪

费多罗夫自动步枪示意图

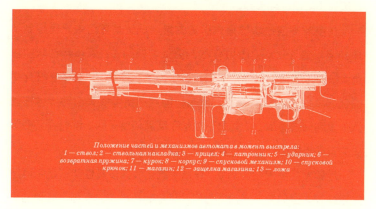

Положение частей и механизмов автомата в момент выстрела:
1 — ствол; 2 — ствольная накладка; 3 — прицел; 4 — патронник; 5 — ударник; 6 —
возвратная пружина; 7 — курок; 8 — корпус; 9 — спусковой механизм; 10 — спусковой
крючок; 11 — магазин; 12 — защелка магазина; 13 — ложа

自动步枪射击时各种零件和自动机的位置

1. 枪管　　　　6. 回位弹簧　　　11. 弹仓
2. 枪管护盖　　7. 机头　　　　　12. 弹匣扣
3. 瞄准具　　　8. 枪壳　　　　　13. 枪托
4. 弹膛　　　　9. 击发机
5. 撞针　　　　10. 扳机

的困难，军械总局枪炮委员会决定对 1908 年式 7.62 毫米步枪定装弹的性能进行标准化改造。这表明，会逐渐从部队中撤出使用外国定装弹的射击武器型号，这其中也包括费多罗夫系列的 6.5 毫米自动步枪。

根据这个决定，B. Г. 费多罗夫的自动步枪在无产阶级步兵师莫斯科精英步兵团的列装持续到 1927 年年底，这之后自动步枪全部从该团收缴入库。1928 年 2 月 27 日，军械总局枪炮委员会副主席在一个说明书中对这款武器给出了客观的，也还算是公正的评价。在自动步枪试验的评语中，他认为费多罗夫的自动步枪"在战斗勤务中表现过于娇气，自动步枪在灰尘和污染过大的情况下容易发生故障"。另外，作为对费多罗夫自动步枪的基本要求，提出该枪在连续射击时精确性太差。

费多罗夫自动步枪写入历史的最后一页是在后来，已经到了 1940 年，在 1939 ~ 1940 年的苏芬战争期间，红军步兵部队实在是太缺少个人用的自动武器了，苏军司令部不得不关注放在仓库中的武器。1940 年 1 ~ 2 月，所有还能用的费多罗夫自动步枪被送到卡累利阿方面军。主要是下发给了队属侦察分队。那时，费多罗夫的自动步枪得以最后一次表现出自己的优秀品质。

尽管费多罗夫设计的 6.5 毫米步枪定装弹按其性能不是中等尺寸定装弹，但他有关必须要为自动步枪制造小威力专用定装弹的思想后来被证明总体上是正确的。

第 3 章
中等尺寸定装弹

Глава 3
ПРОМЕЖУТОЧНЫЙ ПАТРОН

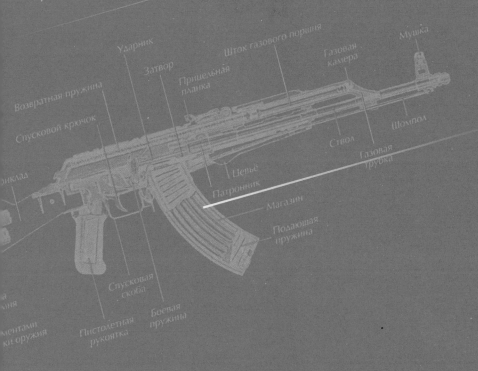

Ударник

Затвор

Шток газового поршня

Газовая камера

Мушка

Возвратная пружина

Прицельная планка

Спусковой крючок

Шомпол

Ствол

Цевье

Газовая трубка

Патронник

Приклад

Магазин

Подающая пружина

Спусковая скоба

Боевая пружина

Пистолетная рукоятка

...ментами
...ки оружия

...я
...ня

　　第二次世界大战的经验证明了制造新一代武器的必要性。当时使用的轻武器存在一系列严重的缺陷。军队需要与作战情况相适应的武器：轻便、紧凑。当然，与此同时，还要有比手枪枪弹威力更大的定装弹（当时冲锋枪使用的是手枪枪弹）。关于这一点工农红军射击武器装备科学研究靶场的研究员 B. Φ. 柳特曾写道："3 年前线战斗行动的经验证明，对武器射击精度的那些要求无论如何也不能不当回事，相反，以后我们一定要把精准射击作为部队教育和训练的基础；要知道，在运动战中对射击武器火力精度要求的重要性绝不亚于在阵地战中。瞄准射击是士兵超高的精神品质、勇敢精神、坚毅性和绝对的自我控制力的集中表现。"

　　冲锋枪已成为近战中不可替代的轻武器：在居民点、树林中、堑壕里，总之，到处都会需要短小、轻便，并带有方便弹仓的武器。当时这种武器的实际射速为 10 ~ 15 发 / 分，大大逊色于自动武器。因此在 200~500 米区域内无法建立起必要的火力密度。

　　苏德前线的战斗行动证明，必须对工农红军轻武器装备体系进行实质性的补充，这是符合时代要求的。步兵未来的武器应该是自动的，可以选择射击类型并能保障在行进间利用在地形上遇到的任意自然支撑，瞬间开火；最大限度的轻便、紧凑、可靠、灵活。除此之外，还应该在 600 ~ 800 米距离内有足够的有效射击威力。人们已经越来越清楚，红军需要使用新型定装弹的武器。

1942 年年底，沃尔霍夫方面军的红军战士第一次在战利品中看到了原则上是全新的德国武器：MKb.42（H）式 7.92 毫米自动步枪，这是按中等尺寸定装弹规格研制的。它通过把步枪定装弹弹壳裁短，制造出了全新的、在生产成本上更加便宜的定装弹。

1943 年 7 月 15 日，召开了苏联装备人民委员部技术委员会第一次会议，主要是讨论审查使用其他威力定装弹的外国新型武器问题。会议期间，军人和军械及枪弹设计局的代表们一起审查了缴获的 MKb.42（H）式自动步枪和美国盟友赠送的 M.1 式 7.62 毫米卡宾枪，两种枪是按卡宾枪专用的小威力定装弹规格制造的。讨论的结果证明必须要研制新的定装弹。首先引起注意的是 6.5 毫米口径定装弹，该枪弹的弹道性能可以保障如 1891/30 年式步枪一样的直接瞄准射击距离——400 米。这种情况下，弹道身管的长度应等于 520 毫米，而平均压力不大于 3000 千克 / 平方米。弹头应对有生力量有足够的杀伤力，应能在不少于 1000 米的距离上使敌有生力量失去战斗力。

在研制新型中等尺寸定装弹的过程中，共提交了 314 种不同的方案，其中有 8 个方案被选中继续进行研究。经过一系列的试验后，由于弹头的有效性不足和杀伤力下降，口径小于 7.62 毫米的所有方案都被推翻了。同年 9 月，经过对一系列试验样品的审定后，确定了其中一个方案作为将来定装弹的基础，这个方案是由第 44 试验设计局设计小组提交的，该小组由以下人员组成：总设计师 H. M. 叶利扎罗夫、主任设计师 П. В. 梁赞诺夫、主任工艺师 Б. В. 肖明和工程师 И. Т. 梅利尼科夫。叶利佐罗夫和武器设计师费多罗夫、托卡列夫、西蒙诺夫和什帕金一起受命绘制弹膛和受弹机的图纸，用于接收中等尺寸定装弹。定装弹最终的加工处理由第 44 试验设计局承担。而制造第一批新型定装弹的任务由第 543 工厂承担。

德国 MKb.42(H) 式自动步枪
在苏联国防人民委员部技术委员会的会
议上提交了关于缴获德国 MKb.42(H)
式自动步枪的研究报告，该枪按世界上
首个中等尺寸定装弹规格制造，口径为
7.92×33 毫米。在这次会议上，提出必
须尽快研制自己的，与德国定装弹相似
的"缩小"型定装弹以及使用该定装弹
的武器

1943 年制造 7.62×41 毫米式中等尺寸定装弹的工作成了研制高质量新型国产步兵用个人自动武器的开端。与步枪定装弹相比，它缩短了自动步枪的定装弹，弹壳没有外边缘，这种定装弹不仅可以大大简化自动步枪的送弹方法，还通过减小后坐力，提高了射击精确度。但是，这个型号的定装弹当时受到了来自军方领导层狂风暴雨般的批评。

1943 年式中等尺寸定装弹有双金属外壳，长 41 毫米，没有外边缘，底火直径相对较小（与 1908 年式对比）；装药为专用品牌

BY（步枪的，短切割）硝化棉；弹头按 1908 年式轻弹头制造，是铅制心弹头和筒状尾部。

新型定装弹用于在 1000 米距离上杀伤暴露的有生力量，可保障 800 米内瞄准射击，直接射击距离为 325 米。1943 年式配有铅心弹头的定装弹重 8.0 克（1908 年式步枪枪弹重 9.6 克，1930 年式手枪枪弹重 5.5 克），初始速度 740 米 / 秒（步枪初始速度 865 米 / 秒，手枪初始速度 520 米 / 秒），枪口能量为 229 千克 / 米（步枪枪口能量为 362 千克 / 米，手枪枪口能量为 75.7 千克 / 米）。与步枪定装弹相比，1943 年式新型定装弹增加了士兵携弹量，是原来的 1.38 倍（100 发步枪枪弹的重量等于 138 发 1943 年式定装弹的重量），减轻了武器的重量。生产因素的作用也不可小看。生产 100 万发 1943 年式定装弹（与 1908 年式步枪定装弹相比）可节省的材料为：4 吨双金属、1.15 吨铅、1.5 吨火药。到 1944 年 3 月，已确定大规模生产新型弹药。

还是在 1943 年，军械总局的军官们（首先是 A. A. 布拉贡拉沃夫和 B. Г. 费多罗夫中将）与国内各知名武器设计师一起试图寻求解决新型射击武器系统研制过程中出现问题的最佳方案。

一是关于武器类型的问题，也就是说要确定其在整个武器装备中的地位（规定该型号武器的任务、战斗使用的条件）。

二是关于结构优化即"结构类型"的问题，也就是要对武器原理图的选择进行仔细研究。对自动机、整体和组件布局的各种方案进行审定，确定各组件和各装置的原理图。

三是在处理原理图和制造问题上进行参数优化，制定出首批战术要求。

四是 1943 年年初军械总局宣布将举行按新型中等尺寸定装弹规格研制轻武器综合体的竞标会，其中包括轻机枪、自装弹卡宾枪和自动步枪。自动步枪第一次被计划作为步兵"支援武器"使用。竞标委员会由军械总局轻武器局轻武器处副处长、中校工程师 A.Я 巴什马林领导。根据战技术要求，确定"按 1943 年式定装弹规格研制自动步枪，该枪应在相对小的重量下保障步兵近距离和远距离射击的威力"。新型自动武器的重量不得超过 5 千克，带备用弹仓不得超过 9 千克。总长不得超过 1000 毫米，枪管长 500~520 毫米，应能选择射击类型，扇形弹仓容量为 30~50 发定装弹。在 100 米以内的距离，单发射击密度不能低于 1891 年式……而连续射击密度不得低于 ДП 式机枪。为了改善武器射击的稳定性，新型武器可以配备双脚枪架。在收到军械总局枪炮委员会和装备人民委员部技术委员会的战术技术任务书后，所有的武器设计局和射击武器装备科学研究靶场很快就开始了自动步枪的设计工作。

很多武器设计师都积极地参与了 1944 年的竞标，他们中间有：Ф. В. 托卡列夫、С. А. 科罗温、В. А. 杰格佳廖夫、Г. С. 什帕金、А. И. 苏达耶夫、С. Г. 西蒙诺夫、Н. К. 亚历山德罗维奇、П. Е. 伊万诺夫、В. Н. 伊万诺夫、С. А. 普里卢茨基等人。他们提交了很多自动武器原型设计方案。但是，由于要求不太明确，在理解上造成了问题，所提交的试验用样枪按其外形尺寸参数，在很大程度上更像是现代轻机枪，而不是自动步枪。所有的样枪都配备了可拆卸刺刀和双脚枪架。这种武器样式强烈表现在射击效果上。众所周知，使用轻武器最稳定的射击姿势是卧姿，即卧姿有依托或卧姿带枪架。这种情况下所获得的散布值最接近表列散布参数。与此同时，卧姿手托射击的散布值会增加 0.5 ~ 1 倍，而站姿射击散布值会增加 1.5 ~ 2 倍，行进间射击的散布值会更大。所以，这种武器样式主要是在对敌单个大型目标形成定向高密度火力时使用。同时，短暂静止射击与行进间不静止射击相比，散布值可以缩小 20% ~ 30%，但这种情况会降低射手的行进速度。这种武器最典型的代表是苏联装备人民委员部所属的基尔基日第二工厂杰格佳廖夫第二设计局提交的自动步枪。这一类样枪有：

—— 设计师 П. Е. 伊万诺夫、Е. К. 亚历山德罗维奇和 В. Г. 谢列兹尼涅夫的样枪，按 ДП 式轻机枪的模式制造，盘式弹仓，弹容量 50 发定装弹；

—— 设计师 В. П. 伊万诺夫、В. Н. 伊万诺夫和 Е. К. 亚利山德罗维奇的样枪，带式供弹（每个弹仓带 100 发定装弹），这就是后来著名的 РД-44 式机枪（经过一系列的改造加工后该样枪列装苏联军队，系 1944 年式 7.62 毫米杰格佳廖夫 РИД 系列轻机枪）；

—— С. Г. 西蒙诺夫的 РПСМ-10-П-44 式样枪（位于莫斯科州克利莫夫斯克市的科学研究所提交），弹仓供弹，折叠式金属枪托，只能自动射击；

—— 图拉武器设计师 С. А. 科罗温的样枪，这款枪在射击武器结构中很少见，带一个圆形气室和一个充满枪管的圆形气体活塞。通过枪机歪斜实现枪管的闭锁。击发机内设计了连续射击，扇形弹仓，弹容量 30 发定装弹。

还有一位图拉人的样枪设计者名为 С. А. 普里卢茨基，他的样枪是按无枪托结构设计制造的，火药气体从膛管中导出，靠倾斜枪机实现闭锁，扇形弹仓，弹容量 30 发定装弹。

当时，在苏联的一系列首批试验用枪都有一个很清晰的样式，都不是集体使用，而是个人使用的射击武器。所有这些样枪都是按德国 MP.43/MP.44 式步枪的样式制造的，只是在武器的整体格局、自动机工作原理等方面加入了些自己的痕迹。这一类样枪有：

—— Е. К. 亚历山德罗维奇和 В. Н. 伊万诺夫设计的 КБ-2 式自动步枪，火药气体从膛管中导出，靠倾斜枪机实现闭锁，扇形弹仓，弹容量 30 发定装弹。

　　—— C.Г. 西蒙诺夫的自动步枪。自动机按火药气体从枪管中溢出的原理工作。靠枪机的倾斜实现枪管的闭锁。扳机击发装置允许进行单发和连续射击的选择。扇形弹仓，弹容量为 30 发定装弹；

　　—— Ф. B. 托卡列夫的自动步枪，是 ABT–40 式自动步枪的翻版，但增加了一个可以控制火力的手枪握把和两脚枪架，固定在枪管的枪口部分；

　　—— 射击武器装备科学研究靶场主任 Ф. B. 库兹米谢夫的自动步枪，自动机工作原理是火药气体从枪管中导出，借助一个可以倾斜的钩与枪机铰接实现闭锁，通过一个过渡零件实现与枪机框的铰接，撞针式击发装置，击发机允许单发射击和连续射击，复位弹簧装在枪管套的护盖内，扇形弹仓，弹容量 30 发定装弹。可以固定楔式刺刀；

　　—— A. И. 苏达耶夫的两款 AC–44 式自动步枪，由图拉军械厂制造。两款枪的工作原理都是火药气体从枪管中导出，通过枪机在平面上的倾斜实现闭锁，它们之间唯一的不同就在撞针装置的结构上，一个是撞针机，另一个是扳机装置，击发机没有专用的转换火力种类的快慢机，通过一个撞针键实现单发射击，30 发定装弹的扇形弹仓。

　　根据 1944 年春天在莫斯科州休罗沃村射击武器装备科学研究靶场进行的第一次试验结果，竞标委员会得出结论，所有参加试验的样枪，没有一款能完全替代目前在编的 ППШ 式 和 ППС 式冲锋枪，无论是在自动机无故障工作方面还是在射击密度方面。

　　委员会什么也没得到，只是同意让几款较能引起兴趣的样枪进行补充加工。所有的型号分为两类：一类是真正的自动步枪，包括苏达耶夫的两款自动步枪和杰格佳廖夫的自动步枪（ F. K. 亚历山德罗维奇和 B. H. 伊万诺夫设计），另一类是轻机枪，包括第二设计局 B. Π. 伊万诺夫、B. H. 伊万诺夫、E. K. 亚历山德罗维奇的样枪；Π. E. 伊万诺夫、E. K. 亚历山德罗维奇、B. Γ. 谢列兹涅夫的样枪；西蒙诺夫的 PΠCM–10–11–44 式样枪和科罗温的样枪。

只给各位设计师一个月的时间准备按战技术要求进行武器竞标。1944 年 7 月，开始进行第二次试验，试验持续了两个月。提交竞标的全是经过进一步完善的自动步枪：杰格佳廖夫第二设计局的 E. K. 亚历山德罗维奇和 A. A. 卡什塔诺夫的样枪；西蒙诺夫、苏达耶夫的样枪；库兹米谢夫的样枪，另外还有两款全新的样枪，是由 Γ. C. 什帕金和 A. A. 布尔金设计的。

什帕金的自动步枪让苏联武器设计师们得到了很明确的，可以说是很负面的按新定装弹规格制造自动武器的经验。Γ. C. 什帕金做的试验用样枪，其结构中的自动机使用了在冲锋枪中表现很好的自由枪机后坐工作原理。但是他失败的原因是，武器的部件和装置与中等尺寸定装弹相当大的威力不匹配。什帕金的自动步枪总重 5.5 千克，其中枪机重 1.2 千克，比这类武器的允许值高出了许多倍，射击时，特别是在连续射击时，枪强烈震动，这种震动把新型定装弹的优点全都归于零。与此同时，什帕金的自动步枪在枪机后坐速度方面也极不稳定。

布尔金的自动步枪按火药气体从管膛中导出的原理设计。短小闭锁件的合理结构是这种设计的特点，通过枪机向 3 个闭锁卡铁转动实现闭锁。复进机作用于枪机的斜面，完成枪机的转动和管膛的闭锁。这不仅顺利地解决了断壳的问题，还找到了降低机匣负荷的途径。复装弹手柄在气管凸部左侧。扇形弹仓固定在机匣上方对于国产武器来说很少见，因此瞄准具安装在左侧。

夏季的试验成了一场真正的备受煎熬的会战。什帕金的自动步枪在打了 315 发后撤出竞标，再后来，杰格佳廖夫、科罗温等设计

使用 7.62 毫米中等尺寸定装弹的自动步枪靶场试验期间军械总局军官和武器设计师小组成员
莫斯科州休罗沃村，1944 年

前排坐姿（从左向右）：С.Г. 西蒙诺夫、Г.С. 什帕金、射击武器装备科学研究靶场主任 И.И. 布
利巴少将、В.А. 杰格佳廖夫、В.Г. 费多罗夫、А.И. 苏达耶夫。后排站姿：Н.М. 叶利扎罗夫、
В.Г. 科马罗夫、Н.А. 奥尔洛夫、Н.С. 奥霍特尼科夫、Н.А. 布格罗夫、И.П. 罗金、И.Ф.
德米特里耶夫、 К.Н. 尤任、 В.С. 莫斯卡连科、 И.Я. 巴什马林、А.М. 叶戈罗夫局的自动步枪也没能经受得住试验。只有苏达耶夫的 AC–44 式自动步枪在各种条件下表现出了足够高的可靠性、生存力和工作能力，顺利地克服了复杂的试验程序。А. И. 苏达耶夫的创新思维和才能使他在极短的时间内补充修改了自己的设计，并向夏季试验提交了更能让人接受的新式武器方案。

苏达耶夫自动步枪的特点是，经过深思熟虑的、合理的自动机移动部件设计，在这个方案中，枪机框盖在护木下面，安装在铣床加工过的机匣上面，下面挂着枪机，可在机匣内沿内部导轨移动。复进击针弹簧也在机匣内。机匣盖与机匣铰接，向后依靠复进机移动底座的凸部固定。杠杆板盖住复装弹手柄的缝隙。类似的设计可以从根本上降低自动机移动部件对机匣内污物和灰尘的敏感性。

苏达耶夫的自动步枪或多或少符合竞标委员会提出的要求。工作的可靠性当然是其基本的优点。之所以能获得成功，一是选择了合理的自动机结构；二是考虑到了利用枪机的倾斜完善闭锁，优化枪机与枪机框重量的对比关系。在靶场试验中，AC–44 式自动步枪的结果很优秀，主要表现在射击过程中很少有小损坏和卡栓，以及射击密度强。当年秋天，竞标委员会在总结报告中承认了苏达耶夫自动步枪的设计前景。苏达耶夫的 1944 年式 7.62 毫米自动步枪（AC–44）试验批次于 1945 年由图拉军械厂制造。苏达耶夫 AC–44 式自动步枪的部队试验于 1945 年夏季在我国各个军区同时进行。自动步枪在 600 米射击距离上与轻机枪受到同样评价。同时，试验还认为，该枪在进行单发射击时，表现很不好，结果要比 1890 年式步枪差。委员会承认，苏达耶夫的自动步枪在本次竞标中表现出色，建议对比进行加工。必须要改善武器的机动性能，首先是要减轻重量（带空弹仓 5.35 千克，满弹仓 5.9 千克）。在武器部队试验总结中，委员会指出："使用 1943 年式定装弹的自动步枪可以在军队的轻武器体系中占相应的地位，可在机动性能和自动射击密度不逊色于冲锋枪的条件下，替代冲锋枪。"

第 4 章

AK－47 的诞生

摘自 M.T. 卡拉什尼科夫回忆录

Глава 4
РОЖДЕНИЕ АК-47

Из воспоминаний М.Т. Калашникова

Ударник

Затвор

Шток газового поршня

Газовая камера

Мушка

Возвратная пружина

Прицельная планка

Спусковой крючок

Ствол

Шомпол

Цевье

Газовая трубка

Патронник

Магазин

Подающая пружина

Спусковая скоба

...нклад

Пистолетная рукоятка

Боевая пружина

...ентами ...и оружия

АВТОМАТ
КАЛАШНИКОВА
СИМВОЛ РОССИИ

　　我记得非常清楚，我们战胜德国法西斯取得伟大胜利的那一年，人们奔走相告，欢呼雀跃。人们认为，我们终于胜利了，永久的和平走进了我们这个多灾多难的大地，谁也不再敢来破坏她。

　　可是，到了 8 月，美国突然制造了毫无人性的军事行动，在日本广岛和长崎两个城市扔下了原子弹。造成了成千上万人的无谓牺牲。苏联人再一次清醒地意识到，这个和平是多么脆弱，多么不稳定，认识到，紧握手中枪、随时准备抗击任何侵略是何等的重要。

　　人们都强烈地感觉到了战后国际关系中随时都有可能爆炸的危险性，我们，作为武器和军事技术装备的设计师，对这种感受更为敏感。时代在督促我们尽快地把设计图纸变成实物，也对武器和军事技术装备提出了更加严格的要求。

　　我已准备离开靶场到弗拉基米尔州的科夫罗夫去。想离开的理由很多: 靶场修理所的技术能力不能满足自动步枪研制工作的需要; 这里还有好几个设计师在完善自己的设计方案。从军械总局来的工程师 B. C. 杰伊金中校通知我，已决定把我调到工厂去，最著名的武器设计大师 B. A. 杰格佳廖夫当时就在这家工厂工作。

　　临离开靶场以前，我收到了家里的来信，来自我的家乡库里亚，是我姐姐安娜·季莫费耶芙娜写的。信中她给我讲了发生在农村的新鲜事。像往常一样，先给我分享好消息。其中一件就是我的弟弟瓦西里已打完仗回到了家里。这是我们全家最高兴的一件事，接下来的消息就没这么好了。信后面的字里行间都能感觉到痛苦的泪水。收到我的两个哥哥伊万和安德烈的阵亡通知书，这个家没有了他们该怎么过呀，还有我的姐姐，她也没能等到她的丈夫叶戈尔·米哈伊洛维奇·丘波雷宁平安回来，他们可是相亲相爱生活了好多年的夫妻呀。她还有三个孩子，三个没了爸爸的孩子……

这封信让我想起了很多事。真想尽快看到我的亲人。我的心早已飞回了阿尔泰，可是我还是不得不到科夫罗夫市去，有件事与我有扯不尽的干系，我要到那儿去对 Π. M. 戈留诺夫设计的机枪进行改造，他的工作和发明都是在这里开始的。

应该承认，这次去出差并没有给我带来快乐，反而有点害怕。特别令我不安的是，我一个上士要和将军设计师一起工作，而且还要和他进行竞赛。令我不安的是，我不知道他们会怎样对待我这个"外来户"，会不会给我的工作使绊子。要知道，我可是来自与他们有竞争关系的"公司"。

为了使我能尽快地熟悉环境，熟悉同事，军械总局的代表、工程师 B. C. 杰伊金中校和我同行。这可以就地有效解决一些组织方面的问题，其中包括任命一些熟悉这项工作的设计师和有经验的工人帮助我工作，没有这些人的帮助，即便总设计师绝顶聪明，也不可能真正地制造出产品来。

作为制定技术文件以及而后制造样品的专家，他们向我推荐了年轻的设计师亚历山大·扎伊采夫。我和他很快就找到了共同语言。可能是他青春的活力和对事业的那份浓厚的热情拉近了我们的距离。我们俩已经做了日日夜夜都泡在工厂里的准备，特别是制作第一个样品的时候。随时都要进行一些修改，不论是某个具体的零件，还是整个装置都是这样。

第一批样枪做好了，可以进行调试试验了。工厂有一个用于这种试验的设备齐全的靶场。我经常能听到那里有射击声。有一次，我问了一下扎伊采夫：

"是谁整天在那儿打枪呀？"

"那儿正在试验瓦西里·阿列克谢耶维奇·杰格佳廖夫的试验样枪。"

"我们什么时候可以去试验咱们的样枪呢？"

"杰伊金很快就会通知什么时间分给我们的。"

结果，分给我们进行调试射击的时间，是杰格佳廖夫设计局的设计师调试员离开靶场以后的时间。顺便说一下，我并没有马上能见到这位知名的武器设计大师。我们各自干着自己的活儿，我就像是被看不见的围墙隔开的客人。

到了提交参加对比性试验申请的日子。总订购人的代表来到科夫罗夫。在样枪送往靶场前，他们进行了吹毛求疵的检查，看我们的样枪是不是完全符合竞标条件提出的技术要求，能不能保障给定的射击密度指标，武器是否符合重量和尺寸方面的要求，无故障工作时间、各部件的寿命以及结构简单程度是不是符合要求。

这时，我们这儿出现了一个可以说是意料之外的小问题。在研制枪口装置时，射击密度试验一般是由一名射手进行。他对我们第一批样枪很有信心（都已经习惯了），不用费太大的劲就能调试到给定的指标，有时还能超过指标要求。我向订购方报告说，我们的这个参数正常。在订购方代表检查我们武器前不久才得知，我们的调试射手被工厂辞退了，不知道去了什么地方。这件事我们并没太在意，因为我们相信，没有他，我们也能获得必要的结果。

但是，开始检查时，发现射击密度没有达到原来的参数。订购方的代表一直用责备的眼光盯着我，说：

"您为什么骗我？"

这件事对于我是个很好的教训。在没有确定的试验过程中，在我的样枪在任何人手里都能可靠使用之前，不能轻易地下结论，不能忽视任何一个细节。我、萨沙[1]·扎伊采夫和调试员很快就排除了故障，自动步枪在射击密度方面达到了竞标要求的水平。

我们在所有参加竞标团队之前到达了靶场，我的自动步枪也就是在这个靶场完成设计的。现在设计变成了实物，我带着完备的样枪回到了这里。

这是我熟悉的莫斯科郊外的一个地方。见到了很多老熟人，都是在战争年代一起工作过的老人。最让我开心的是见到了卡特尔，我们分别了近一年时间。

所有的武器设计师们前后脚到达了靶场。B.A. 杰格佳廖夫从车上下来，目不斜视，在思考着自己的什么事。我一下子就认出了大名鼎鼎的武器设计大师 Г.C 什帕金，正好是在军营的一条小道上遇见了他。看来，我从报纸上看到他的照片后，对他这张脸记忆很深。我还与谢尔盖·加夫里洛维奇·西蒙诺夫像老熟人一样相互问候。回忆起我们一起到靶场的一次旅行，回想起了我们在路上的谈话。

与 H.B. 鲁卡维什尼科夫、H.M. 阿法纳西耶夫、И.И. 拉科夫、K.A. 巴雷舍夫等在靶场工作的人交换了意见。真的有好多熟人，都是很有经验的设计师。

不用隐瞒，一个念头不由自主地冒了出来："你能与谁比赛呢？等着瞧吧，第一个离开靶场的一定是你。"马上又冒出另一个赶来救场的念头："谁也不是一生下来就是武器设计大师，你肯定能成为竞标的胜出者。"

---

1 萨沙，亚历山大的昵称。——译者注

戈留诺夫的1943年式重机枪（СГ‑43）。科夫罗夫工厂到战争结束时共生产了28882挺戈留诺夫的重机枪。СГ‑43式重机枪配备有重型可替换枪管，这种枪管打500发后必须更换，更换时间在8秒钟之内。机枪成套配备有2个备份枪管

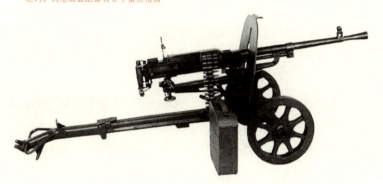

　　疑惑与希望交织在一起折磨着我。没有这种磨炼设计师是不可能做出好东西的。但是，尽管心怀疑虑，还要坚信会有一个好结果。当然，如果你的样枪造得好，如果你相信自己，相信曾经帮助过你的人，如果你的技术构想确实很超前，如果你孜孜不倦地追求完美，你的东西当然会达到产品的标准。

　　我可以毫无差错地分辨出我的自动步枪的声音。我们经常不到对比试验的现场，以免干扰射击的进程。有时候一些设计师会发泄情绪，他们会干扰试验人员的工作。

　　有时候你会坐在椅子上或者站在图纸板前，屏住气息地听着自己的武器像缝纫机一样发出"哒哒"的针脚声。就担心一件事：这优美的旋律可别中断。停顿就意味着卡栓了。我记得，有一次对我的卡宾枪进行试验。我知道，弹仓里有10发枪弹。突然听到在点射时不是10发，少了。我立刻向电话机奔跑过去。

"怎么卡栓了，什么原因？"我问试验员。

"你放心，射击区域出现了一只驼鹿，我们暂停射击。"射手安慰我说。

还有一次，发现射击时出现了中断，我又去打电话。

"别激动，一切正常，"试验员在电话里笑着说，"我们在打赌，看你这次有没有什么反应。你就当成这次是对你的神经系统进行检查好啦。"

检查得很好，我没得说。所有的烦恼一下子全忘了。要是没有这些玩笑，我真的不知道该怎么从那种神经高度紧张的状态中走出来，这种心态在试验过程中是不可避免的。顺便说一下，有经验的试验员在试验第一天过后就能告诉你，这支样枪会排在第几被淘汰。他们的推测一般是很准的。对于我来说，令人惊喜的是，我的自动步枪不属于这个"套路"。

武器设计者们在样枪试验过程中的表现是各不相同的。很有意思，比如你看着杰格佳廖夫，他老人家整个形态所表现出的是，他的心思并不在正在进行的射击上，他整个人都在想着别的新问题。通常他要比别人坐得靠后一点，用个树枝或者小棍儿在沙地上画着什么。但是我想，这些声望很高的设计大师这种漫不经心的样子是装出来的。他们只是想自己单独待一会儿。

Г. С. 什帕金认真地分析了自己自动机运动速度的记录，整个人陷入了思考，对比着第一发的射击声。

Н. 布尔金用一种忌妒的眼神盯着试验员的每一步，近乎挑剔地检查着样枪是不是擦得干净，他很关心靶标处理的结果。他好像觉得，竞标者会在暗中使坏。还有一个设计师这种激动的状态表现为不停地说话。他一会儿找这个人，一会儿找那个人不停地讲着一些笑话。不知道为什么，他认为我是他最有耐心和最认真的听众，不停地给我唠叨着他那些不可能发生的事，却不知我根本就把他讲的当成耳旁风，正在考虑着自己的事。

什帕金是第一个认输，并离开靶场的。他在解读完自己样枪自动机运动速度记录，并对数据进行对比后，有点懊丧地宣布，他要离开靶场了。后来，这位 ПΠШ 式冲锋枪的制造者拒绝参加以后的竞标过程。他经常紧张地喘不过气来，杰格佳廖夫的样枪无休止的射击声让他浑身发热。他的自动步枪结果不好，老人家决定返回科夫罗夫。立刻就有传言，说这位轻武器设计泰斗要在下一轮试验中给各位竞标者以强大打击。可是这种事并没有发生。不管怎么令人费解，在第二轮中，什帕金自愿退出了比赛，不想再费这么大的劲加工样枪了。我不用猜也能知道，该如何解释这位著名武器设计大师类似的惰性。他早已在战争中积劳成疾，落下一身的病。

主管委员会对试验的最终结果进行分析和审查，订购方 ——国防人民委员部的代表和装备人民委员部的相关工作人员也参加会议。给出的结论应该说是很严酷的。许多样枪甚至都不被建议再进行加工改造，直接从竞标中淘汰。看着那些刚刚还与我们一起经受煎熬的同志的脸，心情很不好，他们的脸上满是委屈。每一个人到最后一枪还都满怀着成功的希望，每个人都……但是委员会只推荐了三支样枪，要求在排除了它们存在的不足后，可以进入下一轮试验。这三支样枪中有我的自动步枪。

我内心充满了幸福感，尽管距最后的胜利还差得很远。要知道，这三支样枪中最后只能有一支有生存的权利。要想在下次比赛中取得好结果，可不是只简单地对武器进行些加工改造，而是需要进行一次质量上的突破。一些部件要进一步简化，要降低自动步枪的重量，这点暂时与提高射击密度结合得不好，我也认为这是不足之处。要求消除射击中发生卡栓的可能性。一句话，样枪中到处都是缺点。

便条本上记满了各种完善自动步枪的记录、计算数据和草图。

我又踏上了返回科夫罗夫的路。长达几个月的工作使这座城市变得亲近了。我喜欢在少有的工作之余，漫步在码头上，看着克利亚济马河滚滚流过，拉着浑厚汽笛声的轮船在河中慢慢悠悠地朝着莫斯科、高尔基和弗拉基米尔的方向顺水而下。当时科夫罗夫还没有公交车，不论到什么地方都要步行。漫步可以给你带来非常温馨的感觉：步行的路线通常会经过花园、公园、街心花园，这些设施把城市装点得非常漂亮。

但是，最让科夫罗夫骄傲的是两座工厂，一个是挖土机厂，另一个就是军械厂，也就是后来的杰格佳廖夫军械厂。科夫罗夫人步行式挖土机当时在国民经济中使用得非常普及。这种大力神的照片作为科学技术进步的标志，时常出现在我们的报纸和杂志上。关于另一个工厂，就鲜为人知了，媒体通常不会报道军械厂的消息。如果说有关于它的报导，那也是说它是一个生产摩托车的企业。当时，给这座工厂带来荣誉的是在这里为国防工作，制造国产轻武器的人们，这里生产的武器是红军的武器装备，在粉碎德国法西斯侵略者的斗争中发挥了非常重要的作用。B.A. 杰格佳廖夫、Π.M. 戈留诺夫就是在这里把自己的设计构想变成实物的。工厂的物质技术基础按当时的水平来说是非常现代化的。当然，在这里工作的专家也都是本专业的行家里手。

科夫罗夫工厂不仅仅是自动武器生产厂家，还是新型轻武器系统原型的研发者。伟大卫国战争前夕，工厂就开始生产本厂设计局研发的多个型号的自动武器：ДΠ式轻机枪、ДШK式 12.7 毫米机枪、ΠΠД式冲锋枪、ΠTPД式反坦克枪。战争年代，工厂的工人们不仅能批量生产和调试本厂设计的武器，还能生产其他设计局研制的军事技术装备。

越是深入琢磨企业的历史，越是了解工厂里的人，就越能感觉到，在研制自动步枪的过程中，是命运把我带到了这里。战争前和战争中，工厂在批量生产新型自动武器方面，在装备人民委员部所属的企业中是最好的一家。在零件精细加工方面给了我很大帮助的设计师亚历山大·扎伊采夫经常自豪地给我讲工厂天才的组织者和领导人 В.И. 福明的故事，整个战争期间他一直是这个厂的厂长，从来就没换过人。他还给我讲工厂里负责生产的负责人，还有工程师 М.В. 戈里亚契夫、钳工 Д.Е. 科兹洛夫、模型工 П.В. 萨温、工厂总设计师 И.В. 多尔戈舍夫、总设计师设计处主任 С.В. 弗拉基米罗维奇等人的故事。在制造自动步枪的过程中，我对其中许多人了解得更加深刻了。

我认为有必要更加详细地介绍一下这个工厂，说一说它的几个特点，或者说直接介绍一下它的战斗历程。

1941 年 7 月底，工厂各种武器装备的生产量比同年的 6 月扩大了 3 倍。特别突出的指标是生产 В.А. 杰格佳廖夫的反坦克枪。迅速展开生产这种型号武器的任务是 1941 年 8 月底下达的。当时工厂所有的生产能力都在忙着生产技术工艺已掌握的武器。好像是一点储备力量都没有了。但是，科夫罗夫厂的人还是找到了出路。靠的是什么呢？提高劳动生产率、广泛推行发明和合理化建议、优化产品制造的技术工艺、采用先进的制造和装配方法。到 10 月底第一批反坦克枪共 300 支就交到了前线反坦克兵手中。

还有一个有意思的故事。在武器制造过程中，最不容易的作业是所谓枪膛定型，在枪膛内做来复线。科夫罗夫厂的工人们成了成型方法的研发者，他们采取了冲压来复线的办法，或者用技术语言说是用轴心成型法。就当时来说，这种方法是武器制造业中一个出色的成就，是在生产 М.С. 拉扎列夫工程师及其团队研制的 7.62 毫米口径武器中研发并得到推广的。可以说，这种方法在生产中使用时间最长，可节省 50% 以上的时间，并带来上百万卢布的经济效益。后来，这种轴心定型法在生产 12.7 毫米、14.5 毫米和 20 毫米口径的武器系统中也得以推广。新的技术工艺实质上是枪管生产中的一次技术变革。

　　1942 年上半年，工厂在时间非常紧的情况下掌握了生产 23 毫米航空自动炮的生产工艺，这种航空炮是图拉武器设计师 A.A. 沃尔科夫和 C.Я. 亚尔采夫设计的。有时候我简直感到非常惊奇，不知道科夫罗夫厂的人哪来的力量和能力完成这么艰巨的任务。他们可以在几个月的时间内调试好可靠的高射速自动炮，这是伊柳申研制的强击机的武器装备，要知道，这种伊尔－2 飞机可是让法西斯鬼子吓破了胆，并给它起了个外号叫"黑色死亡"。还要补充一点，在生产 23 毫米自动航空炮的同时，工厂还掌握了生产什帕金系列冲锋枪的技术工艺。这种枪是经过什帕金在战斗使用和大规模生产取得经验的基础上改进完善的。

　　当我第一次来到科夫罗夫工厂时，这里就沉浸在群情振奋的气氛之中。武器生产者们兴奋不已，他们的工厂荣获了祖国最高荣誉奖 ——列宁勋章。这个英雄的集体因出色完成国防委员会下达的任务，向苏联军队提供了可靠的航空和步兵武器装备而受到最高褒奖。设计局主任 B.A. 杰格佳廖夫荣获苏沃洛夫一级勋章。我认为，这种褒奖是绝对公正的。瓦西里·阿列克谢耶维奇，作为武器设计师，在战争年代所做的一切，可以说是确定了武器制造业的发展战略，建立了真正统帅式的功勋。不仅如此，杰格佳廖夫在严峻的战争时期还研制以及完善了一系列的轻武器，这些武器在伟大卫国战争胜利以后都在苏联军队中列装。

　　这样一个事实可以说明科夫罗夫设计师们在新式轻武器制造中

在轻武器装备科学研究靶场工作期间的
卡拉什尼科夫上士

所做贡献的伟大意义。战争年代，他们制造了 9 种在部队列装的武器装备，这还不包括对已经在产的武器系统进行改型和完善的工作。仅 1944 年，该工厂就接受了 6 种新式技术装备的生产任务，其中有 3 个产品达到流水作业大规模生产的水平。这个行业里没有一家工厂能像科夫罗夫厂一样，取得这么多成果。

工厂及其工厂的设计局在战争年代就干了未来多少年的活。他们在那些艰苦的岁月里，在轻武器装备进一步完善的领域内进行了大量的设计试验和科学研究工作，奠定了苏联军队战后轻武器装备的基础。首先是杰格佳廖夫的轻机枪、西蒙诺夫的自装弹卡宾枪，当然还包括各种型号的自动步枪。自动步枪所有的精细加工都是在科夫罗夫工厂进行的。

当列车载着我们从莫斯科出来，我最想尽快见到的是萨沙·扎伊采夫，想尽快地与其分享我关于武器精细加工的新构想。当我见到那张熟悉的笑脸时，别提有多高兴了。我一走出车厢，就被朋友抱在怀里。

军械总局的工作人员弗拉基米尔·谢尔盖耶维奇·杰伊金这次还是陪同我从靶场回来，他拍着扎伊采夫的肩膀说：

"萨沙，你别抱得太紧，可别把我们的米赫吉姆（米哈伊尔在武器试验过程中的化名。——译者注）给勒死了，你看看，试验的这些日子他都瘦成什么样了？"

"没关系，我们在这儿给他修理修理。"萨沙放开了手，盯着我的眼睛。"哎，如果愿意的话，可以娶个媳妇啦。我们科夫罗夫有最漂亮的姑娘，特别是纺织厂，那里的好姑娘有的是！"

"萨沙，你的建议迟到了，"杰伊金笑着说，"米赫吉姆不仅是对比试验的胜利者，他还赢得了姑娘的芳心。"

"你怎么？你真的结婚了？"扎伊采夫惊讶地大声叫起来。

我默默地点了点头。

"弗拉基米尔·谢尔盖耶维奇,我要是知道,会发生这种事,那就不该让米沙到靶场去。"我的朋友萨沙转过身,朝着杰伊金假装激动地喘着粗气。"我们又失去了一个光棍汉!"

"好啦,好啦,这事到此为止,"我挥了一下手,接着说,"现在我们说正事。"

我从口袋里掏出宝贝数据记事本,急不可待地想给扎伊采夫说说在试验过程中我脑子里产生的关于完善样枪的想法。杰伊金拦住我的手说:

"别,明天再说正事。天色已晚。我们,米赫吉姆,真的需要好好睡一觉。先把样枪交给人保管,走吧,到宾馆去。"

弗拉基米尔·谢尔盖耶维奇很固执,不管我怎么给他说,我和萨沙现在就想干点什么,都没用。杰伊金是对的。我的头刚一挨上枕头,马上就睡着了,试验的这些天神经太紧张了。我的卡佳,我亲爱的喀秋莎走进了我的梦乡,这是第一个及时把评判员通过了我的设计方案的消息带给我的姑娘。因为到科夫罗夫工作,快一年没见面了,再见面时,我们两人都明白,我们已不能再分开。靶场成了我们婚姻登记的地方。可是,马上又要分开了。卡佳是靶场设计局的绘图员,她不能跟我一起到科夫罗夫。一句话,我急着要带着改好的样枪回去参加新的对比试验,也确实是有点这方面的个人原因。

早上,在工厂总工程师办公室开会的时候,B. C. 杰伊金详细地报告了对比试验的结果和需要在尽可能短的时间内完成的任务,要对卡拉什尼科夫设计师的自动步枪进行精细加工改造。坦诚地说,在这次会议上,有几位专家表现出不太满意的神色,准确地说,是不同意工厂的人帮助这个外来的、名不见经传的年轻设计师,当时,科夫罗夫厂也有自己的设计局，正在研制自己的新枪型号。他们建议投入全部的力量去把自己的型号搞完。

弗拉基米尔·谢尔盖耶维奇·杰伊金善于用以理服人的办法平复本地人的情绪。他说服大家，尽管你们自己的武器型号很重要，事关工厂的声誉，但必须要抽出力量来帮助这位年轻的设计师。要知道，在这些反对派的理由中，起关键性作用的是 B.A. 杰格佳廖夫的威望。

强烈的情绪最终还是平息下来了，双方只讨论一个问题：如何更好地利用工厂现有的能力继续排除试验中出现的各种缺陷。这时，我和扎伊采夫背着领导，私下里形成了一个大胆的想法：得用精细加工为掩护，对整个自动步枪进行全面的结构调整。我们开始干了，冒着明明知道的风险，有点明知山有虎，偏向虎山行的劲头，要知道在竞标条件下是不允许进行结构调整的。但是，如果调整可以在很大程度上简化武器的结构，提高其在恶劣条件下工作的可靠性，为什么不干呢？舍不得金弹子，打不下金凤凰来。让人不安的只有一点，那就是在规定用于样枪精细加工的期限内我们能不能把一切搞定。

我们还是把自己的秘密计划告诉了 B.C. 杰伊金。他在深入了解计算数据和草图后，不仅支持我们的想法，而且还以一个轻武器专家的身份给我们出了许多主意。弗拉基米尔·谢尔盖耶维奇是一个很了不起的人，他对创新思想非常敏感，善于捕捉创新动机并帮助发展这种动机。在我设计师的命运和 AK-47 的命运中他起到了不小的作用。

我和萨沙·扎伊采夫为研制新的部件，没日没夜地坐在图板前，待在车间里，力争尽快把我们所思考的东西变成实物。已经没有睡觉的时间了，困了就打个盹儿，起来接着干。当枪装配好后，枪机框与击发杆浑然成为一体，一位专家发现后不无担心地说："你们

093

米哈伊尔·卡拉什尼科夫和他的妻子叶卡捷琳娜

这哪是精细加工呀？你们这是一个完全新的部件。"

是的，原来枪机框与击发杆是互不相干的两个部件。

我们又重新制作了击发装置，还有机匣盖，现在的机匣盖可以把移动部件全部盖严。令人高兴的是，我们成功地解决了火力快慢机的问题。现在的快慢机可以有多个功能，可以保障从单发向自动射击的转换，还可以当保险机用，同时，还盖住了重新装弹手柄的槽，这样就可以用它防止往里落尘土和脏东西了。

有经验的装配技师马上就确定，这个新部件要比原先的简单得多，技术工艺性更强，也更可靠。他们的这种意见在很大程度上也影响了那些对我们的工作不理解，认为这么干不符合竞标要求的人。如果当时我们不采取这个果断的行动，很难说能不能在第二轮试验中取胜。我敢说，我们所做的事，是在技术构思和方法创新上的真正突破，向前迈进了一大步。我们从本质上打破了现有的武器设计观念，打破了竞标条件中规定的那些旧框框、老规矩。

战技术要求中规定了未来自动步枪的必要参数，其中包括枪的总长和枪管的长度。新的部件结构布局不允许我们在这一框架中坚持这些规定。我们果断地违反了这些规定。枪管长度从 500 毫米减到 420 毫米，将其列入了武器总长度的参数。我们这次冒的风险真是很大。他们完全可以把我从比赛中拿下。我们认为，自动步枪总长度违反了要求，要是与其他型号的样枪去比较的话，马上就能发现，但是这个短枪管并不起眼。当然，在这种情况下，我们做到了，枪管缩短并没破坏对弹道的要求，如果我们这个把戏被发现的话，这就是我们最主要的辩解理由。

这个把戏果真被发现了，但那已经是在进行重复试验的时候。这个时刻他们要检查武器的射击密度。突然组织试验的工程师好像有点怀疑，决定用尺子量一下枪管。

"你们这是怎么回事？违反了竞标要求中最重要的一条。枪管比规定的短了的 80 毫米。我们怎么办，我的同志？我们怎么做决定？"他转身去问委员会的成员。

这会儿我刚好在试验地点。心想，这下完了，要和我们想成功的愿望说再见了。这下拜佛都找不到庙门啦。我听到一个委员会成员问试验工程师：

"重复试验前你们量过尺寸吗？"

"抽查过，"工程师支支吾吾地回答道，"我们认为，第一次试验时量过就足够了。"

"那射击结果怎么样？有没有偏差？"

"结果？"工程师反问了一句，看了一眼车载日志说，"射击密度要比其他样枪高。"

"那，我认为继续进行试验。我们自己出了毛病，没有进行必须进行的测量。另外射击证明枪管缩短并没有使武器战斗性能变差。"

说这话的那位中校转过身来问我：

"上士，我们对您提出警告，不允许再发生这种不合规矩的事情。竞标要求对所有的设计师都是一样的，不管是年轻同志还是老同志。这一点请您牢牢记住。"

我听完他的判决，已经是心花怒放了。暴风雨过去了，我们这次冒险成功了。自动步枪从射击一开始就表现出工作的可靠性，一次也没有因为张力而中断，再说了，从外观上看，我的自动步枪比参加试验的其他样枪美观多了。这时，不知为什么，我的脑海里呈现出了我们来靶场参加最后一轮比赛时的情形。在当时，从科夫罗夫到莫斯科并没这么简单。通常是弄不到火车票的。我们有时候要去找 B.A. 杰格佳廖夫的工作人员，求他们帮忙弄火车票（当时会在一个车厢里为知名设计师专门留票）。他们给车站主任写了一个纸条，一般情况下，问题都能解决。

如果我们想去靶场，一般都是走这条路。我口袋里揣着字条，敲开了车站主任办公室的门，而他一看是我们，就断然回绝，说道：

"我真帮不了你们的忙。半个小时前瓦西里·阿列克谢耶维奇的妻子来电话，按她的请求，预留的位置卖掉了。"

怎么办？我和杰伊金走到了售票窗口。真话假话说了一大堆，我们弄到了两张票，但不让我们上车。车上全坐满了，没位置了。

就这样我们从科夫罗夫到弗拉基米尔先是在过道里，然后又不得不转移到两车厢接合部，差点儿没给冻死。还好，样枪和图纸以及各种说明书几个星期前让萨沙带到了靶场，这次他不想留在科夫罗夫了。

我还想起了另外一件事。在自动步枪运往靶场参加最后一轮试验之前，订购方的代表来到了科夫罗夫。根据他们的意愿，我第一次面对面地见到了 B.A. 杰格佳廖夫。

"现在你们可以相互摊牌了。" 其中一位订购方的代表在介绍我与著名设计师认识时，开玩笑地说。

瓦西里·阿列克谢耶维奇笑了一下，他看上去很累，好像压力很大，我感觉他的动作很缓慢，双脚走路明显地擦着地。说实话，他一看到我的样枪，精神顿时就振奋起来。

"好吧，让我们来看看，现在年轻人的大作。" 然后，杰格佳廖夫仔细地去看我当场拆卸下来放在桌子上的自动步枪的每一个组件、每一个零件。

"好，构思很巧妙。"瓦西里·阿列克谢耶维奇说了一句，把枪机框、机匣盖拿在手中，接着又说："我认为是原创，带快慢机的设计方案。"

杰格佳廖夫没有隐瞒自己的评价，一边思考，一边喃喃自语。当时，我们也看了他的样枪。我看了一眼他的自动步枪，觉得重量好像是有点沉了，从各部分相互配合的角度看，问题还不仅如此。瓦西里·阿列克谢耶维奇又看了一下我重新装好的样枪，突然说了一句总结性的话：

"我认为，送我们的自动步枪去参加试验已经没有意义了。这位士官的样枪设计要比我们的完善，很有发展前景。这一搭眼就能看出来。订购方的代表同志，我们的样枪大概只能送博物馆了。"

我们对这位德高望重的武器设计大师坦诚的赞扬感到吃惊。我没想让他承认自己的弱点，这不是他的性格。杰格佳廖夫很睿智，很客观地进行了比较分析，看到其他设计师的优势，并不惧怕当众明确无误地直接说出这一切。这事以前也发生过，那是 1943 年决定 П. М. 戈留诺夫设计的机枪列装问题时，当时瓦西里·阿列克谢耶维奇就偏向了自己学生的样枪，尽管杰格佳廖夫他自己的样枪已完全通过了试验。

直到现在，每当我听到有人说：凡是在制造新型号方面达到一定高度的设计师，都会认为自己的设计是最好的，都会拿自己的威望压人，不给别人出路时，我总会拿杰格佳廖夫的行为做榜样。他确实具备了足够的取胜他人的威望和经验。我再强调一次，科夫罗夫的武器设计师可是党和政府领导人都大力支持的。但是，瓦西里·阿列克谢耶维奇是素养很高的人，在所有方面都非常严谨，非常诚实，特别是在专业评价方面更是如此。

过去有没有这样的事，就是说，一些设计师利用自己的名字和威望，企图把很不成熟的、没有调校好的样枪拉进来，只是为了打压其他竞标者？很遗憾地说，这种事不可能没有，有时候看重的不是创新的动机，而是自尊心。最有代表性的例子就是天才武器设计师 Б.Г. 什皮塔利内，当时他设计的 Ш-37 式战斗机航空炮已在进行大规模生产。

我与鲍里斯·加夫里洛维奇[1]是在战后认识的。他经常是穿着一身新衣服，做出很知道自己身价的样子，我甚至想说，有点儿很自信的样子。我当时作为一名年轻的设计师一眼就能发现这一点。

1　全名为鲍里斯·加夫里洛维奇·什皮塔利内。—— 译者注

他的观点经常会带有不容反驳的味道，对方很难对他提出不同意见。

后来，我知道了，什皮塔利内与杰格佳廖夫一样在高层享有特殊的厚爱，他从不放过使用这种待遇的机会。我只说一件事，实际上，在所有的战斗机上都装有什皮塔利内设计的机枪和炮。国家为他提供了所有的工作条件。这所有的一切让什皮塔利内在一定程度上产生了一种感觉，认为他自己的设计是完美无缺、无懈可击的。这种情绪有时让他在对待武器型号的工作中失去了自我批评的精神，在分析明显缺陷时失去了清醒的、公正客观的态度。在我与他会面时，鲍里斯·加夫里洛维奇不太爱回忆自己的失败以及失败的原因。但是，不论什么事，有就是有。不能说起某次不成功的事时，总是躲躲闪闪，好像这事与他无关，是别人干的。

有一个与 Ш–37 式航空炮有关的失误。这个问题 Б.Г. 什皮塔利内早在战前就说正在考虑，在战争最初的几个月里，他与伊热夫斯克的设计师 И.А. 科马里茨基积极地为厂里已经通过了靶场试验的型号工作。这种口径的航空炮当时还没有在飞机上安装。鲍里斯·加夫里洛维奇是第一个想到这么做的，这件事也证明了他有能力发展技术思路，有能力在这方面超过国外同行。

"在那些日子里，应我的邀请，装备人民委员部副部长诺维科夫来到我们设计局，"什皮塔利内有一次是这么给我讲的。"他在人民委员部是新人，我是想让他亲眼看看我们已做成的航空炮，这在当时可是独一份，没地儿能找到与它同样的东西。诺维科夫认真地看了我们的产品，问了很多细节。伊里纳尔赫·安德烈维奇·科马里茨基在讲解时说，飞行员请求降低航空炮的重量，加大弹药储备量，排除某些不足，这些事我们现在正在干。"

鲍里斯·加夫里洛维奇停了下来，不再说话。看上去，他回忆起这些事有些激动。

前排（从左向右）：C.Г. 西蒙诺夫、 Б.Г. 什皮塔利内；
后排：M.T. 卡拉什尼科夫和《苏联轻武器》一书的作者 A.H. 博洛京

"那人民委员部副部长说什么了，给了什么评价？"我打破停顿问道。

"表扬了我们的工作。说实话，他确定找到了一些问题，认为我们的炮过于复杂，建议尽可能地简化一下。我不太想承认他提出的意见。他只不过是个纯粹的生产者，原来是在工厂工作的。30毫米炮已经出厂了，我认为没有必要在结构上再改什么，所有的问题都已经解决了。"

"当时您没有竞争对手吗？您是否会考虑他们的意见？"

"竞争对手当然有，当时努德尔曼和苏拉诺夫也在研制这个口径的航空炮。这事我们知道，但是，对于他们的工作我们没太当回事，我们并不怀疑自己会成功。我们干得比他们快。我们的30毫米航空炮已投入大规模生产。当时正打仗呢，每一小时都很宝贵。政治局委员们支持我们的想法。当时就做出决议，不经过我本人的同意不得更改航空炮结构设计。"

"那就是说，您的产品在生产中一路绿灯……"

"也不完全是，当然，生产线上的工人们在炮口制退器中找到了毛病。当时就向我报告说，这个炮口制退器设计得不对。我当时认为这是工厂的工人们吹毛求疵，就对他们说，我不想做任何改动。工厂的工作人员提出了自己的炮口制退器方案，对它的结构做了一些改变。当时在伊热夫斯克的人民委员部副部长诺维科夫给我打电话，请我去一趟。但我回答说没有必要。"

"但是，我知道，您还是去了乌德穆尔特。"

"我不能中止我的第一批航空炮运往前线。我甚至签署了关于对图纸进行改动的文件，同意诺维科夫的意见，承认结构设计中有错误。后来，唉，我的30毫米口径航空炮从生产线上撤了下来，换上了努德尔曼和苏拉诺夫系列 HC-37 式大口径航空炮。"

　　鲍里斯·加夫里洛维奇皱了一下眉头，是的，眼看着自己千辛万苦设计出的武器被撤下，转眼成了垃圾，回忆起这些事，哪个设计师会高兴呢？！

　　"我承认，我低估了努德尔曼和苏拉诺夫的能力。他们甚至可以在非常短的时间内按无起缘式炮弹规格改造航空炮，而这种无起缘式炮弹是为我们的炮生产的。他们对武器最核心的部位 —— 自动机进行了改进。这时，努德尔曼还给政府写信，强调自己新式航空炮相对于我的产品来说存在的优点。当时就决定对我们的样炮进行对比试验，其结果是 HC-37 式航空炮相对于我的炮来说，有一系列的优点。我就没到现场去，认为自己没有必要去。"

　　是的，什皮塔利内实在是太相信自己武器的优势了，甚至都不到靶场去。他输了，输的原因就在于，不能用批评的态度思考问题，不愿意听那些在流水线上工作的人的建议和意见。而 А.Э. 努德尔曼和 А.С. 苏拉诺夫正好与鲍里斯·加夫里洛维奇相反，他们一直是在工厂的车间和靶场之间来回跑，听取工人、试验员、工程师的建议，及时对自己的设计进行修改，行动坚决，不计较工作时间。装备人民委员部副部长 В.Н. 诺维科夫后来回忆起当时在伊热夫斯克工厂同时并行生产两种型号的航空炮时说："有一次我们走到炮管工段长跟前问道：

　　—— 怎么回事？工作热情不高呀，普罗霍尔·谢苗诺维奇。

　　—— 大家的心思都在新炮上，弗拉基米尔·尼古拉耶维奇。而老炮有时就是看一看图纸，零件都堆在那儿，还得跑到莫斯科去找总设计师修改图纸，没过两天，莫罗津科和车间主任又跑过来说，再等到明天，弹膛的尺寸还要再明确一下。我们真搞不明白，好像这炮对谁都无所谓，没什么用。我们干着急，事情还是停止不前。

　　我安慰工长说道：

—— 别着急，再等等，普罗霍尔·谢苗诺维奇，很快新炮就把老炮挤掉了。

总工程师这时补充说道：

—— 应该把撤掉老炮的问题提出来，我们真的很烦，这么复杂的设计，进行一个很小的改动还要跑到莫斯科去商量。"

Б.Г. 什皮塔利内一如既往地认为，没有必要到生产航空炮的工厂来。很快，HC–37式航空炮就把什皮塔利内的Ш–37式给挤掉了。飞行员们更喜欢努德尔曼和苏拉诺夫的型号，它在与敌人进行空中决斗时操作更简单、更可靠……

有点扯远了，我们再回到进行自动步枪试验的靶场。瓦西里·阿列克谢耶维奇·杰格佳廖夫最终还是把自己的样枪送来了。总订购方的代表说服了他。但很快设计师就把自己的武器从比赛中撤下来，他说：我觉得，射击时卡栓的情况太多。B.A. 杰格佳廖夫本人对自己样枪的预言是，这些东西已经在博物馆找到了位置。

试验的条件更加复杂了。其中一个最不利的过程是，把上膛的自动步枪放在沼泽地的泥塘里浸泡，过一定时间后进行射击。结果是，零件里外全是潮气。令人感到不安的是，这武器经过这么一番折腾还能射击吗？我是这样安慰萨沙·扎伊采夫的：

"别紧张，一切正常，你听到了吗？你的'射神'在洗完澡后根本就没哭，她照样能唱出动听的歌。"

果然不出所料，样枪相当出色地通过了污水试验，一次都没有卡栓，打完了整整一个弹仓的子弹。下一关也并不轻松，要让武器在沙子中洗澡。先是把枪管埋在沙子里，然后是枪托。正像他们说的，竖着横着在沙子里拉着枪跑，整个枪，所有零件没剩一个好地方。

每个缝隙里、每一个槽沟中都塞满了沙子。不管你想不想，任何人都会怀疑，这枪还能打吗，能保证不卡栓吗？一位工程师有点担心，这些枪里只要能有一支能打出去一发就行。

当自动步枪经过了，怎么说呢，可以说是水与火的考验之后，我和 B.C. 杰伊金，还有萨沙·扎伊采夫亲眼看到，我们全面调整设计结构没有白费劲。开始几枪，声音有点不对，然后，我们对手的枪就哑巴了。那我们的枪会怎么样呢？

"快看，快看！"当射手把我们的枪拿在手里，刚打了几个单发，我就听到了萨沙·扎伊采夫激动的声音。只见沙子像水点一样向四面飞溅。

我的朋友发现我转过身去，急忙拉住我的手。应该承认，我当时不仅仅准备转过身去，还准备眯上眼睛，我害怕会看到他们嘲笑我的枪。毕竟，试验是残酷的，这也是竞标的一个条件。我们眼看着射手扳下快慢机，把枪设置到自动射击的位置。萨沙·扎伊采夫激动地闭上了眼睛。开始射击，一个连发，又一个连发，再一个连发……一直到弹仓空了，没有一次卡栓。

我们重新制作的机匣盖、原创的快慢机，同时又是防止沙子和污物进入的可靠保险表现出了优越性。杰伊金走过来，紧紧地握住我和萨沙的手，祝贺我们的成功，祝贺我们初战告捷。

这真的仅仅是初战告捷。还要继续对自动步枪进行生命力强度试验，把枪从高处以各种姿势向水泥地上摔，然后射击，再检查全部的零件和装置有没有破损、折断、裂痕等其他毛病。武器在战斗中应有很强大的生命力。这是对武器性能最基本的要求。对每一支枪试验工程师都要标上 "+" 和 "–" 号。我们当然是希望有更多的 "+" 号。

试验就要结束了。射击结果要进行严格的计算，对每一个参数进行比较。我与萨沙·扎伊采夫有点魂不守舍了，尽管相信在比赛过程中，我们的自动步枪与同时进行试验的其他样枪相比，有很大的优势。委员会终于做出了结论性报告。我们看到的最终结论是：

"推荐卡拉什尼科夫上士的 7.62 毫米自动步枪列装。"

日历定格在 1947 年。

只用了两年多的时间，我们就制造出了一款能在世界上占有一席之地的新式自动轻武器，它的性能至少比其他国家的同类产品超前 10 年。为了方便对比，我想说，一款枪型从构想到最后试验阶段通常要经过 5~7 年的时间。为了证明在战争结束两年后诞生的这款苏联新式轻武意义有多么伟大，我想援引伊泽尔曾经说过的话，他是武装力量历史处总顾问和美国国家博物馆轻武器收藏家。在他花费了多年时间写成的有关俄国武器历史的巨著中有这样一段文字："卡拉什尼科夫自动步枪在世界舞台上的出现，是苏联进入新技术纪元的一个象征。"

首先声明一点，我引用这句话并不是要以此多余地标榜我个人的功绩。我只是想强调，重要的是，1947 年在很多方面都是苏联人生活的转折点，其中包括在冷战全面加剧的条件下，必须保障国家具有可靠的国防能力。

也正是在 1947 年，苏联科学家们揭开了原子弹的秘密。在这一年里我们进行了货币改革，取消了食品证。我们国家从战争的废墟中站立起来，向全世界展示了我们的科学、技术、经济和文化潜力有多么雄厚，向帝国主义鹰派人物提出了警告：不要轻易实施其一直威胁要实施的军国主义计划。

就这样，我设计的样枪在比赛中获得了胜利，被推荐列装国家武装力量。最困难的一关终于过去了。我们相互祝贺，笑逐颜开，心花怒放，幸福至极。我们感觉就像我们是同班同学，刚刚通过了毕业考试，终于如释重负了。萨沙·扎伊采夫在我耳边小声说：

"哎，我说，现在我们是不是可以去打打猎啦。还记得吗，你说过的，如果我们在竞标中赢了，马上就扛起猎枪到森林里去，因

M.T. 卡拉什尼科夫与军械总局的军官 B.C. 杰伊金在一起

为没有什么样的休息会比打猎更好了。"

"我记得，"我回答道，"不过我觉得，弗拉基米尔·谢尔盖耶维奇·杰伊金已经在操心其他的事情了，他已通知我，让我准备一下，明天到另外一家国防工厂去，要在那里生产第一批自动步枪。"

"瞧，这事又落空了。"扎伊采夫很扫兴地长出一口气。"这么说，我也得准备动身返回科夫罗夫了。"

"不，萨沙，已经确定你也加入我们的小组了，"我安慰着同伴说，"和我们一起去的还有苏希茨基[1]大尉，他是军代表，我们这个小组由杰伊金中校负责。"

"这下我们大家又可以在一起了！"萨沙高兴起来。"那事情就另当别论了。我们的打猎完全可以往后拖一拖。这个理由很有说服力。"

委员会的决定规定，暂时只生产第一批自动步枪，对它还要进行新的试验，那可是比这次试验更关键的试验，即部队试验。武器的命运在很大程度上都取决于这种试验。我早就听说过，许多设计师都是在这个阶段遇到了一些令人不愉快的事情。要知道，这是军队靶场的试验，这实际上就是实战试验，并不是所有的样枪到了士兵、军士和军官的手里，都能顺利通过试验的。如果真没通过部队试验，武器生产就只能被限制在试验批次上，而不能大规模生产。有时候，再加工修理也都无济于事了，试验完了再试图进行补充加工和修改结构几乎没门。

听说指定生产首批自动步枪的工厂是国防工业企业中最好的一家工厂。我们一行4人往那里去的路上，对未来的工作只字未提。

---

1 全名为斯捷潘·雅科夫列维奇·苏希茨基。——译者注

但不管话题怎么绕，最后还是不可避免地谈到了我们此行的目的。

通常第一个把道岔扳到这个轨道的都是萨沙·扎伊采夫。

"如果能任命一位精明能干的工程师负责制定技术文件和试验批次生产就好了，我在科夫罗夫可听说过，好多事情都取决于这个人。"亚历山大·阿列克谢耶维奇好像毫无对象地说了一句，我们正在车轮不停的敲击声中不紧不慢地聊天。

"多次的经验也让我确信，这项工作必须要由一位精通技术的、有创新精神的专家来领导，这非常重要。"杰伊金支持扎伊采夫的看法："比如说，在伊热夫斯克，在战争的最初几个月就决定安排生产反坦克枪。当时，除了科夫罗夫工厂，其他企业根本没有能力进行反坦克枪的生产。伊热夫斯克人完全没有做好应对这种事情的准备。"

"那么工厂是怎么走出这种困境的呢？"

"就是委托了有经验的专家瑟索耶夫和年轻的总工程师法伊祖林来组织这项工作。你们信不信，一个月，只用了一个月的时间，就准备好了大约 1000 种各式各样的设备，几百个模具，1000 多套切削工具，几十种冷轧冲压型材。在相当高的技术水平上解决了一切问题。当开始大规模生产武器时，不论是设计师，还是军代表，谁都没能提出任何意见。"

我们怀着极大的兴趣听着弗拉基米尔·谢尔盖耶维奇的故事。他，作为总订购方的代表，军械总局的工作人员，经常游走于各个工厂之间，知道好多工人、工程师和设计师们在工作中表现出的这种自我牺牲和协调一致的事例。

"顺便说一下，在协调各方力量和精确果断地组织工作过程中，有很多东西取决于我们驻企业的军代表。"杰伊金把身子转向靠窗坐着的军代表苏希茨基大尉，接着说，"在我们日常的工作中，这种事例可多了去了，大家都很清楚。战争初期，要求大量增加莫辛系列三线步枪的生产。多少来着，好像是要增加 5 倍。"

"这么多啊！"扎伊采夫吃惊地叫了起来。

"这没什么可吃惊的。遗憾的是，我们损失了太多太多这样的武器，特别是在战争刚开始的那几个月，我们不太顺的几个月里。要求尽快地弥补损失。据我所知，就是我们刚才说到的伊热夫斯克工厂，军工生产的老大，他们就生产这种三线枪。既要加快武器生产，又不能降低质量，他们决定落实当时积累的所有与改善步枪工艺、简化步枪部件和零件结构有关的建议。"

"他们又是怎样通过军方验收这一关的呢？"苏希茨基感兴趣地问道，"规程是不允许对技术文件进行性能变动的，军代表必须严格坚持这一点。"

"当然，当然，这个问题另外再说。幸运的是，驻厂的老军代表是个思维灵活的人，事业心极强，原则性也很强，一切都从国家需要的立场来考虑。"杰伊金强调说。

"那他是怎么做的呢？"

"当有人向老军代表介绍这些建议并请求他同意对技术工艺进行变更时，他表示支持工人们的探索，为了让这些建议能得到军械总局负责轻武器验收的首长杜博维茨基的同意，他做了所有可能做的一切。因为有关方面都清楚这一任务的重要性，技术上可行的方法能提高工作效率，能在很短的期限内让三线枪的产量提高 5 倍，这是当时前线所必需的量。"

我们一直聊到深夜。萨沙·扎伊采夫回忆了科夫罗夫厂的光荣历史，回忆了在战争最艰苦的条件下，为加速大规模生产已经列装的戈留诺夫系列重机枪所做的组织工作，共青团员和青年还利用工余时间建设新的生产厂房。

"当时，厂里开辟了一块建筑场地，在中间搭起了帐篷，建筑指挥部就在帐篷里办公。人们在车间里工作 11 个小时后，还要到建筑工地去干活。"扎伊采夫非常了解工厂的这段英雄历史，念兹在兹，没齿难忘。在武器制造工人圈子里成长起来的他，非常热爱自己心爱的企业。

"这些动人的故事都被拍成了电影，"杰伊金最后说道，"表现著名设计师杰格佳廖夫与青年在一起的镜头好像就在眼前，让人刻骨铭心。瓦西里·阿列克谢耶维奇已是暮年，可他仍时常参加青年星期六义务劳动，挑过担子，搭过脚手架。"

"州党委会也很支持我们共青团员的倡议。成千上万的科夫罗夫市民来到工地参加劳动。"扎伊采夫回忆起那些日子显得非常激动。"想想吧，我们只用了两个半月的时间就建起了一座新厂房。"

"后来武器装备人民委员乌斯季诺夫颁布命令，表达了对工厂共青团员和青年的感谢。我记得，这个命令宣布以后，在厂房的墙上设立了一个纪念牌，上面刻有所有参加建设人员的姓名。我没说错吧？"杰伊金给扎伊采夫补充说道。

"那牌子现在还挂在那儿。"那是我们的一种记忆，永远记得，我们这些被高度的责任感和崇高目标结合到一起的人都能干什么……

"我们现在到工厂，就用不着参加这样的建设了吧？"军代表苏希茨基再一次把我们的思路带回到我们将要面对的问题。"或许对我们来说，现在最重要的是，制定一个合理的自动步枪制造技术程序，为首批产品的出厂准备技术装备和设备。"

"是啊，操心的事肯定还多着呢。斯捷潘·雅科夫列维奇，你说得对。"杰伊金赞同地说道。

"那在这种情况下，我有个建议，这会儿都该好好休息了。中校工程师同志，您允许我下达'解散'的口令吗？"苏希茨基从卧铺上站起来。

杰伊金笑着说："来日方长，我们明天再聊吧，大家都睡觉！"

工厂很热烈地欢迎我们的到来。更让我高兴的事是，企业的领导人在我们没到以前就想好了该怎么开展工作。负责制定技术文件和武器试验批次的人都给我们配好了。

"我叫达维德·阿布拉莫维奇·维诺克戈伊斯，是厂里的总设计师。"这个人握住我的手，很有力量。

从外表上看，总设计师很严肃，是个靠得住的人。他说话不急不忙，在他认为最重要的地方会加重语气，以引起注意。

"为做好生产试验批次的组织工作，我们厂建立了一个专门的小组。我会在工作地点直接给你们介绍参加这个小组工作的设计师、工艺师和分析师。我认为，我们应从制定详细的技术文件开始。最好是所有的数据一下子都能以最认真的态度计算出来，所有的图纸都要好好研究。这样到了车间活就好干了，就会轻松好多。"达维德·阿布拉莫维奇拿起一包文件，对其中的一页纸看了一眼并把它抽了出来，接着说："这是准备工作的计算数据。我认为这一阶段的工作是最复杂的。还有什么是需要我们自己制作的吗？仪器、模具，想必还有部分切削设备、卡尺什么的。都要安排哪些车间？每个车间都干什么活儿？投入什么样的力量？你们先看看。对所有的细节考虑得越周到，我们的工作就会越顺畅。"

坦率地说，我们真走运，能在厂里碰上这么一位总设计师。他是位出色的组织者，既熟悉武器装备的大规模生产，又了解试验批次的制作程序。整个技术工艺过程他已经设计得相当好，各车间都配置了生产各种零件的设备和车床。维诺克戈伊斯甚至还操心材料、毛坯、冲压件这些事情。他选调了技术最好的钳工、车工和铣

设计师 B.A.杰格佳廖夫在生产反坦克枪工厂的车间里。1943 年

工。帮助我与每一位工程师和工人建立起相互信任的关系。

　　对于一个设计师，更不用说是一个十分年轻的设计师来说，工厂开始批次生产自己设计的武器，尽管还只是试验批次生产，那也是何等重要的事情啊！幸亏有这慈父般强有力的支持。我们生产试验批次自动步枪的工作进展得非常顺利，以至于我都敢请求达维德·阿布拉莫维奇进行一个小的试验。

　　我很想在工厂的条件下制作几个自装弹卡宾枪的样枪，是我自己设计的，当然已完全解决了几年前在试验场 H.H. 杜博维茨基工程技术勤务少将给我指出的那些"焦点"问题。我已经做好了改型冲锋枪的图纸，它与我最早的设计完全不一样了。我请求维诺克戈伊斯，能不能帮我造几支样枪出来。

　　总设计师对我这个想法很感兴趣，他有点激动地说：

　　"好呀，可以试试。可不是只有上帝才会烧瓦罐，我们也可边干边学。维亚切斯拉夫！"他叫过来一位工程师说，"您过来看看图纸。我看这里有不少好玩意儿。让我们来帮帮设计师同志。"

　　在很短的时间内我们制造了好几件卡宾枪和冲锋枪的样枪，这些都没有能列装。但是，这些样枪能让我们更加严格地进行自动步枪的制造工作，在生产试验批次的过程中给我们提示了好多有关武器完善方面的原创方法。

　　尽管自动步枪的生产工作进展顺利，很难给工厂的工作人员提出点什么意见，可我有时候还是觉得有些零件和部件做得有点慢，有一次我对维诺克戈伊斯说：

　　"达维德·阿布拉莫维奇，击发机的生产能不能加快点速度呀？"

　　"您不要着急，年轻人，重要的是不要出错，这要比干得虽快，最后还得返工好得多。"

工厂的总设计师无论在决定问题时，还是在行动中都追求准确性。他属于那种经验丰富的工程师和设计师，他评价一个人，首先是看其对事业的态度，看他工作是不是规矩，是不是诚实。如果发现哪位工人工作得不太认真，他就会把那个人叫来，问个清楚。在达维德·阿布拉莫维奇·维诺克戈伊斯身边工作让我受益匪浅，让我汲取了在工厂高质量完成工程设计任务的经验。

我特别想说说工厂总设计师在我们这些搞武器设计的人命运中的作用。我们每个人都在忙着自己的样枪，而工厂常常是同时生产几个设计师的近 10 支样枪。还要进行试验批次的生产。作为企业的总设计师必须深入了解有关武器生产的每一个细节。在工厂熟悉武器生产的过程中有好多东西都取决于总设计师的能力，取决于他是否能在完善结构方面给我们提供直接的帮助。取决于他能否在具体技术操作过程和调试过程中提出有分量的指导。

B.A. 杰格佳廖夫一直都很尊重工厂的总设计师，比如他经常说到科夫罗夫工厂的总工程师 И.B. 多尔戈舍夫，说他是有很高职业水平和专业修养的人，善于迅捷地发现设计结构中的弱点。有一次，瓦西里·阿列克谢耶维奇回忆起这么一件事，1942 年，И.B. 多尔戈舍夫在一个专门委员会工作，查出反坦克枪发生故障的原因是射击完的弹壳退出时退弹器太紧，他指出了设计结构中的毛病，经过很多次试验和试射后，他又提出了几个很有意思的设计方案：在反坦克枪的结构中增加了一个补充连接器，用紧箍器固定在枪管后部，提高了枪机部件的洁净度。这一缺陷得到纠正后，反坦克枪在前线任何条件下使用时都很可靠。

我们也听到过不少对伊热夫斯克工厂战争时期的总设计师 B.И. 拉夫列诺夫的赞誉之词，说他是个忠诚于事业的人，能在武器生产过程中敏锐地发现各种复杂的问题，无论这些问题是怎样形成的，B.H.诺维科夫说："战争期间的装备副人民委员曾经说过：'工厂的总设计师瓦西里·伊万诺维奇·拉夫列诺夫好像发现，战前若干年里积累的许多有关改善步枪生产的技术工艺，以及简化其零部件结构的建议相当行之有效。他认为，这可以帮助我们在不损失质量的前提下，加快武器的生产……

这一下子让我回忆起好多当时的建议，那时我是工厂的总工艺师和总工程师。难道这就是我们可以解开这团乱麻的线索吗？……

我们分析了这些年积累下来的所有建议，最终明白了，这正是我们走出困境的出路。'

就这样，工厂的总设计师给了我们可以解开这一堆乱麻问题的线索，这些问题与提高武器产量有关，能提升好几倍，还不降低产品质量。B.И.拉夫列诺夫提出的建议，是一个专家，一个非常了解我们这个行业的人提出的建议。"

Д.A.维诺克戈伊斯也是国防工厂总设计师团队中的一员。当然，如果说我们之间的关系非常顺畅，自动步枪试验批次的生产一点困难都没有的话，也是不正确的。也可能达维德·阿布拉莫维奇的过人之处正是在这里，他能从所谓的死胡同中找到出路，用一个笑话就可以化解神经的高度紧张，用一个出人意料的点子就可以很艺术地解决争论双方的分歧。

这批自动步枪准确地按时出厂，并且质量很好。军代表 C. Я. 苏希茨基，作为这批武器的验收人，定期对全部武器进行检查，对每一个部件、每一个装置仔细地查，一点儿都不含糊。然后，我和他，还有 A.A. 扎伊采夫亲眼看着自动步枪上了枪架，看着给崭新的产品喷上黑色油漆。第一批用工业方法制造的自动步枪被发送到部队进行试验。

很快，武器被装入专用的箱子里，每个箱子都打上了铅封。派

"狩猎是平静我不安心灵的方法。"——*M.T. 卡拉什尼科夫*

出卫队押运这一车厢，货物是按"机密"等级运输的。

武器启运以后，我的心里有一种说不出的感觉，心里空空荡荡的，好多天都觉得像是丢了什么贵重的东西，再也找不回来了一样。可能是这些年来，为了研制自动步枪的工作过于紧张了，根本没有休息日、没有休假。此时，善良的 Д.А. 维诺克戈伊斯看透了我的心思，他知道我爱打猎，有一天，他走到我身边说：

"您现在就不要再到车间里忙了。拿上枪，到树林里去。到大自然中去散散心。如果您没猎枪，我可以帮您找一支，暂时就归你使用了。怎么样？"

我和萨沙·扎伊采夫交换了一下眼神，又用询问的眼光看了 В.С. 杰伊金一眼。他肯定地点了点头说："那，我不反对。"

"乌拉！"我们都高兴得跳了起来。

第 5 章
竞标

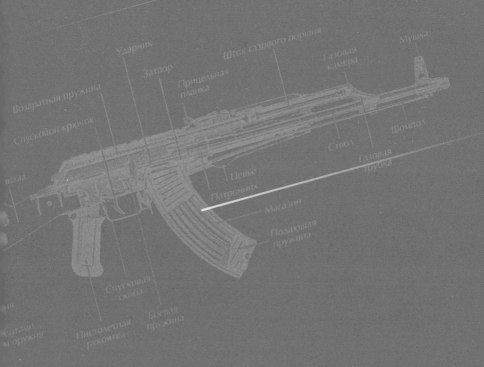

Возвратная пружина · Ударник · Затвор · Прицельная планка · Шток газового поршня · Газовая камера · Мушка

Спусковой крючок · Шомпол · Ствол · Газовая трубка

...клад · Цевье · Патронник · Магазин · Подающая пружина

...я · ...ртный ...оружия · Пистолетная рукоятка · Спусковая скоба · Боевая пружина

1946 年的第一轮竞标

1946 年，宣布要进行按 1943 年式定装弹规格制造自动武器的新一轮竞标。公布竞标的新武器基本标准是：机动性、射速、弹头的杀伤作用和射击的精确度。

机动性取决于枪的重量、外形尺寸和所有射击姿势的舒适程度。弹仓的重量具有很重要的意义（战争的经验证明，为了顺利完成各种火力射击任务，射手应携带 200~300 发枪弹的弹药基数），因此应尽可能地减少弹仓的自重。为了方便使用自动步枪以及携带枪支在战斗中的移动，必须缩小武器的外形尺寸。步兵分队的自动步枪，其枪管长在 900~1000 毫米是可以接受的，最好是木制的枪托，普遍认为这种武器可以保障射击的稳定性，除此之外，还有利于在肉搏战中使用。专业兵和军官应配备更短一些的武器，可以是折叠式的金属枪托。按照新的理念，在堑壕和掩体的战斗中使用自动步枪是最便利的。因此，自动步枪应配备可拆卸的匕首式刺刀，自动步枪手随时都可能用上它。自动步枪在外观上不应有特别凸出的部分，否则会在受限的空间里妨碍射击。与此同时，这款武器应能便于在行进间短暂静止时射击，可用站姿、跪姿、卧姿，或从树上、阁楼、坦克中射击等。

自动步枪的高战斗射速应能保障武器随时处于射击准备状态，

使用中不得有故障，维护简单，有可接受的弹仓弹容量和可随身携带枪弹的较大储备，自动步枪的射击速度应在 400~500 发 / 分，战斗射速不得低于 60~100 发 / 分。一个受过良好训练的射手使用这种战斗性能的自动步枪可以每分钟打 100 发，能在 300~400 米的距离上击中 12 到 35 个半身和全身人形靶。这样的射速还可以对目标制造密集火力。火力的基本类型为短点射 3~5 发或者长点射 5~10 发，同时，为了毁伤单个远距离目标，武器应有火力转换的快慢机开关。武器的战斗射速在很大程度上取决于其自动机在各种使用条件下的无故障工作，因此武器结构的简单和可靠在这方面具有首要的意义。与此同时，对使用武器的安全性也有很高的要求。

　　1946 年竞标的第一阶段，向军械总局轻武器局提交了 16 个自动步枪草图设计方案。其中有 7 个方案来自科夫罗夫第二军械厂的总设计师处，其中 П.П. 波利亚科夫提交的 1 件、博利沙科夫 1 件、C.B. 弗拉基米罗夫和 B.C. 弗拉基米罗夫 1 件；杰格佳廖夫第二设计局 2 件：B.A. 杰格佳廖夫 1 件、Г.Ф. 库贝诺夫和 A.A. 杰缅季耶夫 1 件。轻武器装备科学研究靶场参加竞标的有：A.A. 苏拉耶夫、H.B. 鲁卡维什尼科夫、K.A. 巴雷舍夫、M.T. 卡拉什尼科夫；图拉军械厂派出了 C.A. 科罗温和沃斯克列先斯基；图拉第 14 试验设计局派出了 Г.A. 科罗博夫和 A.A. 布尔金；克利莫夫斯克派出了 C.Г. 西蒙诺夫和叶菲莫夫；炮兵学院派出了 И.K. 别兹鲁奇科 - 维索茨基。8 月，在对设计草图进行审查以后，对其中 10 个方案建议进行进一步修改和加工处理。

　　年轻的设计师，前线战士，M.T. 卡拉什尼科夫中士从 1943 年起在轻武器装备科学研究靶场出差，他也参加了这次竞标。后来，他曾回忆说：“竞标是封闭进行的。参加这次竞标的人提交武器设计方案时用的都是假名……根据竞标条件，要求提交的不仅仅是全部图纸、部件闭锁强度计算数据、确定射击速度和一系列其他的重要性能数据，还要求对方案进行具体的研究。"卡拉什尼科夫使用"米赫吉姆"的代号提交了自动步枪的设计草案，这个代号是他名字和父称的首字母缩写。

他在轻武器装备科学研究靶场工作 3 年，在设计轻武器试验型号的过程中积累了实践经验，这期间他设计了 1942 年式冲锋枪、1943 年式轻机枪、1944 年式自装弹卡宾枪。所有这一切使 M.T. 卡拉什尼科夫具备了很大的优势。这时，卡拉什尼科夫很清楚地意识到，在他研制自动武器的过程中会出现什么样的困难。首先应解决一系列设计和生产方面的问题，不仅要为自动机零件，还要为整个部件和组件选择合适的几何样式，同时必须保持其在生产过程中的简单性和技术工艺。在这方面要取消不方便安装和拆卸的细小零件，同时还要严格遵守对每一种武器提出的战术和技术要求。

卡拉什尼科夫为自己定下了目标，利用已知的部件和零件的设计原理，寻找最优化的解决方案。卡拉什尼科夫在自己的自动步枪中使用了以前在多款武器中使用的原理和自动轻武器自动机工作方案。武器的配置方案和许多部件，其中包括闭锁自动机，设计师使用的都是他 1944 年研制的自装弹卡宾枪的方案。

也正是在那个时候，他萌生了闭锁部件的原创方案，这个方案后来成为卡拉什尼科夫式武器的品牌标志，即用两个可以沿枪机纵轴转动的闭塞凸笋实现枪膛的闭锁。美国加兰德 M.1 式步枪的枪机设计给了卡拉什尼科夫启发，米哈伊尔·季莫费耶维奇对这个部件进行了彻底的改造。在加兰德步枪中，枪机转动（闭锁和开启时）是在枪机框的作用下进行的，枪机框槽的侧面作用于枪机的凸笋，使其进入机匣相应的凹部，以实现密实闭锁。卡拉什尼科夫设计的武器与加兰德步枪闭锁部件不同的地方是：苏联自动步枪的枪机体进入枪机框，在自动机工作时不沿机匣滑动。在卡拉什尼科夫自动步枪中，在枪机框向后拉进一个自由行程长度（从最前端移动至开始开启止），开启时，枪机在特型凸起部前斜面的作用下，沿枪机框的曲线型槽向枪机的菱形导凸笋转动。这样，枪机框带动枪机围绕纵向轴转动，将枪机的闭塞凸笋从机匣的闭锁卡槽中推出，枪机解锁并打开枪膛。在枪机闭锁时，闭塞凸笋进入机匣相应的凹部，实现可靠的闭锁。除此之外，与美国枪的外形相比，卡拉什尼科夫加大了枪机转动肩并提高了枪机菱形导凸笋的抗磨损能力，以及闭锁件在任何使用条件下，包括在长时间使用时的无故障工作能力。

同年的 10 月，竞标委员会在审查了经过修改的自动步枪设计草案后，建议鲁卡维什尼科夫、卡拉什尼科夫、巴雷舍夫、科罗博夫和杰缅季耶夫的方案可以进行靶场试验，其他的方案被淘汰。

经过对方案的认真研究，委员会做出奖励决定，第一名空缺，第二名给了 H.B. 鲁卡维什尼科夫，第三名给了 Г.A. 科罗博夫。与此同时，委员会认为 A.A. 布尔金、M.T. 卡拉什尼科夫、A.A. 杰缅季耶夫的武器某些部件具有原创设计方案，可给予鼓励奖并同意 И.K. 别兹鲁奇科－维索茨基参加竞标的第一轮竞争。建议各位设计师根据提出的意见和建议，进一步加工修改自己的型号，到年底提交武器以进行试验。

科罗博夫、布尔金和杰缅季耶夫可以继续以科夫罗夫和图拉工厂的设备为基础开展工作，鲁卡维什尼科夫可以在轻武器装备科学研究靶场设计局的修理所继续工作，可年轻的设计师卡拉什尼科夫的情况要比想象的复杂得多。由于"米赫吉姆"获得了委员会的正面评价，苏联武器装备部和军械总局轻武器局派卡拉什尼科夫到科夫罗夫第二工厂去制造自己的自动步枪。

以基尔基日命名的第二工厂当时是苏联一家生产自动武器的工

厂。在战前和战争期间，这里在进一步完善轻武器领域进行过大规模的科学研究和试验设计工作，所以工厂保留有出色的设计团队。所有技术文件的制定和卡拉什尼科夫自动步枪试验样枪的制造都交给了工程设计局和总设计师处试验工作车间，为了在编制图纸文件方面给卡拉什尼科夫提供支持，临时抽调了有经验的制图设计师和工艺工程师。到 11 月初，在第二工厂的总设计师处成立了由卡拉什尼科夫领导的设计师小组。参加这个小组的有 A.A. 扎伊采夫（后来成为科夫罗夫机械厂工程设计局主任），后来又调来了 B.И. 索洛维约夫等人。

第一批自动步枪起名叫 AK–1。在工厂内的试验中收到满意的结果。委员会批准 1946 年在轻武器装备科学研究靶场参加第一轮竞标试验的共有 5 个经过加工修改的自动步枪型号，设计者为: H.B. 鲁卡维什尼科夫、Г.A 科罗博夫、A.A. 布尔金、A.A 杰缅季耶夫和 M.T. 卡拉什尼科夫。K.A. 巴雷舍夫的样枪没有最后完成。作为检验枪型与试验自动步枪同步进行试验的还有: 什帕金系列 7.62 毫米 1941 年式冲锋枪、苏达耶夫的 7.62 毫米 1944 年式自动步枪和 7.92 毫米 MP.44 式德国自动步枪。

除了使用 7.62 × 41 毫米中等尺寸定装弹之外，苏联新式自动步枪还具备其他的特征: 大幅度降低了重量（与第一次竞标相比），大约降低了 1 千克（在 4.3~4.4 千克），拒绝使用枪架，布局设计原则有很大的差别，击发装置也各不相同。在当时，占主导地位的自动机工作原理是: 火药气体通过枪管壁上的横向孔导出。最终确定的闭锁方案是: 枪机沿其纵向轴转动，使用击发机的扳机式方案。实际上所有的样枪都使用了同样的，也就是在 MP.43 式上使用过的布局方案: 可拆卸的枪尾（枪托）。机匣制造工艺与德国枪相近: 使用冲压方法制造，按自动机活动机件方向挤压而成。但是，没有一款是直接复制德国自动步枪的。

选出参加靶场试验的自动步枪型号有：鲁卡维什尼科夫的自动步枪（AP-46），提交了两种方案：固定木制枪托和折叠式金属枪托。这两款枪的自动机按火药气体从枪管中导出的原理工作，侧方气体动力呈下分布。以枪机向 2 个闭锁凸笋转动的方式实现闭锁。击发机为扳机型。总体布局和拆卸原理在很大程度上与苏达耶夫的ППС-43 式冲锋枪相似：机匣的下部与机匣铰链固定，安装手枪握把和击发机。在机匣的前部安装有补充手枪握把，用于射击时的支撑。冲压铆接的外壳，为枪机框运动导向挤压成型。复进弹簧放置在枪管下的套筒内。保险机锁住扳机。自动步枪带空弹仓重4.5千克。

科罗博夫的自动步枪（ТКБ-408）为世界上第一支按无枪托结构设计的自动轻武器，这种结构布局的自动机装置安装在枪托上，弹仓位于后部，击发机匣、扳机护圈和控制火力的把手位于弹仓受弹窗口之前。这种设计结构可缩短自动步枪的长度约 200 毫米，但仍然能保持枪管的正常长度，这一点对步兵来说非常重要。自动机按火药气体从枪膛中导出的原理来工作。枪膛的闭锁通过枪机的垂直歪斜与枪管下凸部齿合实现。复进弹簧放置在枪管下的套筒内，使用一个通条作为导向杆。复进击针弹簧直接安在枪管下，这种配置影响其生命力，因此，射击时在烧红的枪管的影响下，弹簧会发热，变形后下沉，这会影响武器正常的工作能力。击发机是撞针式的（带一独立击针弹簧）。机匣是用冲压法制成。枪管上固定一个大威力的枪口制退器。再装填手柄布置在左侧，与枪机框只是在连接钩凸部相关联。枪机呈待发状态以后固定，射击时处于不活动状态。扇形弹仓，弹容量 30 发定装弹，使用弹仓扣固定在手枪把后部的端面壁上。但是，这款枪因上方布置的侧面气体动力的复杂结构而让其所有原创优势化为乌有。自动步枪带空弹仓重 4.37 千克，

科夫罗夫机枪厂工作人员小组
第二排：修理所主任 B.A. 杰格佳廖夫 (左数第 5 位) 和工程设计局主任 B.Г. 费多罗夫 (左数第 6 位)
第三排：设计师 C.Г. 西蒙诺夫 (左数第 2 位) 和钳工调试员 C.Г. 什帕金 (左数第 7 位)
拍摄于 1931 年

总长 790 毫米，射速 503 发 / 分，单发射击速度 33 发 / 分，自动射击速度 65 发 / 分。

布尔金的自动步枪（AБ–46）实际上是完全按 1945 年式自动步枪改制的。自动步枪按普遍可接受的方案设计：侧气体动力上置，自动机按火药气体从枪管导出的原理工作，转动枪机实现闭锁（后来这个装置在美国 M.16 式步枪的设计结构中重复），而且主动螺旋线安装在枪机的后部，它在机匣内的转动靠圆柱形销杆实现，防止提前转动靠主动销杆横向移动实现，起到制止枪机的作用。机匣内的斜面推动主动销杆的移动，类似系统的特点是活塞在气腔内的行程长，气腔设置在枪管下方。为了缩小活塞表面的摩擦面积，在活塞上开了多个圆形槽。自动机移动系统的主动零件方案是成功的，枪机框与活塞杆设计在一个部件之中。再装填手柄与枪机框只是在连接钩凸部相关联，射击时处于不能活动的状态。击发机使用扳机型。枪管靠一个专用的衬垫固定在机匣上。冲压成的机匣有一个可拆卸的盖，盖内制作了专用的凸部，用于枪机框的导向，这种设计不是很合理。布尔金的自动步枪击发机的原创特点是，针击弹簧放置在扳机的空心底座内，保险机放置在手枪手柄的右侧，按钮式弹仓插销在机匣的一侧，自动步枪带空弹仓重 4.4 千克。

杰缅季耶夫的自动步枪（AД–46）气活塞在枪管上方的总体布局和基本零件的制造都是冷冲压方式，实际上与德国的 MP.43 式自动步枪相似。设计结构特点是：完全封闭式的冲压机匣（厚 1.2 毫米），铆接弹仓孔。机匣内有枪机框导向的纵向槽。击发机盒和枪托是可拆卸的，使用销钉固定在机匣上。自动机工作原理：火药气体从枪管中导出，在枪机沿自身轴转动时，通过两个闭锁卡铁实现枪管的闭锁。闭锁的特点是：导凸笋安装在枪机尾部。该款枪的原创性设计方案在于，制止枪机提前转动（通过一个振动式插销实现）。

枪机框与气活塞成为一个部件。击发机是扳机型。保险机和快慢机是分离的，分布在机匣的左侧。复进弹簧收在一个导向杆上，导向杆固定在枪尾部，与枪托成为一体。按钮式弹仓定位器在机匣的一侧。自动步枪带空弹夹重 4.1 千克，总长 1000 毫米。射速 500 发 / 分。

卡拉什尼科夫的自动步枪 AK–46 No.1。这款武器的自动机是个经典的布局：侧气体动力呈上方布置，工作原理是，火药气体通过枪管上的横切口导出，转动枪机实现闭锁。枪管口径 7.62 毫米，枪膛上有 4 个从左往右蔓延排列开孔。靠纵向滑动枪机框的滑槽实现枪机转动。枪机是一个分节的圆筒，位于枪膛中间击针之下。在枪机前部较粗的部分有凸笋：上面一个（主动笋）用于闭锁和开启时的枪机转动和机匣的后坐与复位；还有两个闭锁卡槽，借助于这个卡槽实现与机匣凸部的连接（枪管的闭锁）。送弹凸笋在枪机的下部，保障枪弹从弹仓中取出并送入弹膛。

自动步枪有代表性的特点是，独特的铣加工的机匣，在机匣轴上固定有击发机盒、手枪把柄和木制枪托。

机匣和机槽沿导轨与滑槽连接并用销钉固定。在枪机的后部用结合销固定表尺座，表尺座上有一个通透的纵向孔，用于枪机框前部通过。在表尺座的前部横向开孔内固定气筒闭合器，带一手柄。

自动步枪的侧气体动力也是原创的。枪机框与气活塞的气动联系通过一个带弹簧的推杆实现，这个推杆是带活塞的一个零件。气活塞不与枪机框连接，只作用于其活动部分的行程。独立的活塞杆和枪机框保障自动步枪能从板式弹夹中装填，不用分离弹仓。气腔免调节，但气筒内有两个开孔，用于向空气中释放枪机框后坐到给定距离后剩余的火药气体。

击发机安装在击发机匣内。扳机式击发机是成功的选择，扳机是可以沿轴转动的。它有助于获取很好的单发射击密度，可以消除运动与活动部分撞击对瞄准和射击的影响，射击以前，活动部分位于最前面的位置。枪机匣向后移动时完成扳机扳起的动作。由扳机和单发扣机组成的击发机允许进行单发和自动射击。单发杠杆前部的凸部同时可作为退壳器使用，像自动解脱器一样工作。击针弹簧呈螺旋的筒状。复进机用于积蓄后坐能量和复进时使枪机框复位，安装在机匣内。自动机由导向杆和两级复进弹簧组成。导向杆的后挡板进入机匣凸部的槽内，同时还作为机匣的可拆卸冲压盖的固定器使用，这个盖只盖住复进机。AK–46 No.1 自动步枪的一个特点是可以直接从弹夹中向弹仓装弹，不用从武器上摘下弹仓，这一技术已在 TT 式手枪中得到验证。因此，活动部分后部的固定器功能由枪管结合轴完成。AK–46 No.1 枪的保险机是与快慢机分离的。其手柄是在击发机匣的左侧。与德国突击步枪相似，左侧也安装了枪退壳装弹手柄，与枪机框为一体。

自动步枪的瞄准具由可开放式扇形表尺组成，计算距离为 800 米，在弹膛的上方配备有表尺底座和准星（带准星护圈），准星是挤压套装固定的，并由两个销钉在枪口切面上固定在三角底座上。开放式表尺的优点是简单和瞄准时的良好条件，可以在战场上快速发现目标并能校正射击效果，这一点对于对移动目标进行瞄准射击来说非常重要。与此同时，这种瞄准具也有其固定的一系列的缺点：射手在瞄准时必须要同时照顾到三个点：准星、缺口和目标，这三个点的位置距射手眼睛有不同距离。射手很快会感到瞄准疲劳，不能保证武器的瞄准是完全一样的，由此可造成射弹散布的扩大，降低射击的精确度。为了改善武器在自动火力射击时的稳定性，在枪口部分，准星基座后方，开了六个通透孔（每个面上三个）。

自动步枪由一个可拆卸、可快速更换的金属盒式扇形弹仓供弹，弹仓内可按两排排列 30 发定装弹，这个弹仓按扎伊采夫的话说"这

专门为工农红军军械总局试验研制
的第一支卡拉什尼科夫
AK－46式自动步枪试验用型号

是我们从苏达耶夫的自动步枪继承来的"。弹仓由外壳、盖、制动板、弹簧和送弹器组成。弹仓外壳的上部有两个弯曲线和两个凸笋，用于在机匣窗口固定弹仓。在弹仓与自动步枪结合时，在扳机前固定弹仓的销钉，在弹仓后挡板的作用下，沿自身轴向后旋转，然后，在其固定在机匣窗口之后，在自身弹簧的作用下向前旋转并与支点咬合。销钉类似的结构设计可以很快地更换弹仓，甚至可以在夜间用手摸索着更换。与此同时，销钉较小的外形尺寸可能会给弹仓的快速分离造成困难，特别是当射手戴着手套或者射击专用手套的情况下更是如此。

自动步枪没有经典的完整木托。考虑到机匣已足够坚固，射击时单独的木制枪托和前托可以把持住武器。在枪托的后部用两颗螺钉固定金属底板。为了方便使用自动步枪射击，安装有控制火力的木制手枪握把和护木，与气筒设计为一体。护木用于防止射手在密集射击时手被灼伤。枪管护木和前托上的孔可帮助枪管良好散热。肩背皮带环安装在右侧。通条安装在自动步枪枪管的下方。

委员会对试验的最终结果进行了周密谨慎的分析和思考。经过竞标第一轮最后阶段激烈甚至近似残酷的试验，5 位竞标者中只剩下了 3 位：布尔金、杰缅季耶夫和卡拉什尼科夫，当时，像鲁卡维什尼科夫、科罗博夫这些在审查草图设计方案时获得了二等和三等奖金的人，在把图纸变成实物后却没能证明自己型号的优点。

鲁卡维什尼科夫的自动步枪被试验淘汰是因其有许多设计上的缺陷，而科罗博夫的自动步枪在打了 5000 发以后就退出了，其原因是机匣和枪机的生命力太低，还有就是射击时卡栓的情况太多。提交试验的自动步枪中没有一款满足射击密度和生命力的要求。委员会不得不建议剩下的竞标者对自己的设计进行修改并于 5 月末再次提交修改后的样枪。

按 1943 年式 7.62 毫米定装弹设计的新自动步枪，在超过 200 米距离上射击时，在射击精度和密度方面超过了 ППШ 式冲锋枪。在近距离射击时（200 米以内），冲锋枪的结果超过了自动步枪同类指标 0.5~1 倍。这说明，随着弹头重量的增加，以及武器本身重量的减轻，火药气体在枪膛内的压力脉冲加大了，对射击结果产生了影响。

131

1947 年的第二轮竞标

各位设计师们不得不马上着手修改自己的武器。面临最大困难的是 M.T. 卡拉什尼科夫，原因是对他的自动步枪的反对意见最多。不仅要优化一系列的零件，这些零件在不利条件下工作时表现出了可靠性，但生命力不足，还需要降低自动步枪的重量，尽管这可能会导致射击密度更差，射击密度还远没有达到最高值。AK–46 No.1 自动步枪的许多缺点是由客观原因造成的，首先是它的总体布局。科夫罗夫厂的设计师们已对自己枪的缺点有了明确的概念并准备提出一系列的想法对武器进行改造。正像 A.A. 扎伊采夫后来回忆时所说："到 1946 年年底，所有的困难都已成为过去，样枪送到了靶场，米哈伊尔·季莫费耶维奇也去了靶场参加试验。尽管我又接受了其他工作，但脑子里总还想着完善 AK–1 的事情，开始筹划进行一些加工。"已经到了 1947 年春天，卡拉什尼科夫的样枪又起了新的名字：AK–46 No. 2（带固定木制枪托）和 AK–46 No. 3（带折叠式金属枪托），并在科夫罗夫工厂内进行了试验。

1947 年 5~6 月，靶场试验继续进行。除 M.T. 卡拉什尼科夫的 AK–46 No. 2 外，参加射击试验的还有 A.A. 杰缅季耶夫改进过的 КБ–П–410 式自动步枪和 A.A. 布尔金的 ТКБ–415 式自动步枪，该款武器也是两个款式，木制枪托款和金属枪托款。但对被抱怨最多的部件进行了一些修改：击发机匣改成一个整体（独立）的可快速拆卸的组件，工厂组装和部队武器使用起来都很方便；击发机的设计也是新的，加了一个压缩击针弹簧；现在的枪机安装在机匣中通透的圆筒型孔内，而不再是在枪机框的导轨上；优化了枪口单腔制退补偿器的设计结构。

布尔金的自动步枪也经历了几处大的改造：大大地压缩了枪的长度；组合式击发机现在改放在独立于机匣的枪体上；安装了新的、硬度更大的退壳杆，代替了原来的弹簧式退壳杆；冲压铆接的机匣更加坚固，代替了原来的冲压焊接机匣；为了更加方便地控制火力，手柄式保险机改在手枪握把的左侧（右手大拇指下）。带倾斜前壁的枪口制退补偿器很成功，可大大提高射击时武器的稳定性，自动步枪的射击密度也得到改善。

在卡拉什尼科夫的 AK–46 No. 2 自动步枪上，AK–46 No. 1 所有的成功优点都被保留下来（自动机系统以及多个组件和零件的设计）。进一步的改进首先旨在提高自动步枪各组件和机构的工作可靠性。试图放弃原来可从上方进泥沙的开放式铣加工而成的机匣，而换成封闭的冲压焊接机匣。这种机匣在很多方面重复了德国 MP.43 式自动步枪的设计。在机匣的下部有一个焊接的弹仓孔，这个孔可以提高弹仓在机匣上固定的强度。与带手枪握把的击发机匣连接的木制枪托通过销钉固定在机匣上。在伸入机匣槽中的复进弹簧导向杆后支点的设计中受了苏达耶夫 ППС–43 式冲锋枪类似组件的影响。M.T. 卡拉什尼科夫的新自动步枪原创特点是它的机匣。它不再是一个承载零件，原来只是保障自动机移动系统的方向，现在的枪闩柄与枪机一起通过短导向笋进入机匣凸缘内部的导向平面，并可在波棱形成的（冲压形成的）4 个平面上移动。安装在机匣上的退壳再装弹握把与枪机框只是通过结合器的凸笋相关联，射击时不能移动，机匣尾部的用于退壳和再装弹握把的型孔用防尘板盖上。

在武器的基本零件 —— 机匣的生产工艺中进行了根本性的改变，从铣加工变成了冲压焊接结构，这一变化减轻了制造中的困难。除此之外，这还减轻了武器的重量。使枪管缩短了 50 毫米，现在的枪管长 400 毫米。

根据要求，卡拉什尼科夫的新自动步枪按两个方案生产制造：一个是步兵用 AK–46 No. 2 自动步枪，带木制枪托；另一个是空降兵和其他专业兵种使用的 AK–46 No.3 自动步枪，带金属的可在枪匣下折叠的枪托，在设计结构上与德国 MP.38/MP.40 式冲锋枪的折叠枪托相似。类似的枪托由两个冲压焊接拉杆、托肩和定位装置组成，可保障操枪的方便，包括在行进状态、滑雪板移动状态、跳伞状态中，以及从坦克、装甲输送车中使用自动步枪射击等。AK–46 No.3 自动步枪射击时应打开枪托，在不能打开的情况下，也可以在枪托折叠的状态下射击。在这款枪中机匣后部的结构有一些变化。

但是，AK–46 No.2 和 AK–46 No.3 自动步枪也远不是各方面都很成功。任何试验设计都会有其固有的技术上的不完善，按扎伊采夫的话说："……AK–46 No.2 自动步枪，从使用的角度看……与现代自动步枪有些不同，在不完全拆卸的情况下，只有击发机和握把可以打开，这样就造成了自动步枪擦拭和加润滑油的不方便。"像 ППС 式冲锋枪一样，在拆卸 AK–46 No.2 卡拉什尼科夫自动步枪时，机匣内就只剩下了枪机和复进机。关注新武器这一特性的不仅是工厂的试验人员，还有轻武器装备科学研究委员会的成员。AK–46 No.2/AK–46 No.3 自动步枪的重量（带空弹仓）为 4.3/4.1 千克。总长 950/900 毫米（折叠枪托时长 660 毫米），射击速度 855 发 / 分。

委员会再一次把所有的自动步枪发回让设计者加工修改。这一轮领先的是杰缅季耶夫和布尔金的自动步枪。对卡拉什尼科夫的自动步枪提出了很多意见，但是，根据试验结果，与布尔金和杰缅季耶夫的枪相比，他的枪射击时卡栓的情况少。说来也奇怪，卡拉什尼科夫还是被列入了参加竞标的行列，现在他面临的是要就所提出的问题认真地进行改进工作。

布尔金和杰缅季耶夫的枪与卡拉什尼科夫的枪最重要的不同之处在于：他们成功地解决了闭锁时枪机的旋转问题，与更加厚重的枪机相比，他们的枪机中可纵向滑动的枪机框为一个组件（枪机框与气体活塞杆是在一起的），起着自动机主环节的作用。枪机框中包括了气体活塞，使自动机的主环节气动能量储备增加，形成了全部的动态载荷，可以完全避免射击时因武器污染形成的卡栓。卡拉什尼科夫竞争对手这种枪机框的设计对提高自动机移动零件工作的可靠性大有裨益，成为他们能向前突破的一个前提。

摆在 M.T. 卡拉什尼科夫面前的一个特别尖锐的问题是要高质量地完善自己的自动机。米哈伊尔·季莫费耶维奇本人回忆这件事时说："……我与萨沙·扎伊采夫背着领导形成了一个大胆的想法：以加工改造做掩护，对自动步枪进行大的布局改造……令人担心的只有一点：在给定的用于型号加工改造的期限内能不能完成这项工作？"这里我想引用轻武器研究所的一位军官 A. A. 巴里蒙少校回忆录里一段很详细的话，可能会让我们更接近这个问题的实质：

"在 У.И. 普切林采夫最初编辑的靶场技术报告中认为，卡拉

В.Г. 费多罗夫和 В.А. 杰格佳廖夫。1947 年

什尼科夫系统的闭锁组件设计更为合理，不建议做进一步改进。对于这样的结论，如果仅从试验结果来看，是任何一个参试系统的形式基础，但杰缅季耶夫的样枪除外，这款枪的结果更好一些，但与最接近的对手相比，他的枪管有些过长，重量明显轻（大约轻了300克）……杰缅季耶夫的系统要比卡拉什尼科夫和布尔金的样枪弱一些。要求用另外一种方法挑选优胜样枪，不仅要看试验结果，还要看进一步加工改造的实际能力，要确定被选中的设计结构后续的发展前景。在竞标的结束阶段，对卡拉什尼科夫的系统进行了补充研究，这项工作由轻武器试验分队的新领导 B.Φ. 柳特少校负责……提出了对结果进行补充分析，对试验人员进行补充研究的动议，这一请求得到了委员会主席 H.C. 奥霍特尼科夫的支持和赞同。"

M.T. 卡拉什尼科夫没有辜负自己老同事们给予他的善意支持。在对卡拉什尼科夫自动步枪设计结构与竞标对手武器进行补充对比分析和如何消除已发现缺点的研究中，AK 自动步枪表现出了优势，这款枪与布尔金和杰缅季耶夫的自动步枪一起被列为优秀样枪。竞标委员会在试验成果结论中是这样说的：

"1. 所有提交试验的自动步枪都没有满足军械总局的战术和技术要求，其中没有任何一款可以推荐批次生产。

2. 卡拉什尼科夫（冲压成型机匣）、杰缅季耶夫和布尔金的自动步枪，更接近满足战术和技术要求，建议进一步加工改进。"

各位设计师应按照战术和技术要求的标准，在射击密度和实际射击速度方面对自己的武器进行进一步加工改进，达到降低自动步枪重量和外形尺寸、提高工作的可靠性、改善其生命力等指标。建议卡拉什尼科夫重新设计枪匣和击发机，实现枪托与机匣的直接固定，同时应去掉枪托的金属底板，并使用可更换的前托。杰缅季耶夫应加工改进枪机的设计结构，提高其抗磨损性，使自动机能在困难工作条件下可靠工作，增加枪口制退器的作用效果。要求布尔金进一步改善自动机活动部分工作的可靠性，重新设计套筒，同时应缩短其长度，对拨壳挺的设计进行修改。

返回工厂后他们召开了会议，研究进一步加工改进卡拉什尼科夫试验样枪的问题。为了搞清楚所有的建议内容，需要对自动步枪的设计进行脱胎换骨式的改造。亚历山大·阿列克谢耶维奇·扎伊采夫，卡拉什尼科夫最好的朋友，也是 AK 研制小组的一位主要设计师提出了彻底解决问题的方案："……在对卡拉什尼科夫自动步枪试验结果和潜在对手优缺点的讨论过程中，我就曾经提出要对样枪进行彻底的改造。米哈伊尔·季莫费耶维奇开始有点犹豫，倾向于维持第一轮的设计方案，原因是距重复试验的时间很有限。但是，我成功地说服了他进行彻底的改造。这种情况下，特别需要注意的是自动机工作的可靠性、改善使用品质和外形的技术工艺性。要做的工作很多，但我们的工作热情很高，用心去做，所有的人都能尽心尽力地帮助我们。"

科夫罗夫第二工厂总设计师处的设计集体与 M.T. 卡拉什尼科夫一道很快投入了工作。卡拉什尼科夫这款经过改进的自动步枪代号为 AK–47，已是重新设计的新枪。他们采纳了所有竞标对象的优秀想法，按建议要求重新制造了机匣，与气活塞杆联为一个统一的组件，重新绘制了机匣、击发机和枪托的图纸，B.Π. 皮斯库诺夫负责枪管组的图纸绘制。

AK–47 式自动步枪由以下主要零件和装置组成：带机匣的枪管、瞄准具、枪机、带联杆和活塞的枪机框、复进机、击发机、机匣盖、带护盖的气筒、前托、枪托、手枪握把和弹仓。自动步枪还配备有通条以及武器清洁和润滑用具。

卡拉什尼科夫 AK–47 式自动步枪新的设计方案与其上一个型

号一样，工作原理是：利用从枪管中导出的部分火药气体的能量，作用于上方枪机框的气体活塞，联杆与气体活塞通过丝扣连接并通过销钉补充固定。联杆有四个凹槽，以减轻其重量。活塞上有一个带环形槽的密合器，用于减少活塞与弹膛筒壁之间的火药气体爆破。除此之外，在活塞的前端形成一个锐边，该部件在枪机框移动时可从弹膛筒壁上刮去积碳。活塞与枪机框连接的设计可保障活塞相对于枪机框的摆动，以避免活塞在枪机匣向前位置移动时在弹膛套管内顶死。新的枪机匣有两个纵向筒状通道，用于放置以下组件：上面一个用于放置复进机，下面一个用于放置枪机尾部。与 AK–46 No.2 不同，AK–47 的枪机框是沿凸边和导向笋放置在新做的机匣内的，为此枪机框的两侧有槽，引导枪机框的移动。枪机框右边的凸笋保障自动解脱器的关闭。机框的下部有一闩体沟，沟的壁可保障闭锁和开启过程中枪机的转动。

机匣的设计也是重新做的。很成功地安装了自动机和击发机的所有零件。新的机匣也是采用冲压法制作的，原则上讲，与上一代不一样的地方是，在其内部硬固定（铆接）了一个与枪管连接的专用套筒。这个问题在 AK–46 No.2 中造成冲压式机匣不坚固，在试验中多次受到指责。在这个套筒上固定有弹壳退壳挺、卡铁、枪机导向板前部，除此之外，还有纵向缺口。纵向缺口的后闭锁端用于闭锁卡槽的支撑面，以此保障对枪管的密实闭锁。左侧纵向槽的斜面与枪机左支撑面的斜面配合，使其在向前位置移动时转动。

这种情况下，枪机的闭锁凸笋从主动面向枪机匣闭锁闩体沟的斜面运动保障枪机进一步转动。除了这一点，在套筒中还有安装表尺底座的开口、固定弹仓的开口和卡槽。冲压成型机匣的上边沿改为往内弯曲，形成引导枪机匣运动的滑棱，在机匣的内部铆接了角铁，角铁的上边沿作为枪机的导向笋，下边沿用于加固在扳机周围

AK 式自动步枪试验型号，1947 年
卡拉什尼科夫改进的自动步枪，已经
很像是我们都很熟悉的武器，于 1947
年提交进行试验。需要指出的是，这
支枪并没有通过射击试验，尽管表现
出很好的可靠性，但射击密度不好。
但是，这款枪以自身的各项指标战胜
了其他竞争者，军队选择了 AK，决定
在使用中继续改进其战术和技术指标

的机匣。在机匣的侧壁上沿击发机轴有多个孔和快慢机、保险机。在机匣的下部有弹仓窗口，铆接了扳机护圈和手枪握把的底座，在上面用两个螺钉固定木制握把。

复进机的设计也有了根本性的变化，现在的复进机由复进弹簧、引导管、导向杆和垫圈组成。米哈伊尔·季莫费耶维奇本人回忆说："我们重新制作了机匣盖，新的机匣盖可以完全把活动部分盖住。这样做的结果是机匣盖可以防止自动步枪内部受污染，现在固定的不是活塞杆，而是套管的保护座，这个保护座的凸笋伸到机匣后端的槽内。盖板从前面固定在机匣的前端，它伸入瞄准具基座的半圆形槽内。退壳再装弹握把与机匣联为一体，改放在右侧，所以机匣盖在右侧有分段式开口，用于抛出弹壳，还有一个用于自动步枪退壳再装弹握把移动的孔。"这样的设计是按轻武器装备科学研究靶场射手的要求改进的，他们认为，AK–46 No.2 的退壳再装弹握把放在左侧影响行进间不驻止情况下的射击，抛出的弹壳容易伤到射手的肚子，这个射击姿势也不方便武器的再装弹。与此同时，也把火力控制移到机匣的右侧，成功地制造了火力转换开关（快慢机），它同时又是保险机，是一个可以转动的零件。卡拉什尼科夫说到这一点时非常兴奋："很高兴的是，我们成功地解决了火力转换开关的问题。这个开关现在有几个功能：可以从单发射击转为自动射击，可以是保险机，同时还可以打开再装弹握把槽，这个零件不仅包括了枪机上膛，还可以防止灰尘和污物进入机匣内。"

在自动机活动部分的放置方面，把枪机框的基本重量移到机匣之外是卡拉什尼科夫自动步枪新设计方案的又一亮点，这样可防止机匣内的火药积炭和污物影响自动机活动部分的运动。在气管的套筒上开孔，用于剩余火药气体的释放。在套管的入口处有锥形镗孔，可减轻枪机框活塞进入弹膛的压力。击针和击锤做成一个零件，因此枪机的尾部加大了，同时缩小了其外部直径。使用安装在枪机上的旋转式抛壳机和位于机匣左侧的刚性抛壳器抛出弹壳。瞄准具还是由开放的扇形表尺和带准星护圈的准星组成。瞄准线长 378 毫米，表尺板平面的右侧有从 1 至 7 的奇数刻度，相应的射击距离从 100 米至 700 米，表尺板的左侧是从 2 至 8 的偶数，相应的射击距离是从 200 米至 800 米；在下方，表尺板的左侧，有字母刻度，是固定表尺，胸环靶直接射击（目标靶高 50 厘米），相应的射击距离是350 米；表尺板上有直角三角形的缺口，增加了准星护铁两翼的高度，防止其受到意外碰撞，还能改善强光照射下的瞄准条件；准星基座呈梯形窗口以减轻其重量。

加长的木制前托没有给枪管通风的孔，AK–47 式自动步枪的木制枪托有一个放置附件的槽孔和金属底板，槽孔上有一弹簧盖，可放入附件的盒子。

枪管组投入了很大的精力，首先是进行正确的选材。枪管使用的是 50P（合金钢）或 50PA（减少有害物质的合金钢）特种武器钢，另外，为了增加枪管的耐磨性和抗热性，给枪管加了铬涂层，厚度为 0.04 毫米。这马上就显示出非常好的效果，枪管的生命力提高到了 15000~18000 发。对枪管的设计结构也进行了重新研究。在枪管中把弹室坡膛的长度加长了 10 毫米，以此加大了火药燃烧室。与此同时，卡拉什尼科夫小组在自己的设计生涯中首次使用在枪管的设计中增加枪口制退器的办法，以期降低连发射击时的后坐，保持武器的稳定，这种枪口制退器应能降低后坐能量。在枪管口的截面上，在准星基座之前固定了一个直径 3.4 毫米、带三组孔的套管，用于降低枪管枪口部分的火药气体压力。在采取这种措施的同时，在枪口制退器的设计中，还对从枪口中释放出的火药气体加以利用，用于对自动步枪姿态的补偿。

M.T. 卡拉什尼科夫的功绩是不容低估的。武器设计大师孜孜不倦的工作成就了自己的事业。自动步枪现在已完全满足了可靠性和生命力方面的要求。

卡拉什尼科夫的自动步枪在射击时是这样工作的：为了装填武器，先接上装满枪弹的弹仓。这时，弹仓连接钩勾住了机匣的凸缘，弹仓固定在枪机框上，上面的枪弹往下压，使枪弹压紧弹仓弹簧。将快慢机扳到射击的位置，机匣盖上枪机框握把孔打开；当枪机框向后拉时，在自由行程的长度上复进弹簧开始压紧，导向杆从分离器中出来；而后，自动解脱器在自身弹簧的作用下能够旋转；枪机框闩体槽的螺旋开锁斜面作用于枪机主凸笋螺旋斜面，而枪机框后端的凸笋作用于扳机；枪机开始向左旋转，扳机在轴线上向后转动，压缩击针弹簧；枪机框继续向后拉的情况下，枪机旋转，枪机的闭塞凸笋脱离机匣的闭锁卡槽，而枪机上的纵向槽安装在退壳器的对面。当枪机转动时，其导凸笋进入枪机框闩体槽的扩大部分，这个槽的前圆形壁作用于导凸笋，使其向后退；扳机在枪机框的作用下继续向后旋转，自动脱离器在自身弹簧的作用下也向后旋转，它的凸笋（击发阻铁）咬住扳机自动脱离器的卡笋，自动脱离器的杠杆向上升起，枪机的送弹凸笋只要通过弹仓进弹机的后壁，枪弹在弹仓托弹板的作用下开始向上移动，最上面的枪弹进入枪机的运动途径，然后退壳器的头从枪机槽中伸出；枪机框的运动受机匣底板的限制，这一时刻，复进弹簧被压得更紧；当松开再装弹握把时，枪机框与枪机在松开弹簧的作用下，向前推进；枪机框以闩体槽扩大部分的直线壁作用于枪机导凸笋的后平面端并向前推动枪机，退弹器进入枪机槽；这时，枪机的送弹凸笋从弹仓槽中推出下一颗枪弹，利用机匣里导棱的斜面和卡铁上的斜面，然后利用弹膛底切面的圆形斜面推枪弹进入弹膛；枪机在机匣左缺口斜面的作用下转向枪机的左闭锁凸笋的斜面；然后，在枪机框闩体槽的作用下，向枪机导凸笋后端面，沿纵轴向右旋转，借助这一动作，实现枪机向前移动至闭锁位；退壳器的钩咬住弹壳的外边缘，进入槽，弹壳的底进入弹底巢；这一动作完成后，枪机的闭塞凸笋进入机匣衬筒闭锁卡铁；这样就完成了枪管的闭锁。枪机框向前移动的同时，以自身的凸笋向前倾斜，自动脱离机的杠杆向下移动，并向前转动，这时，击发阻铁从扳机的自动脱离机的卡笋中出来；扳机在击针弹簧的作用下向前转动，卡铁进入待击位置；自动步枪装填完毕，处于射击准备状态。

在按压扳机尾部时，扳机的闩体凸笋从与扳机的待击状态释放出来。扳机在弹簧的作用下沿自身轴旋转，撞击击针；击针击穿枪弹的火帽，射击完成。

弹头在火药气体的作用下，在枪管内运动。火药气体通过弹壳的底部作用于与机匣相关联的枪机，自动步枪向后移位 —— 这样就产生了武器的后坐力。在弹头通过导气孔时，部分气体会通过气孔进入气腔，作用于活塞，开始推动枪机框带着枪机向后移动。射击完成后，枪机框最初后坐时，枪机继续保持闭锁状态。枪机框独自移动，在后坐时选择自由行程，枪机框从最前位置移动，至枪机开启为止。这时，弹壳在弹膛内开始按事先规定起动，实现这一切是借助了左击发卡铁的斜面，先是与旋转卡铁的螺纹斜面协同，枪机原地不动，向左转 36 度。这是凸笋与机匣衬管闭锁卡铁开始脱离时所必须的动作。这样一来，被抓弹钩钩部挤压的弹壳在弹膛内旋转，依靠弹膛内剩余的压力抛出已经变形或烧焦的弹壳，还可以防止弹壳爆炸，甚至在弹膛严重污染的情况下，自由行程的存在可以避免枪机提前闭锁。枪机框在后退的同时(像用手柄向后拉一样)，其后凸笋转动扳机，而闩体槽的前斜面转动枪机，将闭锁卡铁从机匣卡槽中推出，完成枪机的开启，枪管打开，这时弹头已从枪管中飞出。然后，当活塞打开气筒套管上的剩余火药气体释放孔时，气体进入空气中，这时枪机被枪机框抓住，共同靠惯性向后移动。最后，枪机框把扳机扳起，枪机依靠抓弹钩的钩部把弹壳从弹膛内抛出。卡拉什尼科夫自动步枪在抛出射击完毕后的弹壳时，是通过机匣盖上的弹壳窗口向右反射，并由安装在枪机内的弹簧抓弹机和枪机框衬管刚性退壳机来保障的。枪机开启闭锁和从弹膛中退出弹壳是在枪管内火药气体压力较小的情况下进行的。

在枪机框的最后部，枪机框撞击机匣的尾部，在松开弹簧的作用下开始向前运动，后坐阶段开始。枪机框依靠侧面槽的主导面引导枪机，枪机在接近弹仓时，使用进弹凸笋从中取出下一粒枪弹，枪弹进入弹膛。在枪机框下部脱离扳机时，扳机开始转动并依靠保险卡槽固定在自动脱离器上。当到达枪机最前端时，枪弹最终进入弹膛，枪弹槽咬住抛弹器的齿。

左闭锁卡铁向机匣衬管内斜面滑动时，枪机的导凸笋从枪机框主面中伸出；枪机框槽的螺旋面在找到枪机的导凸笋后，使导凸笋旋转；枪机闭锁卡铁进入机匣衬管的闭锁卡铁，完成枪管的闭锁。这时，枪机框继续向前运动大约 5.5 毫米，选择自动机可靠安全工作所必须的自由行程。

依靠枪机转动实现闭锁的类似设计在各种非自动轻武器中使用得非常普遍。但在卡拉什尼科夫的自动步枪中这种设计方案不仅能使闭锁组件尺寸很短，结构上非常简单，闭锁和开启装置工作可靠，而且还合理地分配了射击时闭锁组件内的负荷，从而在很大程度上减轻了枪机的重量，进而也能减轻整个武器的重量并缩小外形尺寸。

还必须要指出的是，新自动步枪的设计结构是相当合理并且成功的，所有的零件设计都考虑到了在大规模生产过程中的公差容度，

卡拉什尼科夫向苏
联武装力量部军事
总局发明处的军官
们报告 AK 新的设
计布局（1949 年）

充分压缩了摩擦面积和摩擦平面，提高了武器在任何条件下工作的可靠性。其中包括在最复杂的工作条件下；各种零件和部件都有很高的使用磨损计算储备。枪机框的大重量和强大的复进弹簧可保障各个装置在各种条件下可靠工作，无论在正常情况下还是在不利条件下都没问题，其中包括出现灰尘、污染、润滑油黏稠、零件干涩等情况。武器可以在各种严冬和酷暑的严峻条件下无故障工作（空气温度变化范围可达摄氏 100 度）。

但是，在第一款 AK-47 的设计结构中进行的某种改进还是出了一些问题，比如用于枪口制退器的套管就受到很多批评，AK-47 的射击密度在某种程度上变差了，对射手的噪声影响也远大于允许标准，火光能见度和火药气体对土壤的冲击（灰尘柱）会暴露射手的射击位置。与此同时，在弹头嵌入枪管来复线的条件下，弹膛的加长也不成功，会使射击密度变差。

但是，尽管还存在着某些缺点和瑕疵，卡拉什尼科夫小组所取得的成就是无容置疑的，我们得到了一支设计紧凑和轻便自如的自动步枪。

很快又制造出新款的 AK-47，在这款枪中，带射击类型选项的击发机被从根本上进行了改造，使用了手柄式快慢机 - 保险机和自动脱离机，避免了在枪管没闭锁情况下的击发。除了 M.T. 卡拉什尼科夫和 A. A. 扎伊采夫之外，军械总局的代表 B. C. 杰伊金也为自动步枪的制造做出了自己的贡献，他提出了更换卡拉什尼科夫早期自动步枪各款式不成功的装置，建议用更为简单和可靠的、捷克武器设计师最早在 ZH-29 式自装弹步枪上采用的部件，后来，又直接复制了德国人在制造 MP.43 式自动步枪时使用的部件。把撞针和击发装置结合为一个组件，放置在机匣内三个专用轴上的设计是成功的。击锤式击发机由扳机、击针弹簧、带击发阻铁的扳机尾、单发射击阻铁、单发射击阻铁弹簧、自动脱离器、自动脱离器弹簧和快慢机手柄组成。扳机型击发机新的设计方案有一个独立的 Π 型弹簧，用多心钢丝制成，以绞合的方式工作（替代了原来的扳机型压缩式弹簧击发机），扳机在垂直平面上转动，这一方案相当成功，以至于在卡拉什尼科夫自动步枪后来所有的改型中这一设计都得以保留。

在 AK-47 中，当把快慢机设置在单发射击时，快慢机的扇形手柄打开扳机尾，使其全部从单发射击卡铁槽中出来，在射击过程中，不再参与击发机的工作。当按下扳机的尾部时，卡铁的前部脱离与扳机击发卡笋绞合，扳机在击针弹簧的作用下，沿自身轴转动，击打撞针。完成发射后，随后进入自动机工作的下一个循环，不发生下一次射击，扳机尾与单发射击卡铁一起转动，这时，扳机尾的卡齿咬住击发卡笋。自动脱离器断开后，扳机与后卡铁（单发射击卡铁）绞合，并保持绞合状态。为进行下一次射击，必须要重新放开扳机尾并再次按压扳机。扳机尾与后卡铁一起转动到初始状态，扳机尾释放扳机的击发卡笋，击发卡笋回位并与前卡铁（扳机尾上部杠杆的凸笋）相遇，重新形成待击状态。

为了实现点射，快慢机 - 保险机用自身的扇形手柄锁住后卡铁，不让其工作。这种情况下，只有前卡铁在工作，实现点射。这种击发机的特点是，单发射击的卡铁设有卡槽，这个卡槽的壁会限制快慢机向上转动。快慢机只固定在机匣的右壁上。

其他的零件也有了一些变化。AK-47 的第一方案中，过长的固定前托造成了射击时枪管过热，在第二方案中将其改为木制前托。除此之外，还把前托改短，卡拉什尼科夫还不得不重新改回在前托上开通风窗口，在枪托上安装通气管，以便于长时间射击时的空气循环。前托借助于安装在前部的支撑环固定在枪管的前部，而后部则借助于放置在机匣槽下的凸笋。在前托的槽中有一金属弹簧半圆圈，用于使用条件发生改变时消除摆动。就这样产生了卡拉什尼科夫的 AK–47 自动步枪的原型，工厂代号为 КБ–П–580。

在试验过程中出现了一个有代表性的连续射击时弹头散布特点，这个特点是卡拉什尼科夫自动步枪使用大威力中等尺寸定装弹射击所固有的，即点射后面的弹头与开始时的弹头产生偏离（双中心效应现象）。射手各种射击姿势点射时，后面的弹头平均弹着点值与前面弹头平均弹着点不一致。这种情况下，后面的弹头散布值远远超出前面弹头的散布值（3~8 倍）。这种双中心效应现象对自动步枪射击效果的影响是负面的，它降低了点射中后面弹头的毁伤概率。因此，为了改善射击的稳定性，给 КБ–П–580 式自动步枪安装了新型的单管枪口制退补偿器，在制退补偿器的上部有两个椭圆形的窗口，其尺寸是 10×7 毫米。

这个枪口的气体装置利用部分火药气体向相反力矩作用的对称后坐力来减少武器的后坐力，射击时保持自动步枪在同一个平面上的稳定性。除此而外，与 КВ–П–580 式原型枪不同的还有气室的设计结构发生了改变。用于引导活塞向前运动的气管上有八个孔（每一个面上有四个），用于向外释放气体，在管的中部加了筋条，用于减少活塞在管内运动时的摩擦。

在研制自动机移动系统的零件过程中，使用了所谓的白色组件，也就是枪机、枪机框、气体活塞的联杆都是抛光的，与此同时，所有其余的金属零件也都为了防腐蚀涂上了氧化处理涂层。新武器的木制部件：枪托、前托和枪机护板，以及手枪握把都是用桦木坯料制作，还用三层油漆喷涂，以保障在潮湿条件下有足够的防膨胀强度。

为了进行试验制作了两个型号的 AK–47（КБ–П–580）式自动步枪。一款是用于步兵的，使用木制枪托，可保障出色的射击稳

AK - 47 自动步枪
卡拉什尼科夫自动步枪最终方案的重量为不带弹仓和枪刺 4.3 千克。自动步枪配
备弹容量为 30 发 7.62 × 39 毫米定装弹的弹仓
武器战斗射速为每分钟 100 发，技术射速为每分钟 600 发。
AK - 47 的表尺距离为 800 米

定性，还可以在肉搏战中用枪托实施打击。枪托使用两颗木螺钉直接固定在枪机框的后部。枪托的内部有一放置附件盒的槽和附件盒弹簧，该弹簧用于盒的固定，当内陷式盖打开时附件盒会弹出。另一款是用于专业兵和空降兵的，使用金属枪托（设计上与 AK–2 空降兵款式相似），可向下向前在木制前托下方折叠。折叠枪托由两个拉杆和肩托组成。右拉杆内侧有一开口，当枪托处于行军状态时用于不妨碍折叠快慢机 – 保险机手柄。在枪托的焊接轴上固定了一个背带环，自动步枪的附件盒藏在弹仓袋里。

武器设计师们一步一步循序渐进地达成了目的，成功地完成了最可靠的自动步枪设计结构。

正像 A. A. 扎伊采夫回忆说的那样："AK–1 和 AK–47 自动步枪的安装与调试都是由装配钳工鲍里斯·马里内切夫完成的，为了使自动步枪的样枪工作可靠，他付出了很大的劳动和精力。应该指出的是，在自动步枪调试过程中，米哈伊尔·季莫费耶维奇也积极地参与其中，我都为他的那种毅力感到吃惊。他全神贯注地盯着自动步枪生产过程中每一个细小的问题，为解决一些细小的不足会坐上几个小时去思考。他在调试工作中的努力达到了目的。当所有的试验样枪全部做好后开始进行试验。在试验中给了我们很大帮助的是科尔萨科夫·亚历山大·米哈伊洛维奇，他用样枪试射了射击密度。样枪在可靠性和射击密度方面无可挑剔。这一切都给自动步枪再次进行靶场试验提供了可能性。"

1947 年 11 月，科夫罗夫厂的师傅们制作了第一批三支 AK–47 式自动步枪。工厂编为 1 号的自动步枪在厂子里进行了生命力试验，2 号枪和 3 号枪在经过工厂试验员试射后交给了轻武器装备科学研究靶场继续进行试验。

在完善自动步枪设计工作的同时，H.M. 叶利扎罗夫小组一直在进行中等尺寸定装弹的补充研究工作。1946 年，7.62 毫米自动步枪定装弹在乌里扬诺夫斯克机器制造厂实现了现代化改造：弹壳缩短至 38.7 毫米（在 7.62×39 毫米式定装弹的标记上，弹壳长凑成整数），钢心弹头长 26.8 毫米，半径很大，锥体尾部灵活。定装弹长 56 毫米，重 16.1 克，弹头重 7.9 克，装药重 1.6 克，弹头初速度为 715 米 / 秒。

151

1947 年夏天，自动步枪试验样枪已经按新的 1943 年式 7.62 毫米定装弹的规格完成了设计，这款定装弹最终被承认是卓越的。为了保持飞行的稳定性，弹头的旋转速度必须由枪管 240 毫米长的来复线来保障。弹头出枪口时的旋转速度是每秒 2980 圈，这个速度可以在飞行中给 7.62 毫米弹头足够的稳定性。自动步枪钢心弹头的杀伤力可保持在 1500 米，弹头的极限飞行距离可达 3600 米。在试验中老对手们又会面了：布尔金从图拉带来了补充加工设计的 ТКБ–415 式自动步枪，杰缅季耶夫从科夫罗夫带来了经过改造的 КБ–П–410 式自动步枪，卡拉什尼科夫带来了 КБ–П–580 (АК–47) 式自动步枪。

布尔金、杰缅季耶夫和卡拉什尼科夫设计的这几款自动步枪都经过了相当程度的改造、补充和加工。所有参加试验的自动步枪都有两个款式：木制枪托和金属枪托。1947 年 12 月 16 日至 1948 年 1 月 10 日进行了靶场试验。首先进行的是在各种天气条件下自动步枪的射击密度和生命力测试。委员会由 H.C. 奥霍特尼科夫领导，试验的责任领导人是 В.Ф. 柳特。扎伊采夫对这次试验是这样回忆的："在靶场试验过程中，自动步枪（АК–47）在零件的可靠性和生命力方面表现优秀，在射击密度方面与其他竞争者持平。"

试验的第一阶段于 1947 年 12 月 30 日结束。这时卡拉什尼科夫的自动步枪已无可争议地成为竞标中的佼佼者，当时决定还要对这些自动步枪进行后续关键性的靶场试验，之后将给出最终结论。布尔金和杰缅季耶夫的自动步枪在恶劣条件下的生命力和射击密度方面表现不好，卡拉什尼科夫的自动步枪在这方面则表现优异，后者无论是在恶劣的条件下，还是在良好条件下，射击结果几无差别。所有这一切都应归功于自动步枪简单的结构，在 AK-47 式自动步枪中几乎没有小零件。

1948 年 1 月 10 日，委员会以决议的形式对竞标进行了总结。

1. 卡拉什尼科夫 1943 年式 7.62 毫米自动步枪在自动机无故障工作、零件生命力和使用特性等方面基本上满足了战术技术要求。可以推荐进行批次生产并进行下一步的部队试验。

2. 卡拉什尼科夫的自动步枪在射击密度方面没有完全满足战术技术要求。在单发射击时它在很大程度上超过了 ПП-41，而在自动射击时与其持平。可以推荐 AK 自动步枪在目前已取得的射击密度的基础上进行部队试验，同时对自动步枪射击密度进行进一步改良的工作，这项工作应加紧进行，不得影响其批次生产。

在卡拉什尼科夫自动步枪命运中起到决定性作用的是 B.C. 杰伊金中校、H.C. 奥霍特尼科夫上校和 B.Ф. 柳特少校。正是有了他们的扶助，自动步枪才能在竞标中取胜。对此件事贡献最大的是卡拉什尼科夫的朋友 B.C. 杰伊金。武器设计师把自己要对自动步枪进行重新布局的计划只告诉了他一个人。这种事情是竞标规则绝对禁止的。M. 卡拉什尼科夫曾回忆说："我们明知道有风险，但还是决定这么干了。竞标规则是不允许变更结构布局的。但是，这种改变可以在很大程度上简化武器的结构，提高其在最残酷条件下的可靠性。舍不得金弹子，打不下金凤凰来……我还是把自己的秘密计

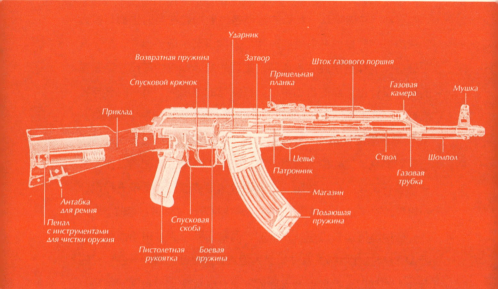

Ударник
Возвратная пружина
Затвор
Шток газового поршня
Спусковой крючок
Прицельная планка
Газовая камера
Мушка
Приклад
Цевьё
Ствол
Шомпол
Патронник
Газовая трубка
Антабка для ремня
Магазин
Пенал с инструментами для чистки оружия
Спусковая скоба
Подаюшая пружина
Пистолетная рукоятка
Боевая пружина

卡拉什尼科夫自动步枪（ＡＫＭ）的结构

Возвратная пружина	复进弹簧	Прицельная планка	标尺板
Спусковой крючок	扳机	Шток газоваго поршня	气体活塞连杆
Приклад	枪托	Газовая камера	气腔
Антабка для ремня	背带环	Магазин	弹仓
Спусковая скоба	扳机护圈	Ствол	枪管
Пистолетная рукоятка	手枪握把	Газовая трубка	气管
Боевая пружина	击针弹簧	Шомпол	通条
Падающая пружина	供弹弹簧	Мушка	准星
Цевьё	前托	Пинал с инструментами для чистки оружия	武器清洁工具盒
Патронник	弹膛		
Затвор	枪机	Ударник	击针

划告诉了 B.C. 杰伊金。他在了解了我的打算后，不仅是简单地表示支持，还从一个射击专家的角度给我提出了很多建议。"

当然，应该承认，竞标的其他各位参加者在当时也都有很大的优势，问题是要在很短的时间期限内研制出自动步枪，至于是由谁提交的样枪获胜并不重要，重要的是必须按中等尺寸定装弹的规格设计出可靠的自动步枪。在竞标的范围内，所有的参与者都可以找武器专家襄助，可以在试验的过程中排除研制中的缺陷。A.A. 马里蒙回忆说："在试验过程中，当自己的产品发生故障或出现影响继续试验的毛病时，武器研制人员可以与靶场工作人员一起进行调试，排除故障，查清导致故障的原因，重新进行设计和研究，对试验对象进行加工处理，并对设计文件进行修改。"

这种事情过去也是有先例的，而我们到今天才得知武器设计师 M.T. 卡拉什尼科夫有过如此大胆冒险的举动。作为一名年轻的专业人员他怎么就敢铤而走险呢？是什么促使他没有循规蹈矩，而是敢于对自动步枪的结构进行重新布局呢？答案可能永远都不得而解。

第 6 章

复杂的 20 世纪 50 年代

摘自 M.T. 卡拉什尼科夫回忆录

Глава 6
СЛОЖНЫЕ 1950–е

Из воспоминаний М.Т. Калашникова

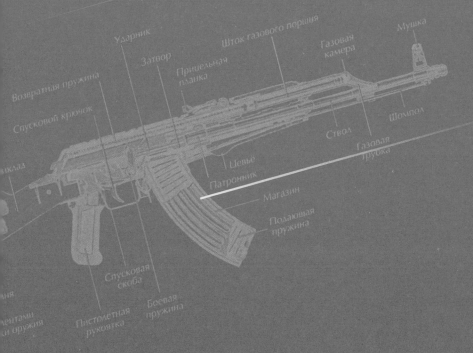

Возвратная пружина

Спусковой крючок

...иклад

Ударник

Затвор

Шток газового поршня

Прицельная планка

Газовая камера

Мушка

Ствол

Шомпол

Газовая трубка

Цевье

Патронник

Магазин

Подающая пружина

Спусковая скоба

...ня

...ентами
...и оружия

Пистолетная рукоятка

Боевая пружина

АВТОМАТ
КАЛАШНИКОВА
СИМВОЛ РОССИИ

参加军事部门制造通用自动轻武器竞标的有很多武器设计师。B.A. 杰格佳廖夫设计局试图以新型轻机枪为基础完成这项任务。C.Г. 西蒙诺夫开始进入工作时以自己的卡宾枪为基础。而我们则想以 AK–47 自动步枪为基础。这并不是说我们不能设计出新的枪型，以前这样的技术任务我们都干过，而是因为当时 AK 已被证明是相当安全可靠和结构简单的武器。在标准化的过程中只需要减轻武器的重量、改善射击密度，并提高零件制作的工艺性就可使自动步枪更加完美。

从技术的角度看，好像一切都很清楚了。只是在 20 世纪 50 年代初，我除了能做一些对 AK–47 的加工、完善工作外，还能有多少权利在工作中进行独立思考并从事创新活动呢？我用了好多年才争取到了成立自己的专业设计室。我承认，有时候我很沮丧，工厂的领导不想去理解我的设计思路，总是与我拧着干。

怎么来解释这种关系呢？我想，首先是在这样一个著名的工厂里，若是没有自己领头的武器设计专家，不能超越现有的各种型号向前看，不能为未来工作，那是多么不可思议的事情呀。当地的设计师在工作中掌握的原则是数量上的渐进，并不把在技术上有所创新作为自己的工作原则。通常，他们只满足于对已掌握的型号做些小的设计补充，进行修修补补的工作。

可能只有 C.Г. 西蒙诺夫是个例外，他早在战前和艰苦的战争年代就在这里安排生产自己的武器型号了。他来这家工厂时就已经是赫赫有名的武器设计专家了，设计等身，功勋卓著。工厂并不是他固定的活动场所。谢尔盖·加夫里洛维奇只是偶尔来一趟这座乌拉尔的小城，尽管有时会要在此工作很长一段时间。

突然，厂里来了我这样一位年轻的外来人，还想争当武器制造的头面人物，在武器设计方面有不少自己的想法。或许，在工厂领导对我有所戒备的关系中起主要作用的是：装备部和军事部经常绕开厂长、总工和总设计师，直接给我发来电报。通常电报中是指示对某个型号的武器要排除这样或那样的不足，或者是要求参加下一轮竞标会等。

说到底，还是 20 世纪 40 年代末 50 年代初的那种社会气氛的问题。当时又掀起了新一波的镇压运动。像 B.A. 杰格佳廖夫和 Г.C. 什帕金这样卓越的自动武器设计大师一个接一个地离开了我们。我与这些大师们在最近一些年保持着密切的创作接触，尽管他们在其他工厂工作。1949 年，B.A. 杰格佳廖夫死了，1952 年，什帕金也不在了。这些著名大师提供的经验以及他们饶有兴趣的参与，在我的设计生涯中占有重要的地位。我再也不可能找他们去探讨问题了……

1952 年初的一天，试验车间的主任 K.И. 科洛斯科夫来找我。他一脸忧郁，一副愁眉不展的样子就预示着我们的谈话不会愉快。他从口袋里掏出一张叠成 4 折的纸，把纸打开。我一下就明白了，这是从装备部发来的文件。

"你是不是又要求特殊工作条件呀？你看看，我到哪儿给你找这样熟练的工人去呀？又是铣工，又是旋工，又是装配钳工的。"他边说边挥动着手里的那张纸，像挥动旗子一样。"我只能找加布德拉赫曼诺夫、布哈林和别尔德舍夫给你帮忙了，你能不能消停点呀。"

"我没意见，就让他们来帮忙吧"我回答着，手里的锉刀离开夹在老虎钳上的毛坯件："只是这种帮忙是临时的，说不准什么时候又要把这些人调到其他地方去，您就不能让他们按时把那个试验零件做好吗？我只能自己站在钳工台上。可我一个人又能干多少活呀？"我有点生气地把锉刀扔到一边，接着说："我这有部里的命令，必须要完成。可您总是一拖再拖，都要拖过工期了……"

"你说话注意点，"车间主任变得更加严肃，接着说："并不只是你的事急。我也生不出干活的好手来呀。这回给的人你应该满意了，再固执下去，你一个人也得不到。"

К.И. 科洛斯科夫的话里隐藏着停止武器加工和一体化改造的威胁，这项工作我当时是全身心地投入。我明白这事完全不在工作如何，当时官僚主义分子就是极力反对我把新想法变成现实。

事情还是发生了。零件制作的期限已经很紧了。我口头向总设计师、总工程师申请了多次，承诺只有一个：再研究研究。很遗憾，这个承诺是挂在天上的馅饼。可能当时他们是瞧不起我，甚至想用破坏试验工作期限的办法为难我。看来，1950 年我被选上苏联最高苏维埃代表发挥了作用，救了我，工厂领导不能不服这个。

我给当时代理厂长职务的总工程师 А.Я. 费舍尔写了书面的呈批件。我把它全文写在这里，免得我还得再去说，有时候要想把自己的设计思路变成现实会有多难。

当时部里派我来工厂工作时再三说，所有的试验设计工作都应在总设计师处的试验车间优先安排进行。

而实际上，从 1949 年年初至今天，我们回头看一看，制作最不重要的试验零件车间都是一拖再拖（顺便说一下，这个车间是试验车间），每一次都让设计师失去了制作新零件的兴趣。

车间的领导在实际安排工作时，制作一个零件就要拖几个星期，有的还会拖上好几个月。这种事情在处里和车间里已经成了工作常态，造成试验工作困难重重，难以继续。

对目前形成的这种现象，设计师处和车间的领导们每次都能找出理由，说车间里批次订单的负荷太重。

从1949年开始的实践证明，试验课题在处里规定的程序中经常不能按时完成。

考虑到1952年确定的试验工作的巨大工作量和重要性，请求您下达相应的指示，拨出一些车间工作人员固定在专业工作组中，使他们只能服从试验课题组领导的管理。

我认为，只有在这种条件下，才有可能顺利完成试验设计工作。

我带着字里行间都充满了对试验工作状况忧心忡忡、悲痛欲绝的信，去找装备部的领导。

部里对我提出的诉求反应很快。两个星期后就给工厂发出了书面命令，要求给我划拨熟练的技术工人并要求保障按期完成工作。这事严重刺激了工厂和试验车间领导的神经。但是，企业还是不敢不执行部里的命令。他们也下达了命令，规定了由谁来帮助我完成试验设计工作。但是，后来才搞清楚，他们只是对部里指示给了个形式上的答复。实际上，他们没有一天不在违反这一命令。专业人员会在没有经过我同意的情况下，被不时地调去干其他的订单。对我提出为什么会发生类似的事情时，车间主任只是两手一摊，把目光转向别处，叹口粗气说：

"这是厂长的命令。"

他把这事推到厂长 K.A. 吉洪诺夫身上也不是偶然的。遗憾的是，这位厂长大人的确不大喜欢我们这些武器设计师。好像是，他

米哈伊尔·卡拉什尼科夫与自己的朋友在获斯大林奖金奖励的胜利牌小汽车旁的合影
20 世纪 50 年代初

认为我们只能给他添麻烦。永远满脑子都是生产任务的他，根本不愿意挤出点时间和我们本人见个面。他从来不到我们工作的处里和车间里来。

从另一角度讲，我们也可以理解厂长：他领导着乌拉尔地区最大的机器制造厂，工厂除了生产武器外还生产大量国民经济急需的技术设备。好多车间正在进行改造，转产民用产品，需要重新布置技术生产线，这些生产线战时被用作生产军事技术装备和武器。

我再重申一遍，对这种情况我们可以理解。但是我们不能站在吉洪诺夫所站的立场上说话，不能像他那样来对待设计师们刚刚研制出的全新武器。

与试验车间主任发生冲突后，收到我写的呈批件的那位总工程师没有采取任何有意义的实际行动，我除了直接去找厂长外，再也无计可施了。再说，我作为选民选出的苏联最高苏维埃代表也有一大堆的问题要处理。有不少问题是工厂工人们提出的，他们来寻求与他们在同一个工厂里工作的人民代表的帮助。其中有好多问题的解决权限在厂长。

我和吉洪诺夫的谈话是从选民对我说的各种抱怨、诉求和申请开始的。大量的诉求是关于住房和劳动就业的社会保障问题。从军队复员的军人们特别需要帮助，他们中的好多人在前线打了几年仗，战后又在部队干了 5~7 年，如今要融入工人集体是相当不易的。

我举了一个叫 Λ.Λ. 舍米亚金的人做例子说起来。他从前线回到家里，说实话，根本就没有安身的地方。四楼上一个 10 平方米的小房子，这就是他的全部房产。老人和孩子胡乱地睡在地板上。更要命的是，这房子还是危房，而且不知为什么这位老兵的工作也没有安排。

在我叙述问这些实质性的问题时，厂长一直心烦意乱地用手转动着铅笔。听完我的话，他把铅笔放下，打开抽屉取出一个文件包。

"你知道吗，我这里有多少类似的申请？几十个！你明白吗，几十个……整个战争期间连一平方米的房子都没有建，战后住房面积也就增加了那么一点点，所有的经费都要用在工厂的改造上，你让我上哪儿给你的舍米亚金弄房子去？"吉洪诺夫把文件包放在手掌中，拿到耳朵边上，好像是在听里面抱怨的人们那声嘶力竭的痛苦呐喊声。

"但，我认为，舍米亚金需要帮助，康斯坦丁·阿列克谢耶维奇，"我坚持着自己的观点："不然的话，一个无助的人会崩溃的。我们的参与或许会给他添把劲。"

"那你告诉我，谁能帮助我在期限内完成新传送带的生产呢？这可是咱们厂的主要生产任务！谁？你行吗？你那高尚的人民代表权利在这里没用，"厂长有点累，低声地说出了这番话，"上面就会说'快干吧！'，都会用惩罚来威胁人:'你要是不按时完成任务，后果自负。'我上哪儿去找帮助呀？怎么才能不让自己崩溃呀？"

是呀，吉洪诺夫确实没什么可让人羡慕的。他肩上负着千斤重担。这个重担就像个特殊的传送带一样在他身上，周而复始，无休无止，不管你愿意还是不愿意，这些操心的事让他如牛负重，他需要人手，需要有人去紧张地劳动，去保障永无止境的生产。

"那舍米亚金的事我们怎么办呢？"我又提醒了一下厂长。

"你是对的，我们是要为工厂保护好的专家，为家庭保护好儿子、丈夫、父亲。战争夺去了我们多少精明能干的男子汉。你要认为舍米亚金的问题我们已经谈了，就快点说下一个问题。我的时间很紧，"吉洪诺夫看了一眼手表。

我当时全部的心思都在武器研制上，整个人都沉浸在武器设计的思绪中，我承认，社会问题并没太让我闹心。可我被选上了我们国家最高权力机关的人民代表，人民相信我能督促政府帮助他们解决问题，人们来找我诉说自己的苦难和不幸，向我提出要求，我非常清楚社会不公平的现实和人们受法律保护程度不够的实际情况。

我会尽力去帮助那些来找我的人。遗憾的是，现实权力的杠杆不在人民选出的代表手里，而在国民经济部门的领导人手里，在党政工作人员手里。人民代表也只能低三下四地去求他们。这就是当时的社会真实。

当我们把作为人民代表的问题全都讨论完后，厂长用一种询问的眼光看着我说：

"你怀里还揣着什么呢？快说。"

"武器改造加工的试验课题，我也到了崩溃的边缘。工人还是三天打鱼两天晒网的，常常不经我同意他们就又被派去干别的活了。需要您的干预。"

"我可是下了命令，要求调拨专家去保障你的试验设计工作。这是怎么回事呢？"

"总设计师和车间主任每每从我这挖人时都说：'这是厂长的命令。'"

"真是活见鬼了，"吉洪诺夫挺费劲地从椅子上站起来，"你再给我写个报告，我们来解决。你还有什么事吗？"

"最后一个问题。关于组建设计局的问题怎么解决？我单枪匹马地干可不行，就算你有时候给我临时从总设计师处派个工程师也不行，自动步枪的加工改造、改型和研制新的枪型是非常复杂的工作。必须要集中设计力量……"

"你是说要集中力量？"厂长打断了我的话。"设计局当然是必须要建的。但需要积蓄力量。"

"力量我们有呀！克鲁平、克里亚库申、普申。"我列举着那

几个愿意参加以 AK-47 为基础进行试验课题的工程设计师的名字。

　　"好了，这个问题就到这吧。你都写到报告中。"吉洪诺夫把手伸过来，这意味着谈话结束了。

　　申请报告我马上就写好了，但再以后就又没有下文了，一点用都没有。说实话，从工作岗位上随意拉走工人的现象不那么多了。关于建立设计局的事却没有任何进展……一拖就是近三年。

　　所有这一切当然不可能不对 AK-47 的加工改造的质量和速度、批次生产、新枪型研制试验和武器的一体化造成影响。但工作还在进行着。工程设计师 B.B. 克鲁平、A.Д. 克里亚库申、B.H. 普申在与工厂技术人员的密切接触中投入了不小的精力，在生产过程中对武器型号做了进一步的完善，排除了部队提出的毛病和在工厂试验中发现的不足，工厂的各个勤务部门在这方面给予很大的帮助。

　　没有经过工厂试验员手的枪一支也没有流入部队。对武器射击时各种零件和装置工作状态以及对试验武器射击密度进行检查的都是很有经验的试验员，他们对每一支枪的情况了如指掌。

　　工厂的试验车间里有一个不寻常的部门，名为检查试验站，简称检查站。在这个单位工作的都是设计师、射击试验员。他们这些人总要在武器发往部队之前，对我们的武器进行"嘲笑"。其中最为卖力的是 H. A. 阿法纳索夫。有一次，在例行的工厂靶场试验射击以后，一脸恼怒的 Г. Г. 加布德拉赫曼诺夫向我走来，他是一名铣工，玩铁的技术非常高超，令我们中间的每一个人都佩服至极。铣刀在他手里就像是金子，他看图纸的水平比我们有些设计师都强。

　　"米哈伊尔·季莫费耶维奇，你去说说那个阿法纳索夫，他为什么总是嘲笑我们的自动步枪。"加布德拉赫曼诺夫有些激动，说话带着浓重的口音。"你想想看，发生了卡栓，弹头卡在里面出不来，可他却大声喊'乌拉'还哈哈大笑。干吗要这么嘲笑人呀？"

"别窝火，加列伊，"我安慰着加布德拉赫曼诺夫说："阿法纳索夫就是这种性格……"

　　是的，这个检查试验站可是把我们的神经揉搓得够呛。H.A. 阿法纳索夫是验枪员组的组长，他拿着武器真的是往死里折腾，当然，他也是为事业着想，为的是不让一支有毛病的、质量不合格的枪进入部队。

　　不但如此，他的这种原则性立场对我们是有帮助的，他能让所有的设计师更加认真地加工每一个组件，每一个装置和每一个零件，生怕被他们找出毛病来取笑。

　　检查试验站通常会制订试验的计划安排表，分配射手，工程师会督促这个计划的执行。很多设计工程师本身就是很好的创新人才，他们有着不同寻常的思维方式。与他们的良好合作把制造新型武器的工作推向了新的高度。

　　有一次阿法纳索夫给我看了几张图纸。

　　"我们决定要制造一个加快武器试验用的专用机器，不用进行实际射击。"

　　"这台机器能给你们带来什么效益吗？"我对这东西很感兴趣，反问了一下尼古拉·亚历山德罗维奇。

　　"第一，可以节约枪弹；第二，在实弹试验以前就可以在各种工况条件下磨合许多零件，检查它们的生命力；第三，可以加快试验设计工作的速度。"

　　"通过构思和图纸来评价，你们试验检查站想出来的这个事很不错。对你们的帮助，我们这些武器设计师只想说谢谢。"

　　后来，我发现试验机器的制造，以及在试验车间里的安装在很大程度上改善了武器试验的质量。经过这个独具匠心的试验平台的严酷打磨，许多零件在自动步枪里找到了自己确定的位置，找到了

米哈伊尔·卡拉什尼科夫，一级斯大林奖金荣获者

进入下一个考试 —— 靶场试验的方向。说实话，有时在机器上的机械打磨和实际射击的结果会是相互矛盾的。在试验台上，零件通过了所有的考核，但一到靶场，就成了废品，在实际加载时断裂了。仍需要继续研究制造新机器的方法。

现代武器型号的完善和改进是一个不间断的过程，工人、设计师、试验工程师和军代表都会参与其中，表现出各自的创造性思维，几十个人，有时是上百人在车床边和绘图台边工作。在这一链条中最重要的位置是完善产品生产的车间的技术工艺。

20 世纪 50 年代初，武器生产的自动化问题很突出地表现出来。当时，工厂里车床总量占所有设备的 3/4，生产线还停留在战前的水平。需要对生产设备进行改造。在一次会议上提出这样一个问题：通过什么途径可以达到现代技术工艺水平，降低操作劳动量？

"我认为，应该马上着手建设新的自动化生产线，"总工程师 А.Я. 费舍尔说，"车间要从根本上进行改造，这才能帮助我们达到新的高质量的技术水平，大幅度提高我们的劳动生产率。"

"我完全支持费舍尔的观点，"总工艺师 К.Н. 马蒙托夫接过话茬说，"仅仅是技术上更新装备就能使我们有所突破。让我们先来看看我们现在的技术现状，能不能马上把所有的生产线都更换成新的生产线？不能，肯定不能，这很昂贵，而且我们也等不及。也就是说，应该在进行改造的同时，在我们内部寻找新的后备力量，使我们的生产走上现代化的轨道。"

"如果我们暂时对老旧设备进行改造，那会是什么样呢？"生产主任 А.Г. 科兹洛夫从自己位置上起来，说道："对我们的部分车床和现有的生产线进行机械化和自动化改造，我们自己就行，我们自己动手，吸收我们的发明家和合理化建议者参加……"

工厂里的倡议受到了装备部的强有力支持，部长 Д.Ф. 乌斯季诺夫当时来到我们厂，认真了解了对设备进行现代化改造的建议，看了几个在实践中已实现的改造项目。

我们从小的、最简单的设备开始，借助于气体动力学实现了加紧机具的机械化，然后实现了对车床、装料槽的控制，把它们的动作结合成统一的链条，安装了运送加工零件的传送设备。随着每一阶段的机械化发展，劳动生产率逐渐提高，降低了作业劳动量，从繁重的手工操作中解放出了越来越多的人手。

有一次，观察一个生产线的工作时，我很难相信，我们老旧的国产车床已变成这个链条中可靠的工作环节。机器人用右手从传送带上取下自动步枪的枪管并送上车床，用左手把加工好的枪管取回，把加工好的零件放进传送带。金属刨屑像无尽的线头流淌着……工厂的能工巧匠们给车床加上了气动设备、水压设备和电子设备，使它们恢复了青春活力。后来，我们又在装配车间安装了悬挂传送带。就在我们的眼前，从一个工序到另一个工序的传送带上挂满了 AK–47 的零件。

当时，在 20 世纪 50 年代初，在自动步枪生产的过程中，我们又对武器系统本身进行了多项设计结构上的改变。其中有一项涉及机匣。在试验批次的生产过程中，样枪有一个冲压制成的机匣，带一个锻件制成的枪管衬管。冲压技术是制造零件的先进方法，可以提高产品的技术工艺性。遗憾的是，这个在生产试验批次过程中使用的技术工艺，使机匣的刚性不够，不能保障武器的可靠工作。

需要找到一种新的方案。工厂副总设计师 B.Π. 卡维尔·卡姆佐洛夫给指了一条路，他原来是动力工程师，有丰富的武器精加工经验。战争年代，他在企业参加了航空武器装备的生产，干过很多航空武器装备更新改造的活，还经常到部队中去了解情况。

卡维尔·卡姆佐洛夫建议使用锻件用铣刀加工的方法制作机匣。

第一眼看上去，这个方案在武器批次生产的技术工艺上是向后退了一步。要知道，冲压焊接设计早已被认可。这种方法可以简化零件生产过程，降低金属消耗量，减少劳动量。基本零件的加工简单，在当时曾发挥过关键性的作用，在武器设计师 B.A. 杰格佳廖夫、Б.Г. 什皮塔利内和 Г.C. 什帕金参加的冲锋枪靶场试验竞赛中，Г.C. 什帕金的系统就是这个指标获得了优胜，成为了第一支自动轻武器，其中就大量使用了冲压焊接的零件。

不管怎么说，到了 20 世纪 50 年代初，我认为自动步枪机匣制造重新回到使用锻件制作是正确的。B.П. 卡维尔·卡姆佐洛夫以他固有的热情、高超的专业水平在零配件设计上帮助我们改进了许多新的要件，使用铣刀加工方法在很大程度上简化了生产过程。就这样，在那个阶段，在很短的期限内我们保障了武器有足够的刚性和可靠性。武器批次生产的组织工作很顺利，没有遇到任何磕绊。也收到了部队的正面回应。

与卡维尔·卡姆佐洛夫创造性的合作一直延续了许久，后来，他担任了一家国防企业的总工程师。我们一直保持着经常见面。他后来调入的那家企业也大规模生产我们的一个武器系统，调试传送带并对型号进行设计上的精细加工方面，B.П. 卡维尔·卡姆佐洛夫的许多想法和实际建议都有很重要的意义。

20 世纪 60 年代，我们设计局来了一位年轻的工程师，他精力充沛，行动果断，有很好的创新天赋。他是卡维尔·卡姆佐洛夫的儿子，叫弗拉基米尔·瓦列京诺维奇·卡姆佐洛夫，他在性格上很像他的父亲，痴迷于武器设计的前瞻性任务。遗憾的是，这位有能力的武器设计师过早地离开了我们。他在参加机枪的研制时，为完善型号样枪做了大量的工作。

轻武器在使用过程中有着自身的特点。其中一个就是，这种武器需要经常拆卸和组装，所以这方面的设计很重要，所有零件需要各就各位，以免伤着战士，从哪儿取出来必须还要放在那儿，比如安装弹簧。射手要在拆装武器时闭上眼睛，用手摸索着干，保证射击时不卡栓。

在掌握产品批次生产技术工艺的过程中，自动步枪设计的参与人员提出了不少好的建议。这些建议者不少都是试验车间的工人，他们可都是真正的内行。在 AK–47 精细加工的过程中，有些枪在进行厂内靶场试验过程中出现了卡栓，移动系统后坐不到位。我们大家开始查找原因。一切都好像很正常，那为什么会出现这个问题呢？

按照根深蒂固的习惯，我喜欢走进车间，站在钳工台前思考问题。把一个零件夹在台钳上，低声哼着小曲："亲爱的兄弟，亲爱的，亲爱的，兄弟，生活……"应该承认，这时候的心情完全不是曲子里的那种情调：正常批次生产的自动步枪中有十几支枪在试验中发生了严重的卡栓，问题可能是出在设计方面。

"米哈伊尔·季莫费耶维奇，我想跟你说句话，"我忽然听到身后传来钳工机械师 П. Н. 布哈林的声音。

"你是不是想出什么好办法了？"我知道，如果是鸡毛蒜皮的小事，或是说点没用的废话，布哈林是不会离开钳工平台的。

他是 20 世纪 20 年代初进厂的老工人，他在干活时很古板，他对时间的计算不是用分钟算，而是用秒来计算。他年轻时曾与 В.А. 杰格佳廖夫、Ф.В. 托卡列夫、С. Г. 西蒙诺夫、Г. С. 什帕金肩并肩地工作过。我们卓越的武器设计大师们曾对布哈林的技术有很高的评价，他提出的建议他们都会认真接受，他干的活看上去就叫人喜欢。

肯定的，布哈林不会没事来找我说话。

"我给你说，米哈伊尔·季莫费耶维奇，这个玩笑开大了，我可碰上难题了。"布哈林用他那粗大有力的双手托着从台钳上卸下的几个移动系统的零件。"你好好看看，这个扳机和卡锁。"他把这些零件举到我脸前。"难道这都是按标准……"

"是的。"我肯定地点了一下头。

"不是这样的，我去了一趟靶场，看了一眼自动步枪的试验，有些枪发生了卡栓。我拆下了移动系统，所有的原因我都清楚了，摩擦太大，射击时扳机和自动射击的卡锁半径之间摩擦过大，它阻止了移动系统的行程。"

"噢，问题就出在这儿呀！"我听完了布哈林的话，有点惊讶地说了一句。

"是的，问题就在这儿。得找个办法避开它，"布哈林面带笑容地说着，"我已经在一支枪上试验过了。"

"那么，应该怎么办呢？"

"问题很简单，让半径再大一点，在卡锁上做了一个斜面。试枪员试过了，再也没有发生一次卡栓，自动步枪的生命力不高就是这个移动系统的过错。"布哈林满意地笑了。

我一把抱住布哈林，感谢他这个成功的发现。像 П.Н. 布哈林、Г.Г. 加布德拉赫曼诺夫这样的武器制作工人骨干在武器生产和精细加工过程中，在排除毛病和不足方面给了我们这些设计师很大的帮助，他们的这些帮助是实实在在的，甚至完全是自然而然的。他们这些人就是为制造武器而生，忘我的工作，为提高产品的质量和产量而有所贡献，是他们生活的意义。他们是我们这个集体中的骨架，奠定了整个生产活动的基调。

我对这些堪与图拉列夫沙传奇比肩的能工巧匠心悦诚服、肃然起敬。这些大师们的名字和他们的劳动是我们避免次品和粗制滥造的保障。他们与其制造、生产的各种枪械同呼吸共命运，他们把自

卡拉什尼科夫与自己的助手在一起。
В.Н.普申（左）和 А.Д.克里亚库申（右）

己的事业看得高于一切，在平凡的工作中表现出高深的素养。

　　有一次，我在钳工台旁看到一位年轻的钳工正在全神贯注地加工零件。他的眼神中流露出的神色表明，他是多么得心应手地在使用金属加工工具。在车间他每天来得最早，走得最晚。给我的印象是，他全身心地投入工作中，只要拿起工具、锻件，就乐不可支，晚上下班时，他就若有所失恋恋不舍。

　　当时，我已知道，马上就要下达成立专业小组的命令，进行试验设计工作，工作的课题就是我正在进行的项目。上级给了我权利，我可以挑选为完成这个项目所必要的专家。我问车间主任：

"我们这从哪来了个新人呀？"

"你说的是热尼亚·博格丹诺夫？"А.И. 卡扎科夫向钳工台方向点了点头，那儿有一位年轻的工人正在捣鼓着一个锻件。"刚从部队复员回来的。他可不是什么新人了。你可能是第一次见到他，可我们当他还是孩子的时候就认识他。战争期间，父母说他不听话，把他送到工厂来了。当兵以前就是个不错的钳工了，干活很细致。再好不过的是，他能回到我们厂。我已确信，他技术没有丢。你看看，干活多认真呀。"

"我看到了，看到了，"我相信车间主任的话。"那他给哪个设计师当助手？"

"暂时还没定。现在是随意派，这几天跟这个工程师，过几天又跟那个工程师。所有人都对他的活儿非常满意。"卡扎科夫满意地说着。

"那把他编入我们小组怎么样？"我开始与车间主任商量。

"原则上不反对。但要看博格丹诺夫怎么想。你去找他谈谈。你不就在他旁边的钳工台工作吗？"

傍晚，下班以后，我走到博格丹诺夫跟前，相互认识了以后，我问起他在干什么活。

"主要是在做各种试验零配件。今天是这个，明天又会是那个。好像这样也不错，样数多，不心烦。只不过，我想干一个什么零件，一下子干到底，然后再去干别的。可现在这样，整天忙，到头来人们还认为我是个年轻人。"

这个不久前的士兵，还穿着军装，军装上很明显地有钉过肩章的痕迹，身材消瘦，着装整齐，很板正。

"我给你一个建议，到我们小组来干吧。车间主任不反对。你怎么样，也不会反对吧？"

"我们车间还有谁要到你们小组去？"博格丹诺夫问了一句。

"布哈林、加布德拉赫曼诺夫、别尔德舍夫……"我开始列举着人名，"你可能与他们都很熟悉吧。"

175

"那还用说吗！"年轻工人的脸上泛出了笑容。"当兵前我就给他们当学徒。一句话，他们都是师傅！"

"这就是说你答应我的建议了？"

"同意，当然同意。我早就发现，你们干的活儿有意思，不会瞎聊天浪费时间。这样的工作遂我心。"

从那以后的 30 年的时间里，我和叶夫根尼·瓦西里耶维奇·博格丹诺夫一直在一起工作。直到现在他还在工作一线。他都得了好几块勋章了，其中最高的奖励是列宁勋章。现在他是技艺高超的专家，大家都叫他金牌师傅。

当时，我委托他制作轻机枪的扳机。与自动步枪改造同时进行的是我们当时设计的一个通用枪型，正在试着把零件组装成实物。自动步枪的精细加工主要还是由 П.Н. 布哈林来干。

过了一段时间，博格丹诺夫给我带来一个做好的零件。这个零件是用冲压法制作出来的，从外观上看，做得很完美。能感觉到，钳工在这个零件上投入的不仅仅是技术，还包括自己的心灵。通常在这种情况下我们都会说：这个做得正好，加一分则多，减一分则少。我发现，这个零件不是按图纸制作，而是按草图做出来的，草图上给的尺寸都是近似值。

为了制作一个零件，首先应该制作锻模，而我们常常是直接拿一个粗糙的锻件就开始加工零件。当然，这需要有耐心的人来干，也只有出色的师傅才能驾驭这种技术。博格丹诺夫就属于这类人，还有布哈林、加布德拉赫曼诺夫，他们也没问题，因为他们具备了高超的思维素养，干任何一件工作都先用脑子来思考，在困难面前从不服输。

令人感到不解的是，我们的工作总是比其他工段进行得快。我们在进行自己的试验设计课题时，还能参加军械总局举办的一系列竞标会。军械总局的处长、工程师 И.П. 波普科夫上校给我们发来了有关研制机械清洗自动步枪枪管车床的竞标会章程。看起来，这并不是很复杂的事，不就是清洗个枪管吗。但是，我们所有的设计师都没把这个问题想透彻，要想最大程度地简化整个操作过程，既减轻劳动量，又要节省时间，这绝非举手之劳。

为了赶上竞标会，工厂不得不从试验车间和其他部门抽出主任设计师、发明家和合理化建议者。同时，我们还在研究着延长通条使用期限的工作，这个配件并不复杂，但不能长期使用。部队反馈的信息是：通条经常断。

这是设计师最普通平常的日子。这些日子是由研究成百上千个与武器研发和精细加工相关联问题的解决方案编织而成的。要知道，武器的完善是没有尽头的，也不可能有尽头。不论是我们这些武器设计师，还是装配车间那些装配武器的调试员和工人都要不断地学习。有一批自动步枪由于子弹不能上膛而发生了卡栓，而另一批由于弹头堵塞，还有一批则由于弹壳不能退出……

总而言之，什么样的情况都可能发生，特别是在 AK–47 的精细加工过程中。我们不得不像织布梭一样跑来跑去：从自己那个简陋得不能再简陋的办公室到厂内靶场去找试枪员，再从他们那儿返回到车间去找调试员，又从那儿去装配车间，然后再去靶场。经常是自己亲自上钳工台操作，整夜整夜地不睡觉，思考着怎样做才能使这个或那个零件达到所要求的标准和尺寸。

如果哪一批武器在试验时发现了这样或那样的问题，主任军代表斯捷潘·雅科夫列维奇·苏希茨基和他的部下列昂尼德·谢苗诺维奇·沃伊纳罗夫斯基也是不会让我们消停的。军方的验收非常严格。但对于武器设计师来说，最严厉的法官是自己的良心。为了寻找型号的优化方案，为了探索完善技术工艺的途径，你会忧心如焚，会备受煎熬、寝食不安。对我们设计师来说，务必将所有的细节都考虑清楚，要把眼光放得更远些。

突然又出现了一个问题：必须解决自动步枪木制枪托、前托、机匣盖和握把的问题。本来这些东西都做得很好了：材料是桦木实木，铣床加工，涂上了好多层油漆，又方便又美观（顺便说一下，美观对于战斗武器来说是多余的），但是，这会在可靠性和结构简单方面造成损失。有一天，厂里的总工艺师 K.H. 马蒙托夫打电话叫我到他那去一下。

"米哈伊尔·季莫费耶维奇，从部队来了好几封信，有一封信中抱怨说枪托经常会晃动，另一封信中说前托和机匣盖很快就开裂，"马蒙托夫把信递给我接着说，"要立即采取措施。你有什么好办法吗？我认为，比如说，要找一种新材料来制作这些零件。我们作为工艺师有自己的建议。"

"我们会考虑你们的建议方案，如果那是不错的想法。"

"我在想，这事不能拖延。就像大家常说的，没有下一次机会了。"马蒙托夫给我甩下这样一句话就走了。

第二天，我们全体专业设计小组，这是厂长在命令中给起的名字（这个小组终于组建起来了，由 7 个人组成，还在试验车间固定了 4 个工人），在我的办公室里集合开会。还没等我们说话，电话就响了。厂长接待室告诉我，政府从莫斯科给我发来了电报，要求我去参加苏联最高苏维埃例行会议。

"桦木作为材料的方案必须从自动步枪设计中取消，这是毫无疑问的。"我们小组的主任工程设计师 B.B. 克鲁平提出了自己的意见，还像平常一样，很激动，很坚决。

"如果我们试着用胶合板做枪托会怎么样？这种材料可能加工起来会容易些。"钳工机械师 П.H. 布哈林提出了自己的建议，当年托卡列夫步枪、杰格佳廖夫机枪和西蒙诺夫的卡宾枪枪托都是出自他的手。

我听着同志们的发言，在记事本上记着他们的具体建议，但我有些心不在焉，思绪还停留在刚刚的电话通知上。我的一些计划和希望都与将要召开的最高苏维埃会议有关。准确地说，与其说是我的计划和希望，还不如说是推举我进入国家最高权力机关的那些农村地区选民们的计划和希望。我是准备把他们的委托送达到几个部委去，希望能有助于使农村和集体农庄的技术设备保障问题走出僵局，这对农村和集体农庄来说至关重要。

当把小组成员的建议汇总在一起后，我问克鲁平：

"我马上要去莫斯科，您与工艺师和工人们好好切磋一下，等我从莫斯科回来，咱们再接着谈，看能采取什么措施，当然要考虑他们提出的意见和建议。就这么说定了？"

到首都去我还是走已经习惯了的老路。列车把阿格雷兹和克孜涅尔、维亚茨基耶波利亚内和喀山远远地抛在了后边……望着那些依稀可见的车站建筑，我陷入了沉思，怎样才能在会议上把要说的主要东西说出来，不知为什么心里一阵阵发紧，有些惴惴不安。

我想起了不久前，也是在这条线路上，我与什帕金同行的情景。我们俩挤在人多得无处下脚的车厢里。不知为什么，车厢里主要都是军人，而且大部分是年轻士兵。车厢里肩碰着肩、脚碰着脚，根本就没地方坐。格奥尔吉·谢苗诺维奇像平时一样，上身穿着军装，在车厢里慢慢地挪动着，四下张望，希望能找个安顿地。

　　我们谁都没有注意到车站上会有这么多人上车。尽管这位著名的武器设计师已是 50 岁出头的人了，可他的脚步还是那么坚实，宽宽的肩膀挺得笔直。如果说能看出年龄的话，那就是他那一头已经严重秃顶、稀稀松松的头发了。

　　"怎么办呀，我们得站到莫斯科吗？"格奥尔吉·谢苗诺维奇回过头，对我说了一句，"来，我们试试能不能耍点小聪明找个座位，利用一下什帕金系列武器的名气来试试。"

　　他那双平时闪烁着智慧的大眼睛里流露出一丝爽朗的笑意，高颧骨的脸上泛出一点淡淡的红晕。

　　格奥尔吉·谢苗诺维奇听到一个包厢内几个士兵在争论，哪一种自动轻武器未来会有更好的发展，他凑过去接上话茬：

　　"我认为，如果一种武器，在设计上没有任何毛病，那这种武器就会有未来。"

　　我听完什帕金最后一句话，差点没笑喷了。在武器设计师们经常送样枪去的试验靶场，这种话确实很流行。每一次，只要格奥尔吉·谢苗诺维奇一出现在靶场上，他就会带着一成不变的严肃，绷着脸，没有丝毫笑意地说：

　　"我向你们保证，这种设计结构一点毛病都没有。"

　　如果赶上一个不够老练的，不太了解什帕金的人，一般都会把他的话当真。而那些总订购人的代表通常就会让设计师赶紧坐到座位上去，郑重其事地说：

　　"您先别忙着下结论。只有经过试验才能确定您的设计中有没有问题，会不会出毛病。"

　　"当然，当然。"什帕金嘟囔着回答，一个劲地给我们使眼色，这其中的意思也许只有我们才能懂，但他那满脸的严肃劲儿一成不变。

　　这不，在车厢里他又想起了他的口头禅，马上就把那些年轻军人吸引到自己身边。其中一个胆子大点儿的问道：

"那么，今天哪种武器在设计上没有毛病呢？"

"我会认为，只有 ПΠШ 式冲锋枪。"格奥尔吉·谢苗诺维奇不假思索地回答道。

"为什么是 ПΠШ 式冲锋枪？"这个战士不解地皱了皱眉头。

"你问得还挺多，却不请我先坐下。这样的谈话能公平吗，一个站着，另一个坐着，我在你们面前像小学生似的？"

"对不起！"战士从铺上站起来，"来，兄弟们，给这两位同志让个地儿，挤一下。"

"那为什么说 ПΠШ 式冲锋枪没毛病呢？"我们刚刚坐下，又一个年轻军人问道。

"因为这款枪已经退役了。"什帕金笑着说。

"您是怎么知道的？"突然一位战士用疑惑的口气问道。

"怎么能不知道呢，我的孩子，这枪就是我造的。"格奥尔吉·谢苗诺维奇说话的口气严肃起来。

"不对，这不可能！"一个战士突然从座位上跳了起来，头差点没碰到上铺的床沿上。"设计师什帕金是什么人物呀，他不可能坐普通车厢……"

"哈哈，你这个战士这回可真要栽面子了。我就是武器设计师，而且还是著名的武器设计师，按你的意思，他应该坐头等车厢？是不是感觉我更亲近些啊？孩子，是不是觉得设计师与你和你的同志们应该是另外一种关系啊？你看你，就像是怀疑一切的神甫福马，军人有警惕性是对的，可我到底是谁有证件可以证明。"说着设计师从弗伦奇式军上衣口袋里掏出封皮上印着苏联国徽的证件。

他向士兵们出示了苏联最高苏维埃代表证，这代表证是战后 Г.С. 什帕金当选人民代表后国家机关发的。苏联人民一直高度评价

卡拉什尼科夫在向苏军军人讲解自动步枪的结构特点

武器设计师为巩固武装力量的战斗实力所做出的贡献，把他们视为能造福于苏联人民和苏维埃国家的人。可千万别把像 B.A. 杰格佳廖夫、Φ.B. 托卡列夫这样轻武器研制师连续当选苏联最高苏维埃第一届和第二届两届人民代表，把 Г.C. 什帕金当选第二届人民代表看成偶然的事情。我个人也很自豪能在 1950 年幸运地从我的先辈手中接过人民代表的接力棒，从第三届开始一直干到第六届，当然包括第四和第五届。

关于什帕金设计师在车厢里的消息很快就在整个车厢传开了。士兵们站在过道里，都想透过同志们的肩膀，亲眼看看格奥尔吉·谢苗诺维奇的风采，他们提出各种各样的问题。他也无拘无束地和他们聊着天，就像父亲和儿子们在一起一样。给我的印象，好像他们已认识很久，是好长时间没见面的熟人，话一说起来就没完没了。

"你看看，人民代表就应该是这个样子，这种气氛是你想不到的，"格奥尔吉·谢苗诺维奇在他们说话停顿时，抽空对我说了一句，"在办公室里你能这么坦诚地说心里话吗？"

这句话倒真是什帕金的性格，他就是这么一个坐不住的人，愿意接触人，喜欢听人说，自己也爱说。他在厂里也不坐在办公室里，总是到各车间去转悠。如果看到某个专家在工作，不管是车工，是铣工，还是钳工，他都要在车床或钳工台前站一会儿，指导一下，帮帮忙。他这种近乎完美的工作习惯令好多人羡慕。格奥尔吉·谢苗诺维奇在试验车间的工作经历就是我们接受工作锻炼的绝好学校，当时，B.Г. 费多罗夫和 B.A. 杰格佳廖夫都在这个车间工作。可以这样说，他没离开钳工台时，就已经步入设计师的行列，参与新武器型号的制造。

每当 Г.C. 什帕金准备例行性的出差时，都有人问他：

"您需要买什么车厢的票？"

"不用担心，我自己到车站去买。"格奥尔吉·谢苗诺维奇回答说。

他常常买普通车厢的票，尽管他作为苏联最高苏维埃人民代表、社会主义劳动英雄、斯大林奖金荣获者，有权不用排队买票，还能得到一个好位置，但他不喜欢使用这种福利待遇，因为，他自己也承认，这会让他觉得不自在，好像是对自己的同事不公平似的。

当年轻的士兵们平静下来，一个接一个地昏昏欲睡的时候，我和格奥尔吉·谢苗诺维奇走到车厢连接处，想透透风。

"都是些好孩子，他们对什么都感兴趣。我也会被他们感染，像充了电一样……"

清晨，我们就要到莫斯科了。头天夜里第一个跟什帕金说话的士兵用胳膊捅了一下正注视着窗外的设计师说：

"格奥尔吉·谢苗诺维奇，您能不能送我点什么做个纪念呢？"

"这么帅的小伙子是该送点什么礼物，"什帕金笑了笑，"送点什么呢？我得看看，我身上有什么……"

格奥尔吉·谢苗诺维奇从军装口袋中掏出一张小照片，还有一支自来水笔，然后签上自己的名，把照片送给士兵。那位士兵像是为了让所有的人都能看到，故意放慢速度仔细地看着照片，然后放进自己军装的口袋里，满脸的幸福。我觉得，与这位著名武器设计大师的会面和谈话会让他记一辈子的。

我与什帕金在首都几乎没怎么见面，尽管我们都住在一个宾馆里。我主要是在军械总局和军事部发明处来回跑，到武器装备部解决我的问题，而他一天到晚忙于武器设计和人民代表方面的事情。有一天傍晚，我们在宾馆的大厅见了一面。格奥尔吉·谢苗诺维奇看上去很疲惫，不知道什么事让他很操心。我问他，是什么事让他忧虑。

"你知道吗，我最讨厌什么事还没彻底论证清楚，还没最后完成，就去做报告吹牛。他们明显是要唆使我去撒谎、去骗人。"什帕金气愤地挥了一下手。

我不知道格奥尔吉·谢苗诺维奇当时说的是谁，是在抱怨谁……详细情况他没有告诉我。我只知道一点：什帕金极力反对任何形式的不诚实行为，任何狂妄自大的现象、任何企图把想象的说成真事的行为都会深深地伤害他。在我的记忆里，无论什么时候他都是这样的人。

表现我国取得伟大卫国战争胜利的有一个极具特性的标志性造型：一位士兵头戴钢盔，身披雨衣，高高举起的手里握着一支什帕金系列的冲锋枪，这就是那个赫赫有名的 ППШ 式冲锋枪。这个标志性造型刻在了花岗岩上，绘制在画家的画布上，拍摄在许多电影里。这一点儿都不奇怪，ППШ 式冲锋枪就是前线战士的武器，所有的人都知道，从士兵到将军无一例外。

作为人民代表，我经常要与选民见面，在这方面 Г.С. 什帕金永远都是我的榜样。

我去参加苏联最高苏维埃的例会，去见农业部部长。强烈要求他解决一系列的问题。农村需要建设，可是不批给建筑材料。有好多村子到现在还在用煤油灯，说是没有建设农村电站的设备。农村文化中心处于荒废的状态，技术设备不足……

无法脱离那个年代的现实生活：国家最高机构的人民代表，尽管有代表资格，仍像个走后门的乞求者一样，只不过是级别比较高，走后门走到了部长这个层次。我承认，在会议上我们像蜘蛛一样缠着部长，拿不到文件绝不放手，一直到他给了书面的保证，代表的请求开始被落实，不会被放在抽屉里睡大觉了为止。

每一份委托，每一个请求的背后都承载着人们的艰辛，承载着人们心灵的呼喊，都是对社会不公正的抱怨。国家在 20 世纪 50 年代刚刚起步，她正以很快的速度恢复着被战争破坏了的经济。我们的人民付出了巨大的牺牲，一直在忍耐。但是，如今已是和平时期，人民想过舒服的生活，需要吃饱饭，需要生病时能够住院治疗，需要用于休息的俱乐部和剧院，需要机械化的劳动……

185

当时边远农村的状况更为艰难，因为人们的关注度并不在农民身上。可我，作为人民代表，只想尽一切努力去帮助他们。

尽管会议的工作很紧张，代表们还是会挤出一个"天窗"去参观一下首都的剧院和博物馆。我尽力不放过任何这样的机会。最能吸引我的是 В. И. 列宁中央博物馆。

博物馆的展品中有我工作过的工厂和我非常崇拜的名人介绍。说到武器，有独一无二的莫辛系列三线步枪，这是我们工厂的能人 П.В. 阿列克谢耶夫研制的。这种枪所有的零件都是我们厂制造的。十月革命 10 周年时，这座古老兵工厂的工人们，为了表达敬爱之情，把这支枪作为礼物送给了 В.И. 列宁。

20 世纪 50 年代，步枪的研制者 П.В. 阿列克谢耶夫已经 80 多岁了。他白发苍苍，但浓厚凌乱的眉毛下一双灰色的眼睛仍炯炯有神。普罗科皮·瓦西里耶维奇是有着光荣传统的武器设计师继承人。他的爷爷建立了这座工厂，他的父亲在工厂里工作了很多年，他本人也在工厂里工作了 60 多年。他们家族里的男人在工厂里累计工作的时间超过了 200 年。

我看着博物馆的展品，好像又听到了 П.В. 阿列克谢耶夫那浑厚的声音，那不紧不慢的话语。

"这步枪是我亲手做的，"普罗科皮·瓦西里耶维奇说，"所有的零配件都很小，为了干活更精细，我制作了专用的手钻，精确到毫米，所有工具都是微型的。所有的工作都是一气呵成。当时我50岁，可以说正是年富力强的时候。当时就决定要做这个有纪念意义的东西，代表我们这些武器设计师给伊里奇奉献一份原创的礼物。图拉人想证明，他们中间不仅仅有列夫沙大师。我有幸见到了列宁的家人洛兹加切夫·叶利扎罗夫，亲耳听到他说伊里奇是如何兴致勃勃地向自己的亲人展示步枪的，伊里奇说，看看，我们也有这样的大师……"

自学成才的工人……在我人生的道路上有幸见过不少这样的人。他们从工人中成长起来，像明星一样闪闪发光。他们的天才智慧在苏联时代表现得更加璀璨，这个时代给每一个人以充分表现的机会。站在车床边，成长为著名设计大师，他们用自己独一无二的工作相互补充，成为工人阶级和全体人民的骄傲。

苏联最高苏维埃会议结束后，我回到了自己的工厂，作为备份已经有了进一步完善自动步枪的新方案。有些灵感常常会很突然地闪现出来：在会议休息时，吃饭时，甚至深夜不眠时浮现在脑海中。我坐在车厢的窗口，思考着那些曾出现在我脑海里的想法。

在一个车站上，我看到了一队士兵。很可能是去靶场的分队。我从盖蒙布下面的形状猜测出那可能就是 AK 自动步枪。需要指出的是，AK 自动步枪在 20 世纪 50 年代中期只能用盖蒙布包着，武器还没有完全公开，还处于保密状态，绝对不能在公开的刊物上登照片，不能公布其战术和技术性能。

我不知道，这种保密措施从保守军事秘密的角度看是否正确（AK式自动步枪当时已列装 8 年），但这种做法对我们这些武器设计师们则造成了干扰，妨碍了部队正常的战斗训练，从我的角度看，这是很明显的。仅从靶场捡弹壳就耗费了大量的时间……要知道，当时一个弹壳都不能少，不然的话，射手和指挥员都会受到严厉的处罚。

武器设计师格奥尔吉·谢苗诺维奇·什帕
金在向红军军人展示自己的自动步枪

像平常一样，会议结束后要会见选民和工厂的工人。当然，B.B. 克鲁平要汇报设计方面的事，他报告了与更换自动步枪木制枪托有关的建议。这期间我们还汇总了工厂工艺师们的意见。决定用胶木代替桦木制作前托和枪托，使用胶合板制作机匣盖板，用塑料制作握把。自动系统中所有的零件都要求抛光，启用所谓的白色组件。对自动步枪中的其他零件进行氧化处理，后来，又用磷处理，外层涂漆，极大地减少了零配件的抛光处理。

很显然，我们设想 AK-47 的战术和技术性能更加简要，在其批次生产的过程中我们对该型号进行了精细加工。我认为，这样会使它与其他型号比较时更为简便，其中包括与经过现代化改造的 AKM 式自动步枪的比较。

AK 式自动步枪是一款自动武器，这款自动武器动作的原理是利用枪管壁上的孔向后反射的火药气体能量，通过枪机的转动和枪机闭塞凸笋与机匣的绞合实现枪膛的闭锁；由盒式弹仓供弹，弹仓容量为 30 发定装弹；扳机式击发机通过击发弹簧工作，击发机可保障单发射击和连续射击；快慢机同时又是击发扳机的保险机。

在自动步枪精细加工的过程中，制作了两个款式：木制枪托和折叠式金属枪托，枪在折叠状态时大大缩减了长度。后一款主要用于专业兵的武器装备，其中包括空降兵。

木制枪托的自动步枪可保障武器在射击时的稳定性，并能在肉搏战时用枪托打击敌人。这款枪主要用于装备步兵分队。在与敌人进行肉搏战中自动步枪还可以配上枪刺。自动射击是该款武器的基本射击模式，在 400 米射击距离上最为有效，表尺射击距离可达800 米。自动步枪不带枪刺，带空弹仓时重 3.8 千克。

Ф.B. 托卡列夫是这样评价 AK 自动步枪的："该型号的特点是工作的可靠性、高射击密度、精确度和相对较轻的重量。"举个例子,与 ППШ 式冲锋枪相比,在外观尺寸、重量和射击速度相同的条件下,自动步枪的有效射击距离要大一倍。该型号在弹道性能方面也有自己的优势,可保障弹头很强的杀伤力。单发射击的精度也有很大的改善。

尽管如此,我们还在探索进一步提高武器可靠性和射击精度并进一步降低其重量的途径。

当时还宣布要举办专门降低重量的竞标会,每减少一克都有奖金。共同的努力使我们在零件制造方面取得了很多新成就:平板冲压技术、型材轧制、塑料、新的钢号……如果说在刚开始设计自动步枪时,就让我制造出 3 千克重的自动步枪,我可能不会干这个活儿,会认为这个建议风险太大。但是随着时间的推进,我们设计人员对武器未来发展的观念发生了变化,我们面前展现出了新的技术可能性。

在我们的工作中,在我们把构想变成现实的过程中,忍耐和毅力起着十分重要的作用。在自动步枪现代化改造的过程中,仅一个击针需要我们制定上百个方案。以使这个零件变得更加简单。钳工帕维尔·布哈林和叶夫根尼·博格丹诺夫共同研发了有特色的焊接技术,他们生气勃勃、锲而不舍,5 次、10 次、50 次地冲压制作击针。有的击针在负载时断裂了,有的击针尺寸不符合要求,有时需要加长,有时正好相反又要缩短。

布哈林和博格丹诺夫一次又一次地站在钳工台上,用夹具固定毛坯,一次又一次拿起工具。制作着第 70 个击针,然后是第 80 个击针……一而再再而三地听到我的那句令人讨厌的话:“不能用,扔了吧。”

他们从来就不抱怨设计师的挑剔,每个人都明白:自动步枪的改造不是涂脂抹粉式的装扮,而是追求质量上的进步,是武器型号一体化的突破。很多活一开始是要手工做的。我们小组的设计师和工人经常在工厂里熬到很晚，根本都忘了时间。

我所描写的这些事件都发生在国家集中力量从战争的废墟中站起来时，那时，法西斯分子在我们多灾多难的大地上造成的伤口还没有完全愈合，百废待兴。所以，那个时候不可能去更新更加完善的武器制作技术工艺，只能直接在工作场地，在车间里让参加劳动的每一位专家最大限度地挖掘自身的潜力和创造精神。

创造的热情应该得到支持，那些求知好学，不按套路思维的人，那些想方设法另辟蹊径去设计新式武器、研制和完善新的武器型号和生产基础的人们都会受到褒奖。说实话，要想对工厂的师傅、优秀的发明家和合理化建议者进行物质奖励还真不是一件容易的事情，很难找到奖励的物品，但我们厂的领导总会尽力对这种创造进行一定的刺激。

在我们试验设计工作的一个阶段，Д.Ф. 乌斯季诺夫提醒厂长说，企业给工人、技术员和工程师的奖励太吝啬了，不足以表彰他们忘我的和富有创造性的劳动。

德米特里·费多罗维奇[1]来我们厂后不久，他就下达了命令，要表彰我们许多积极参与产品研发的同志。受表彰的人中有设计工程师 В.В. 克鲁平、А.Д. 克利亚库申、В.Н. 普申，设计技术员 Ф.В. 别洛格拉佐夫，铣工 Г.Г. 加布德拉赫曼诺夫，钳工 П.Н. 布哈林、Е.В. 博格丹诺夫，枪托制作员 П.М. 佩尔米亚科夫。

1　全名为德米特里·费多罗维奇·乌斯季诺夫（Д.Ф. 乌斯季诺夫）。
　　—— 译者注

苏联轻武器设计师费奥多尔·瓦西里耶维奇·托卡列夫

Д.Ф. 乌斯季诺夫每次到我们厂来，都喜欢到车间去和大家聊聊天，询问一下试验设计工作的进展情况，有一次他在车间里问大家：

"厂领导没忘了奖励大家吧？"

得到肯定的答复后，他会心地笑了。我明白，德米特里·费多罗维奇问这个问题不是偶然的。他是个细致入微，对工作非常认真的人，特别是对关系到大家利益方面的事更是一丝不苟，经常的、严格地监督这方面命令的执行情况。他当武器装备部部长（从1953年起任国防工业部部长）、苏联部长会议副主席（后来是第一副主席）和苏共中央书记的时候，以及在他生命的最后8年任国防部部长的时候，都能经常与大家保持联系，与人们亲密无间地接触。

我有幸不止一次因自己武器设计方面的事情见到过 Д.Ф. 乌斯季诺夫，参加他与工人、设计师的座谈会。令人吃惊的是，德米特里·费多罗维奇善于很快地找到与听众的共同语言，能让平时不爱说话的人开诚布公地讲话。可能是他的人格魅力在这方面帮了他忙。德米特里·费多罗维奇受过很好的劳动锻炼，年轻时他当过钳工，后来从列宁格勒军事技术学院毕业后，又当过设计工程师。所以他了解人民的需求，也善解人意。快速提升的职务（据了解，Д.Ф. 乌斯季诺夫在1933年就当了武器装备人民委员）一点儿也没影响他对劳动人民的推心置腹和关怀备至，他不论在什么岗位上都非常重视劳动人民的意见。

在那个复杂的20世纪50年代，德米特里·费多罗维奇给予我的支持实在是太多了。据我看，他对包括武器设计师在内的武器制造人员有着特殊的感情。或许有一个情况能够解释这个问题：他本人当年与工程专业、与武器设计工作的联系非常密切。

"军械技师……" Д.Ф. 乌斯季诺夫在自己的回忆录中写道，"我可能理解这个单词有点特别，我能看到这个单词后面的东西，因为我的青春与军械技师以及与军械技师的劳动、探索和操劳密不可分，还不只是青春年代，实际上是我的整个生命都与之相关。当然，在更大的层面上讲，是因为我与他们一起走过了伟大卫国战争。"

有一次 Д.Ф.乌斯吉诺夫到我们厂里来，我们之间有一次谈话，让我记忆深刻。

"工作怎样呀，米哈伊尔·季莫费耶维奇？"当话说到 AK-47 自动步枪现代化改造试验设计工作进程和一体化武器型号研制情况的时候，部长问我。

"轻松点儿了，德米特里·费多罗维奇。我们厂终于有了自己统一的设计局了，这个设计局我们一等就是 6 年啊。可以说这些年我在厂里是单枪匹马地工作。"

"为什么，没人帮你吗？"

"怎么会没人帮呢，大家都给了帮助，从总设计师处调配了几个工程师参加课题的研发。不过，现在是厂长下命令确定了我们小组的组织结构。说实话，为了我们设计局有生存的权利，我可没少跟他们打架。"一不小心我说漏了嘴。

"怎么打架？举个例子，我就弄不明白，为啥有几个航空和坦克设计师都不愿意在工厂做事呢？你们这里的研发人员怎么还要为在工厂建立设计局的斗争。很有意思。来吧，说说具体情况。"Д.Ф.乌斯季诺夫向我走近了几步，用一种意味深长的眼神看了厂长 K.A.吉洪诺夫和党委书记 И.Ф.别洛博罗多夫一眼。

"康斯坦丁·阿列克谢耶维奇和伊万·费多罗维奇可以证明，我曾经不得不在党和经济生产积极分子会议上对他们提出批评，认为我们厂设计力量都分散在各个修理所、各个车间和各处，这种管理模式拖延了新车床和新产品的生产。"

"情况是这样吗？伊万·费多罗维奇？"部长回过头问党委书记。

"是这样的，德米特里·费多罗维奇。"

"伊万·费多罗维奇，你是不是忘了我们过去的教训？"乌斯季诺夫摇了摇头，"你不记得吗，1941年年底锻造车间武器生产工作缓慢，当时你是车间主任。你应该记得当时我们用的是什么办法。组建了一个由设计师、技术员和其他专家组成的统一小组，研发新的锻造设备，并在冶金厂把它们制造出来，锻造车间转为用生产线生产冲压件，这在很大程度上帮助我们完成批量生产武器的任务。建立机动的设计小组的意义就在于此，要把有经验的生产专家都吸纳进来。这些组织生产的好经验，这些曾经帮助我们提高新的技术水平的好经验怎么能被束之高阁呢？在卡拉什尼科夫这件事上，你们的拖延是不对的。更不用说他现在干的这个试验设计课题，仅凭单枪匹马是完成不了的。"

部长在办公室内来回走着，沉默了一会儿，接着说：

"难道你们不知道，对武器的主要要求是相对于敌人的同类武器它要有优越性，这个要求过去是这样，现在还是这样。我再强调一次，不是与敌人同类武器相当，也不是接近，而是在所有参数上超过敌人的武器。现在 AK 自动步枪必须要超过敌人的同类产品，还要进一步去完善，还要研制更新的型号。在冷战日益强化的条件下，这种制造和完善武器的意义越来越重大，它可以保障武装力量处在高强度的战斗准备状态，可以可靠地保卫十月革命的胜利果实与和平。"

Д.Ф. 乌斯季诺夫对本行业，特别是工厂里出现的新东西有令人吃惊的敏感性。支持创新，支持将科学和技术成果广泛地使用到完善生产技术工艺中去是他最大的特点。曾多年在乌斯季诺夫领导下工作过的 И.В. 伊拉里奥诺夫上将曾经说过："德米特里·费多罗维

德米特里·费多罗维奇·乌斯季诺夫 —— 苏联政治和军事活动家，苏联元帅。
两次社会主义劳动英雄、苏联英雄
苏联装备人民委员和装备部部长（1941~1953 年）、苏联国防工业部部长（1953~1957 年）、
苏联国防部部长（1976~1984 年）

奇具有非凡的组织才能。无论是大事还是小事，他都会要求人们必须精通自己的业务。在这方面，德米特里·费多罗维奇恰恰能给大家做出表率。尽管按教育程度，他是炮兵工程师，但是他担任过厂长、人民委员，在下属中有广泛的威信，熟悉武器生产的很多细节。"

战争期间，Д.Ф. 乌斯季诺夫积极倡导广泛、大胆地使用并有效掌握新武器型号、新的技术综合措施，但又不打乱基本生产的节奏。在战争年代首次试行并贯彻落实的这些措施一直用到现在，当需要面向明天、展望未来时，需要采用新的技术工艺转变或者大幅度提高武器生产能力时，又能快速掌握组织生产的新模式。

这种措施的实质是什么呢？我借 AK-47 自动步枪的例子加以说明。首先厂里应该确定，由谁去掌握新产品，谁可以做得更好更快。也就是实现所谓的车间分工表。然后把更复杂，劳动量更大的或者是通常所说的关键部件和零件挑出来，这些部件和零件的生产往往决定着批量生产能否顺利进行。把这些部件和零件的生产委托给更熟练的专业人员。把必要的设备、机械当然还包括人员集中到一个地方，也就是试验车间。所有这一切就是核心，是小范围的组织结构，这中间包含有将来大规模生产的全部环节和要素。当对新产品的掌握达到了应有的水平后，再到生产线上展开。

但是，我们生产轻机枪时用的又是另外一种方法。当时，在我们掌握轻机枪生产技术的过程中，新的组织结构一直工作到最后，我们把该型号整体移交给一家军工企业，委托其进行大规模生产。这种方法可以保障新产品在另外一家工厂展开独立生产，而基本生产任务不受影响。

说到 Д.Ф. 乌斯季诺夫，又想起了伊戈尔·弗谢沃洛多维奇曾经说过的一段话：

"如果说在斯大林时代他还没有达到权力的最高层次，还不能完全对自己的行为负责任的话，在赫鲁晓夫时代，特别是在勃列日涅夫时代，他已能直接参与国家政策的制定了。"

我说话向来就是直来直去，可以说，德米特里·费多罗维奇属于将我们国家变成死水一潭的领导人之一。时代当然会在他的生涯中留下痕迹，也不可能不留下痕迹。但是从整体上来说。在几十年漫长的职业生涯中，他留下的，主要是与保守分子、贪图安逸、孤芳自赏和本位主义做斗争的痕迹。

纵观 Д.Ф. 乌斯季诺夫多年来的经历，我可以肯定地说，我知道的他就是这样的人。

我认为，还有一个非常重要的因素影响了我们厂的厂长，使他能关照我们这些设计师，能从国家的高度看待我作为主要武器研发者的工作。我知道，当时的州党委书记 M.C. 苏耶京是支持我建立设计局的观点的。他经常到工厂来（据我所知，他的性格就是不喜欢坐在办公室里开会），经常会深入了解试验设计工作的进程，对我们每个人都很熟悉，知道我们的需求，了解我们的情绪，善于用政治的和行政的手段对我们的工作施加影响。

M.C. 苏耶京也支持我在党和经济生产积极分子会议上的批评发言，对我提出的问题进行监督检查，促进了问题的快速解决。

我认为，1955 年是我设计生涯命运中的一个里程碑时段，这一年给我们所有参与共同创新工作的人带来了许多快乐。我们像是长了翅膀一样自由飞翔，感觉好像没有什么我们克服不了的障碍，不论我们搞什么样的试验设计课题，都一定会取得成功。我们所有的人，特别是工程设计师都还很年轻，工作热情很高，好主意接二连三地冒出来。

我们形成了一个很有意思的集体。我们有不知疲倦的、一心只想着创新的弗拉基米尔·瓦西里耶维奇·克鲁平，有总有自己独特的想法并会一条道走到黑的阿列克谢·德米特里维奇·克利亚库申。后来又有了瓦列里·亚历山德罗维奇·哈尔科夫，他善于动脑筋，我们都叫他"活的百科全书"，我们还有非常稳重、细心的维塔利·尼古拉耶维奇·普申。

在我们新型号设计工作中还有几个可靠的助手，她们是几个参加我们小组工作的非常有魅力的女同志。其中包括技术员 Φ.B. 别洛戈洛娃和复制绘图员 B.A. 季诺维耶娃。我们从工程分析师 Φ.M. 多尔夫曼那儿也得到过不少好的建议。当然，我们还有能最可靠地将各种试验零配件变成实物的铣工 Г.Г. 加布德拉赫曼诺夫、车工 H.A. 别尔德舍夫、钳工机械师 П.H. 布哈林、钳工调试师 E.B. 博格丹诺夫。

当时在试验车间和生产过程中直接参加 AK–47 精细加工的还有几十个人，我之所以只列出这几个人的名字，是因为在完成试验设计课题、自动步枪现代化改造和制造第一批统一定型武器型号的阶段，正是这些人形成了小组的骨干力量，承担了巨大的劳动量，正是他们为我们这个系列的自动轻武器家族的诞生做出了非常重要的贡献。

没完没了地进行热烈的讨论和争论，提出的问题一个接着一个，路子是否选对了，是继续做下去，还是重新再来？哪怕是为了一个很小的胜利，我们都会兴奋不已。生产已成了我们生活的全部。我们把排除不足和失误，看成自己责无旁贷的责任，以极大的热情干好每一件事，只要能成功，干什么都行。我们在业务水平和精神上共同成长，共同成熟。我认为，这一点非常重要，因为在设计工作中，集体的劳动和集体的创造是我们能在质量上有所突破的重要条件。我们都清楚，设计工作中取得的任何一项成果，其中包括武器的研发，不论这个成果重要与否，都是集中了我们所有人的智慧、心力，都出自我们每个人的双手，它是我们站在钳工台和车床边工作、在试验室里复制数据、在绘图台绘制每一条线的所有人共同的成就……

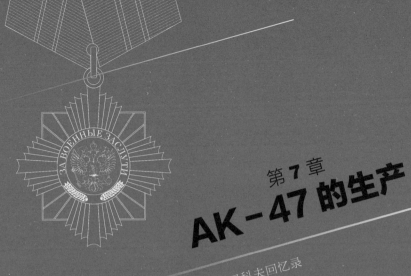

第 7 章
AK-47 的生产

摘自 M.T. 卡拉什尼科夫回忆录

Ударник

Шток газового поршня

Мушка

Затвор

Газовая камера

Возвратная пружина

Прицельная планка

Спусковой крючок

Шомпол

Ствол

Газовая трубка

Цевье

Патронник

Магазин

Подающая пружина

Спусковая скоба

Боевая пружина

Пистолетная рукоятка

АВТОМАТ КАЛАШНИКОВА
СИМВОЛ РОССИИ

1948 年 1 月 21 日，苏联武器装备部部长 Д.Ф. 乌斯季诺夫签署了关于卡拉什尼科夫自动步枪列装部队的命令。用于进行部队试验的卡拉什尼科夫自动步枪试验批次的生产应由伊热夫斯克第 524 工厂承担，而与自动步枪配套的弹仓由图拉军械厂承担。新型武器生产的总体领导由武器装备部副部长 П.П. 巴尔苏科夫负责。A.A. 扎伊采夫是这样描述这件事的："为批量生产（AK-47），技术文件的修订进行得很快，做这件事就给了我和米哈伊尔·季莫费耶维奇两个星期的时间。在规定的期限内改好了图纸，我只能在批量生产的过程中编写技术条件。为给自动步枪的批量生产和数据计算提供帮助，科夫罗夫厂的扎伊采夫和 В.И. 索洛维约夫，以及 В.С. 杰伊金和军代表 С.Я. 苏希茨基被派到伊热夫斯克厂出差，帮助卡拉什尼科夫。"扎伊采夫继续写道："应该说，В.И. 索洛维约夫在数据分析、图纸修改、生产程序制定和掌握生产技术等方面给我们提供了很大的帮助，他教会了我和卡拉什尼科夫如何计算尺寸链和产品投入批量生产的规则。1948 年夏天，首批 AK-47 出厂并送去进行试验，我与 В.И. 索洛维约夫返回科夫罗夫。"技术文件和编写以及自动步枪试验批次的生产由第 524 厂的总设计师 Д.A. 维诺克戈伊斯负责。伊热夫斯克厂的工作顺利完成，按时交付了自动步枪。

同年 6 月，AK-47 式自动步枪进入部队试验，试验在莫斯科军区、列宁格勒军区和中亚的几个军区同时进行。与此同时，根据以往试验提出的问题，又对设计结构进行了一次修改。尽管订购方提出的主要问题都与卡拉什尼科夫自动步枪在自动射击时射击密度较低有关，但这方面的问题最终也没有排除。除此之外，也没有找到解决改善使用金属折叠式枪托的 AKC–47 式自动步枪射击稳定性的好办法，这款枪在使用时不太舒服。在使用 AKC 射击时，很难使头保持一种姿势；枪托架杆的刚性和强度不够，宽大的托肩不能抵在肩窝里，因此在点射时总是移位。也就是在这个时间，对 AK–47 的设计结构进行了一系列的修改，极大地改善了其战术和维护性能，首先是增强了各个零件和部件工作的可靠性和生命力，提高了射击密度。其中有一项修改应感谢炮兵主帅 H.H. 沃罗诺夫在参加卡拉什尼科夫自动步枪试验时，对这款武器的关注。他给设计师提出了一个问题，使用这款自动步枪射击时，由于枪口止退补偿器设计得不成功，造成对射手的噪音影响太大，严重超出了允许值。卡拉什尼科夫当着主帅的面，做出一个果断的决定。这个决定纯粹是靠经验做出的，他果断地去掉了枪口止退器。设计师注意到了这样一个情况，使用自动步枪卧姿射击时，如果弹仓支撑在地上，射击密度要比手持无依托射击时高出 1.5 倍，也就是说，没有枪口止退器原则上也是可以的。米哈伊尔·季莫费耶维奇在回忆这个细节时是这样说的："我们把自动步枪送到团修理所，很自然，军械师对拆除枪口止退器不会降低武器的战斗质量表示怀疑。看上去沃罗诺夫也对这事表示怀疑。我们还是把止退器给拆了下来。射击场上我们把一支枪给了那位反映噪音大的士兵。他马上就进行试射。刚一从地上站起来，就很满意地大声说："好了，现在完全是另一回事了。"其他射手给出的也是这个结论。噪音大大减轻，射击时舒服多了。在大规模生产时，自动步枪也就没有了枪口止退器。

　　当时还对 AK–47 的设计结构进行了一系列的改变：再装填手

柄由圆柱形改为新月形（与加兰德 M.1 步枪形状相似）；加大了击针弹簧的直径，更换了抛弹器的弹簧，研制了固定用于枪支清洁、润滑、拆装等附件盒的原创方法。

M.T. 卡拉什尼科夫小组还有一项创新，那就是能使用自动步枪射击空包弹，枪中有一个特殊的移动部分后坐加力器，因为当自动步枪使用空包弹射击时，如果没有加强的后坐装置，其后坐力会不够，不能保障武器自动机的稳定工作。第 44 试验设计局的设计师们为此专门研制了空包弹，与实弹不同的是，空包弹没有弹头，装药量少。卡拉什尼科夫自动步枪专门研制了用于射击空包弹的套管，出气孔的直径为 4.5 毫米。确定这一直径的依据是，空包弹火药气体作用于气体活塞的力不够大。套管可阻滞火药气体从枪管中释放，以此加大气体对自动机移动部分作用力的持续时间和强度。在自动步枪的枪管部分有用于拧空包弹射击套管和枪管套管的左旋螺纹（这一国产自动射击武器的特点与枪管膛线是右方向螺旋有关）。

部队试验的结果证明，卡拉什尼科夫自动步枪具有很高的战术和技术性能以及使用维护性能，结构简单，在各种条件下表现出很高的工作可靠性，当然，同时也提出了一些需要改进设计结构的意见和建议。为数不多的不足包括：武器重量相对较重，自动射击时在自动机移动部分（带枪机的枪机框）剧烈移位过程中，第一发射击后瞄准点有偏移等。在这方面，使用卡拉什尼科夫自动步枪各种姿势射击的散布图更有代表性。从卧姿有依托向其他不太稳定的姿势（卧姿手托枪和站姿手托枪）转换时，不仅点射的首发和后续弹头散布面积扩大，而且相应的散布中心相互关系发生了改变，限制点射后续弹头散布的样式也发生了变形。因此伊热夫斯克工厂的设计师还向试验场提交了一款 AK-47 式自动步枪（1948 年式试验型），这款枪有一个双室枪口止退器，设计结构也发生了变化，加长了气腔和活塞，击发机基本上是重新制作的。这种情况下，武器的总长度从 875 毫米增加到 905 米。这一改变的意图是为了改善武器的战术指标，首先是改善射击密度。加长的气体活塞，其前端内部是空心的，在下壁上有一孔，与枪管上部的排气孔相对应，与使用枪口止退器一样，当专用扩大腔室内压力达到最大时，依靠部分气体从枪管溢出，减轻后坐力。类似的设计结构可将初速度降至 625 米 / 秒，同时也降低了弹头的毁伤作用，但这种降低并不能改善点射的射击密度。除此之外，扩大膛室不仅会使自动步枪的结构变得复杂，还会使其维护变得更加复杂，增加清除火药积碳的劳动量。所以这个型号的枪只有试验型。

但是，已列装的卡拉什尼科夫自动步枪射击密度不高的问题仍然没有能解决。新型武器的成就在于技术上合理的设计结构和 AK 式自动步枪进一步完善的储备。

1949 年自动步枪列装苏联军队，这是我们的军人、武器设计大师、工程师、技术人员和工人们多年来卓有成效不懈努力的结果，该自动步枪的正式名称为"7.62 毫米卡拉什尼科夫自动步枪"，该枪替代了 1941 年式什帕金冲锋枪和 1943 年式苏达耶夫冲锋枪，被替代的还有 1891/30 年式弹仓式步枪。

同年，为表彰 M.T. 卡拉什尼科夫为巩固我国的国防能力所做出的重大贡献，授予其一级斯大林奖金。卡拉什尼科夫自动步枪开始了它命运多舛的一生。

自动步枪的弹药也得到了进一步完善。早在 1947~1948 年，7.62 毫米的自动步枪定装弹就在乌里扬诺夫机器制造厂完成了现代化改造：弹壳缩短到 39 毫米，弹头使用了钢心，又重新使用了较大半径的底尾部。该定装弹的正式名称为"1943 年式 7.62 毫米定装弹"。

第一批批量生产的 A K - 47 一号枪

在卡拉什尼科夫自动步枪列装的同时，整个系列的弹药也纳入了苏联军队保障体系，这在很大程度上扩大了 AK 式自动步枪的战术能力。弹药系列包括普通钢心弹头中等尺寸定装弹。钢心弹头可在900 米距离上击穿钢盔，而穿甲燃烧弹头的作用距离可达 1100 米。穿甲燃烧弹可在 200 米距离上击穿 7 毫米厚的装甲板。在对移动目标射击时使用曳光弹可保障对射击效果的观察和武器引导能力以及目标指示。对在装甲输送车、汽车和摩托车内的敌有生力量射击时，通常使用钢心弹头和穿甲燃烧弹头（比例为 1∶1）。除此之外，在1943 年式弹药的体系内还有各种辅助定装弹：教练弹和空包弹。1943 年式定装弹的弹壳使用镀铜钢材料，或者镀铜漆涂层制成。

用于目标指示、火力校正、发送信号和毁伤敌有生力量的1943 年式曳光弹头（T–45）由镀铜外壳、压装在外壳头部的铅心、含压缩曳光剂和燃烧剂的镀铜钢筒组成。当弹头落入草房顶、干草堆和树叶堆的情况下，可引起燃烧。T–45 式弹头飞行时可释放红色曳光，日间和夜晚在 800 米以内的距离上可见度良好。弹头重75 克，弹头飞行到顶端时呈绿色。

　　1943 年式燃烧弹头用于点燃金属桶内和壁厚为 3 毫米的容器内的燃料（汽油、煤油），还可以在 700 米距离上点燃草房顶、干草垛、干草。弹头由镀铜钢制外壳、铜制底座、铅制衬套、钢心、压装的曳光剂和燃烧剂的镀铜钢筒组成。在弹头的头部还装有一个燃烧剂。燃烧弹同时也是曳光弹，可给出红色曳光，日间和夜晚在700 米距离上有良好的能见度。弹头重 6.6 克，弹头飞行顶端呈红色。

　　国际形势的复杂化和政治形势的激化要求在尽量短的时间内为苏联武装力量生产大量的现代化武器和技术装备，其中包括轻武器。苏联大型军工企业伊热夫斯克第 74 工厂很快就掌握了新式武器的大规模生产技术，该工厂比其他同类企业更快地调试好自己的技术生产线，为生产卡拉什尼科夫式自动步枪做好了准备。第 74 工厂在 1949 年第一季度掌握了卡拉什尼科夫自动步枪的生产技术。1949 年 8 月 16 日苏联部长会议下达第 13047 号命令，将此列入苏联国家计划。武装力量部提出了关于 1951~1955 年为"战争初期军队动员和储备补充所必需的"武器和技术装备供货的建议，规定生产 440 万支卡拉什尼科夫自动步枪和西蒙诺夫自装弹卡宾枪，其中 AK 式自动步枪的份额占总份额近 60%。

　　在批量生产的同时，对 AK 自动步枪进行精细加工成为伊热夫斯克机器厂的优先任务。最大限度地简化生产程序，尽可能地降低生产成本，以及对型号的进一步优化成为工厂的主要任务。但是，

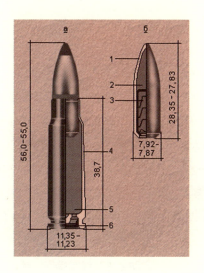

1943 年式 7.62 毫米定装弹，T - 45 曳光弹头：
a - 定装弹， 6 - 弹头
1 - 外壳；2 - 铅心；3 - 曳光管；4 - 弹壳体；5 - 火药装药；6 - 底火

尽管武器设计师多年来付出了巨大的努力，卡拉什尼科夫自动步枪在设计结构上仍存在些不足之处，没有达到所要求的参数。自动步枪的进一步优化有两条路可走：一是对设计结构本身进行修改，二是在生产上推行更加先进的技术工艺。仅在武器大规模生产过程中，就对其设计结构进行了 228 项改进，另外还有 214 项属于简化生产技术工艺方面的改进。因此，在第 74 工厂除了总设计师处负责当前生产外，很快又加派了有经验的技术员、设计师、铸造师、工具制造师等一批专家，专门负责卡拉什尼科夫自动步枪的进一步完善。

当时，工作的着力点放在了完善武器生产的组织工作上，第74工厂在卡拉什尼科夫自动步枪生产的初期遇到了一些事先没有想到的复杂情况。尽管工厂投入了相当大的人力物力，还是在规定的期限内无法生产出所需要的数量。这主要是设备陈旧和技术生产线不完善所致。后来，А.А.马利蒙曾回忆说："AK-47自动步枪不可能在老的技术基础设备上生产。生产这种武器要求研发新的技术工艺，要大量使用自动化的技术设备，要积累生产新型自动武器的经验。只是承蒙我们大家的共同努力和工厂总工程师 А.Я. 费希尔、总工艺师 К.Н. 马蒙托夫和生产主任 А.Г. 科兹洛夫的坚强毅力，到1950年年底1951年年初，我们通过改善设备和装备、实现部分车床的自动化、建立新的自动化生产线等措施，才成功地解决了这个问题。"推行先进的技术工艺程序就是伊热夫斯克工厂在使用冲压技术的同时，转用武器零件机械加工的流水作业法，这种方法可以使武器零件有更大的公差和公隙，也可以保障武器在任何使用条件下可靠工作。类似的新技术手段在很大程度上改善了武器的使用维护性能。

尽管 AK 自动步枪的生产组织工作得到改善，但机匣在尺寸方面的次品率居高不下仍然是没有解决的问题，由于机匣的刚度不够，冲压焊接的机匣很容易变形。虽然在生产 AK 自动步枪的过程中使用了先进的冲压结构技术工艺，伊伊热夫斯克机器制造厂在这方面的生产能力仍相对低下，使用冷冲压技术制作复杂零件的经验不足，不能达到所需要的效果。卡拉什尼科夫本人也曾很沮丧地回忆道："很遗憾，在制造自动步枪的过程中形成的这种制作方法，使机匣的刚度不够，不能保障武器的可靠工作。"总体上看，批量生产自动步枪第一种方案的装配结构要求有更高的生产素养、更严格的技术工艺规程、更精确和专业的技术设备。因此，设计师和工艺师们不得不根据出现的情况重新考虑所有的解决方案，其中包括完全意料不到的方案：放弃冲压焊接设计结构，又重新返回到已经过时的制造武器机匣的方法，使用整个的毛坯，用铣加工的方法制造机匣。铣加工出来的机匣可以保障其装配尺寸的稳定性并成为高质量装配自动步枪的基础。让我们再回到米哈伊尔·季莫费耶维奇的回忆中：

209

"工厂副总设计师 В.П. 卡维尔·卡姆佐洛夫提出了解决问题的办法……他建议使用铣加工的方法制造机匣。乍一看，这种解决方案好像是在武器大规模生产中的退步。要知道，冲压设计结构的优势是显而易见的。这种方法在很大程度上简化了零件的生产过程，降低了耗材量，减轻了劳动强度。基本构件加工简单，在当时由 В.А. 杰格佳廖夫、Б.Г. 什皮塔利内和 Г.С. 什帕金参加的冲锋枪靶场试验比赛中起了关键性的作用……但无论如何，我认为，在 20 世纪 50 年代初重新使用锻件制造自动步枪的机匣是正确的。В.П. 卡维尔·卡姆佐洛夫帮助我们在设计结构中推行了不少新的要素，简化了使用铣加工方法生产程序。就这样，我们在很短的期限内保障了武器足够的刚度和工作的可靠性，尽管这种方法在一定程度上加大了卡拉什尼科夫自动步枪的重量和金属耗材量（每一个机匣多用金属 1.5 千克），但与此同时，免去了焊接机匣构件的组装和大量的校正作业，因而节省了大量的时间。自动步枪的重量含空弹仓和附件为 4.3 千克，含满弹仓的重量为 4.8 千克。"

制造厂家的标志和工厂编号开始时是镌刻在衬管的左壁上，后来改在机匣的左侧。伊热夫斯克工厂的厂标 No.524 写在带箭头的六边形周围，位于中间；伊热夫斯克第 74 工厂的标志是写在一个等腰三角形内的箭头；图拉军械厂的标志是一个五角星；维亚特卡-波利扬斯基斧头机器制造厂的标志是写在一个盾牌上的五角星。

到 1949 年年底，使用铣加工机匣的改型 AK 自动步枪发往靶场进行试验。经过第 74 工厂设计师和工艺师们深入改进的卡拉什尼科夫自动步枪到 1950 年时，降低了生产成本，从 2003 卢布降至 1003 卢布，这期间 AK 自动步枪的图纸经过了 700 多次大大小小的改动，提升了武器的使用性能。1951 年年初，第二款自动步枪替代了冲压焊接结构机匣的 AK 自动步枪。第 74 工厂开始生产铣加工机匣的 AK/AKC 自动步枪，很快从部队传来对武器的正面评价，当然其中还有不少对自动步枪个别零件和部件的抱怨，自动射击时散布值过大的问题依然存在。

第 8 章

AK 自动步枪的现代化

МОДЕРНИЗАЦИЯ АК

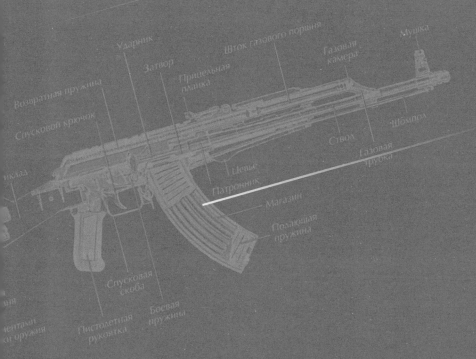

Возвратная пружина

Спусковой крючок

Ударник

Затвор

Прицельная планка

Шток газового поршня

Газовая камера

Мушка

Приклад

Цевье

Ствол

Шомпол

Газовая трубка

Патронник

Магазин

Подающая пружина

Спусковая скоба

Пистолетная рукоятка

Боевая пружина

　　理想中的武器在自然界是不存在的。就在 AK-47 列装后不久，设计小组和伊热夫斯克机器制造厂的工艺师们马上着手进行自动步枪的现代化改造。直接参加这项工作的有克利莫夫斯克第 61 科研所的设计师和工程师，武装力量方面的代表是军械总局轻武器装备处的代表 И.Я. 列季切夫斯基、И.Н. 皮斯昆、B.C. 杰伊金、В.И. 阿尔加洛夫和 И.П. 布申斯基。

　　B.C. 杰伊金再次给他的老朋友 M.T. 卡拉什尼科夫提供了帮助。这次他给工厂和设计局提供了全方面的支持。自动步枪将在以下几个方面进行现代化改造：提高武器的生命力，改善其战斗性能。设计师的主要工作是降低自动步枪的生产成本，简化生产技术工艺。比如，AK-47 自动步枪的成品零件总重量为 3.5 千克，整个耗费金属是 15 千克。这种浪费简直是不能接受的。

　　米哈伊尔·季莫费耶维奇很快就着手研制新型号的 AK 自动步枪了。在保持自动步枪战斗和使用维护性能不变的前提下，我们设计师的全部精力放在尽最大可能降低自动步枪的重量上。

　　首先决定自动步枪大部分零件不使用高合金钢，而是使用低合金钢制作。这样可以使机匣的铣加工变得简单一些。击针的生命力得到提升，击针的杆部有平滑的平行边缘，该杆部与制式击针不同的是，其底部没有环形加粗。弹仓也发生了根本性变化，不是用铁皮制作的（用铁皮制作的弹仓不装弹重 0.43 千克），而是用轻型合金制作（不装弹时重 0.33 千克，装弹时重 0.82 千克）。为了提高弹仓的可靠性，防止给弹弹簧在使用过程中变形，弹仓外壳的侧壁上使用了加强筋。

　　"用子弹的是傻兵，用刺刀的才是好样的。"那个时代的军事指挥官们都信服 A.B. 苏沃洛夫的这一名言。军事理论家和教育家 М.И. 德拉戈米罗夫曾经这样说过："不论武器如何完善，50 步开外打不着的概率要比在一步或者一步半的距离上用刺刀大得多；无论什么情况下，用刺刀与射击相比需要更大无畏的精神、自我牺牲精神和集体主义精神，是一种自卫的本能。射击需要镇静，而刺刀搏斗需要的是一往无前的精神，其本身就表现出我们在精神上压倒敌人的优势。射击可能用了几个小时，什么也没打着，而刺刀搏斗，一下子就可以把敌人打翻在地。"因此，在经过了一系列的试验设计工作以后，轻武器研究所做出以下结论："在现代条件下，刺刀还像过去一样是必胜意志的最高物质体现，所以自动步枪一定要配刺刀。"

　　为了改善在肉搏战中武器的使用效果，木制枪托的自动步枪上配备了可装卸的 2 型利刃枪刺（6Ч2），刺刀还可以当作刀子使用。

　　刺刀的手柄上安装了一个环，这个环刺刀可戴在枪管的套管和固定气室的凸部上。刺刀依靠弹簧夹子固定在通条座上。行军时刺刀装入金属刀鞘内，挂在腰带上。2 型刺刀带刀鞘重 0.37 千克。只是为了进行类似的搏斗需要，在部队人员中进行体能上的、技术上的和精神上的特殊训练，使之掌握使用刺刀和枪托进行肉搏战的技能。

　　М.Т. 卡拉什尼科夫在完成自己自动步枪设计的过程中，极力想依靠提升武器的战斗性能来把武器做成精品，特别令他寝食不安的是自动射击时的射击密度指标。类似的愿望使他萌发了多个新型

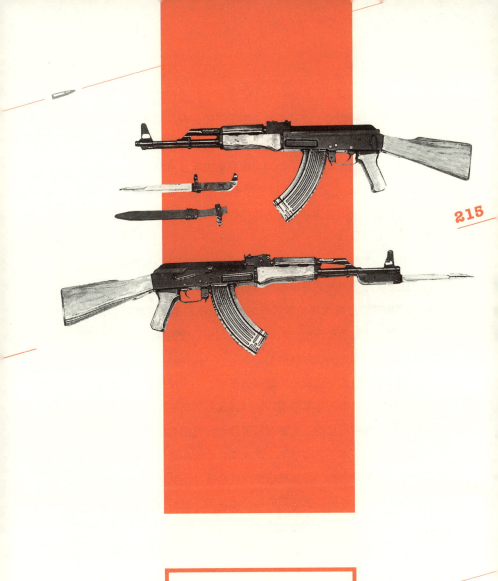

轻型 AK – 47 自动步枪
在 AK – 47 列装的几年后，又研制了
武器的轻型版。该款枪中使用了冲压机
匣和新的合金。因此，武器重量减轻至
3.8 千克

自动步枪的试验型号，这其中包括射击时如何保持武器的稳定性，他试图采用各种补充支撑的结构达成该目的。经过试验证明，在卡拉什尼科夫自动步枪上使用枪架可提高射击密度 0.5~1 倍。先是出现了 1950 式 AK 自动步枪的试验型号，带可折叠的单腿支撑，用于卧姿射击，枪架固定在枪管的枪口部，行军时枪架折叠在前托的下面。

后来，该型号被卡拉什尼科夫自动步枪的另一个型号取代，这款枪增加了一个木制的手枪握把，该握把位于前托的下面，安装有一个可伸缩的金属单腿枪架，作为卧姿射击时的武器支撑。1953年又出现了两款自动步枪：AK 和 AKC，在枪管的前部装配有轻便的、可快速拆卸的网状双腿枪架。

在来自部队和射击训练班建议的基础上，卡拉什尼科夫自动步枪的上皮带环从靠近枪管前部的前托环改到了气腔附近，排除了前托在使用过程中的松动。重新制作了自动步枪的木制部分。制作枪托和前托的新技术工艺降低了生产成本，枪托和前托的材料由桦木原木改为桦木胶合板，枪管盖板使用胶合板冲压制成，枪托的固定也更加简便。以往枪型上使用的枪托固定架，重新被带有两个衬管的底板所代替，与机匣的固定不再使用铆钉（1949 年批量生产的第一批 AK 自动步枪型号就是铆接的），而是焊接上的。这种设计结构不仅保障了生产成本的下降，而且可使武器本身在肉搏战中更加牢固。与此同时，枪托在机匣上的固定重新返回到原来试验的模式，可以避免枪托固定架的晃动，这种晃动在一定程度上影响卡拉什尼科夫自动步枪射击密度的改善，修改后可以使武器在射击时更加稳定。使用 AK 自动步枪在远距离（350 米）对高 50 厘米胸环靶直接瞄准点射时的散布值为 0.3×0.4 米，这一数值在同类武器中是一个不错的结果，尽管在 800 米最大距离上可以进行有效射击，但由于弹头散布值过大，基本上是不可能实现的。AKC 自动步枪金属枪托的肩部支撑有一个限制器，用于在复杂情况下防止破坏。前托支撑。与此同时，通过减少后坐部分，克服由零件的各种移位和不标准外形尺寸所产生的摩擦力能量，使自动机工作的可靠性得以加强，同时还改善了气体后坐系统的参数，其中包括气体后坐孔直径、活塞的径向缝隙和气腔室的活塞密封范围。

通过对卡拉什尼科夫自动步枪进行改造的一系列工作，其设计结构和生产技术工艺都得到了进一步改善。从根本上提高了武器的战斗和使用维护的品质。由于 AK 自动步枪配备了合理的自动机，并为未来发展留有余地，使其具备了进一步进行设计结构和技术工艺改进的可能性。到 1954 年，降低了生产的劳动量，减少了金属材料 1.2 千克，除此之外，还大幅度地，几乎达到 30%，降低了武器的生产成本。

经过现代化改造的武器于 1954 年年底列装苏联军队，标号为"7.62 毫米卡拉什尼科夫轻型自动步枪"。再后来，到 1955 年，伊热夫斯克机器制造厂生产出了卡拉什尼科夫自动步枪的第三种型号（代码为 56–A–212）和带木制枪托和带折叠式枪托 AKC 式自动步枪（代号为 56–A–212M）。自动步枪的重量降低了 0.5 千克（从 4.3 千克降至 3.8 千克），带一个弹药基数（180 发枪弹）的整个武器重量从 10.1 千克下降至 9.1 千克（自动步枪带满弹仓重量为 4.3 千克）。该款自动步枪尚未消除的不足是连续射击时的射击密度过低。

20 世纪 50 年代中期，苏联在国防部部长 Γ.K. 朱可夫的倡议下建立了苏联总参谋部情报总局特种侦察与破坏部队和分队。这支部队的任务要求给侦察员配备相应的特种武器装备，这种装备不仅要保障有效的射击，还应具备隐蔽使用的能力。因此，1956 年又向部队投入了一款非常成功的卡拉什尼科夫自动步枪的改型，配备了由第 61 科研所 Л.И. 戈卢别夫工程师设计的无声无烟火射击装置。该装置不仅通过降低枪管切面的火药气体压力的方法，还通过使用亚音速弹头定装弹的方法达到了无声和无烟火射击的目的。带这种消声器的自动步枪射击时使用 УО 型专用定装弹，降低了弹头的初始速度（270~295 米 / 秒），该定装弹是由该科学研究所的 Г.М. 捷列申内工程师研制，组织领导该项目的是弹药科科长 Б.В. 肖明。改装设计结构的 УС 新型定装弹的弹头更重，头部使用了钢心。

消声器以螺纹静配合的方式固定在枪口部。消声器的外壳由两个半柱面组成，其后部由两个轴相连接。在半柱面的外表面有螺纹，便于在枪管上固定。为了防止外壳的自松动，在其中一个半柱面上安装了一个平板式弹簧锁扣。在每一个半柱面的腔体上分布有 12 个隔板，隔板上有半圆形的开口，以便弹头通过，在第一个隔板上固定了一个密封器，是一个由定位器固定在金属套圈内的橡皮塞。使用带消声器 AK 自动步枪射击时，还要使用一个专用的瞄准板，能保障表尺的侧移位。在瞄准板的上平面有从 1 至 10 的数字刻度和字母"П"的刻度，用于使用普通定装弹的射击；而在瞄准板的另一面（下平面）有从 1 至 4 的数字刻度，用于使用 УС 式定装弹的射击。射击时，弹头穿透橡胶密封器从枪管中飞出，该密封器由于压缩减慢了火药气体进入消声器壳的速度。跟在弹头后面溢出的气体进入由隔板形成的隔间，经过扩散失去速度，达到消声的目的。密封器可有效保障自动步枪机构的可靠工作达 200 发，而后应进行更换。带消声器的 AK 自动步枪能在 400 米距离上进行有效射击。夜暗条件下用带消声器的 AK 自动步枪瞄准射击可使用 НСП–2 型夜用步兵瞄准具。

带消声器的 AK 式自动步枪结构简单，又绝对可靠，该武器在特种侦察分队的列装，使苏联特种武器提升了一个台阶，当时我们的敌人还没有成制式的、使用大威力中等尺寸定装弹的无声自动武器。

20 世纪 50 年代的军备竞赛要求对武器进行不断完善。这一要求促进了苏联军械业的发展。各工厂都在全力以赴，各个设计组都有足够的经费，国家鼓励在军械事业各个领域中的原创思想。AK 自动步枪的现代化改造还在进行之中。尽管自动步枪已经列装，但在设计结构上还存在严重的不足。军械总局和国防工业部认定的问题最具重要性：武器制造的高劳动量、自动射击时缺乏足够的稳定性、武器重量过重等。因此，1947 年 11 月，展开了科学研究工作，其目的是研制带自由枪机和半自由枪机的、使用中等尺寸定装弹的自动步枪。与卡拉什尼科夫、布尔金和杰缅季耶夫自动步枪在轻武器装备科学研究靶场进行第二轮靶场试验的同时，其他的设计师在图拉、伊热夫斯克和科夫罗夫针对新型武器的研制继续紧张地工作着。开展这类工作的有 П.В. 沃耶沃金、В.Е. 沃龙科夫、Г.А. 科罗博夫和沃斯克列先斯基。

1947 年年底，图拉第 14 中央设计局的设计师 Г.А. 科罗博夫提交了自己的新式自动步枪 ТКБ–454–43，带半自由枪机，带气体制动。尽管这个相当简单的自动步枪中缺少气体传导组件和枪膛刚性封闭组件，Г.А. 科罗博夫却成功地将武器的后坐力降低了 20%，在很大程度上提高了不稳定姿势（站姿和跪姿）连续射击的稳定性。科罗博夫设计组主要的成就是降低了生产消耗。尽管科罗博夫的自动步枪还存在着一系列的严重不足，但就生产成本来讲与卡拉什尼科夫自动步枪相比，它要便宜近 50%。

后来，到了 1948 年，出现了科罗博夫新式自动步枪：ТКБ–454–5。该自动步枪的自动机按半自由枪机后坐原理工作，附带杠杆伴随。这款枪依靠枪闩柄的重量，通过延时杠杆实现密封，该杠杆有两个成型的、平行的并通过一个连接件相互连接的臂。延时杠杆臂可保障机头与枪闩柄之间的动能耦合，而连接件用于射击时机头的支撑。延时杠杆臂的下端向机匣的闭锁卡铁挤压，而更长一些的上端与枪闩柄的后部相互配合。杠杆臂比值按以下样式制作，机头每移动 1 毫米，枪机架相应地移动 3.5 毫米。为了防止枪机回跳，ТКБ–454 式自动步枪中，在枪闩柄后的位置上有一个消除枪闩柄回跳的自动击发杆，用于延迟射击速度。除此之外，枪管腔的密封非常"软"，由于移动部分在最后部对发生撞击的脉冲加以作用，射手只能微微感觉到半自由密封所产生的射击后坐脉冲。扳机型击发机可以单发和连续自动射击。ТКБ–454–5 式自动步枪及其改型 ТКБ–454–6 和 ТКБ–454–7А 式自动步枪，因为没有气体系统和刚性密封，是一款绝对简单、轻便，生产技术工艺水平很高的武器。工厂和靶场的试验证明，科罗博夫的武器在训练不足的射手进行点射时，其射击密度优于卡拉什尼科夫的自动步枪，同时在自动机工作的可靠性方面能满足给定的要求。ТКБ–454–6 式自动步枪带弹仓重 3.65 千克，枪总长度为 665 毫米。

图拉的另一位设计师德鲁戈夫 1953 年向军械总局枪械委员会提交了一款 7.62 毫米自动步枪。德鲁戈夫自动步枪的设计结构与卡拉什尼科夫自动步枪主要的不同之处在于自动机工作的原理完全不同，它使用的是自由枪机后坐的原理。该自动步枪装备的是扳机式击发机，可以实现单发和连续射击。但是，这类使用 1943 年式大威力中等尺寸定装弹的武器沿用了什帕金和苏达耶夫自动步枪的路子，在试验过程中表现出自身能力不强。

伊热夫斯克的武器设计师莫谢维京也是在 1953 年研制出了 7.62 毫米自动步枪的试验型号，制造过程中大量使用了 AK 式自动步枪的标准零件和部件，包括机匣、瞄准具、可以单发和连续射击

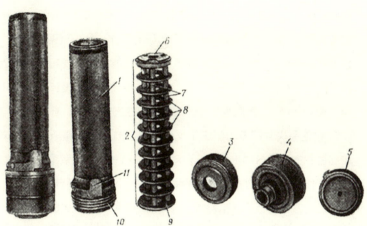

消声器的构成：

1. 外壳（座架）

2. 气体分离器

3. 头部盖

4. 头底座

5. 密封器

6、9. 环

7. 圆柱形套筒

8. 隔板

10. 螺纹

11. 单片弹簧锁扣

　　外壳（座架）是一个圆筒，筒内装有气体分离器的密封器。在外壳的外平面上有螺纹（10），用于外壳与头部的连接。为了防止外壳的自松动，在其外平面上接有一个单片弹簧锁扣（11）。气体分离器由 10 个隔板（8）组成。为了防止隔板移位，在其中装配了圆柱形套筒（7）。隔板与套筒通过连杆，借助于前面的环（6）和后面的环（9）连接。环和隔板中间是用于弹头通过的孔。

的扳机式击发机。但该型号没有进入试验枪型的范围。

除了这些武器设计师以外，还有其他的武器设计师在继续进行着新型武器的研制工作。当时的形势有利于这一工作的开展，根据军械总局下达的任务，从 1950 年起各设计局开始进行使用 1943 年式定装弹卡宾 - 自动步枪统一型号的研制工作，他们试图把 AK 式自动步枪与 СКС 式自装弹卡宾枪的战斗性能结合到一起。许多武器设计师进行了类似的研制工作。在科夫罗夫第 575 设计局，1950 年，设计师 А.С. 康斯坦丁诺夫、Г.С. 加兰宁和 И.И. 斯洛斯京与 С.С. 布伦采夫共同草拟了三个类似武器的方案。在康斯坦丁诺夫和加兰宁的卡宾自动步枪中，自动机按火药气体从枪管膛中后坐的原理工作，向下扳动枪机实现闭锁，但第一个方案是撞针式击发机，而第二个方案是扳机式击发机。在斯洛斯京和布伦采夫的设计方案中，自动机也是按火药气体后坐的原理工作，但枪管膛的闭锁通过转动枪机实现。

М.Т. 卡拉什尼科夫本人也与第 74 工厂的其他人一道开展 7.62 毫米自动卡宾枪的研制工作。在 1952~1956 年，他研制了四个类似武器的型号，其代号为 ОПЛ。这几个型号与 AK 自动步枪不同的是，枪管长了 70 毫米，封闭式气腔室的设计结构发生了变化，更靠近弹膛，没有了气体管。再一次去掉了统一的枪机框，独立与枪闩柄安装了带两个密封槽的连接杆（在自动步枪最初的几个型号中经常遇到）。与 AK 式自动步枪相比，枪机框短了一些。在卡拉什尼科夫武器系列的设计中首次使用了射击速度延迟器，同时还可以作为自动解脱机使用，只能盖住半个机匣，它的功能是能够从弹夹直接向弹仓装填，不用与武器分离。为了实现这一功能，枪机要在后部驻留，充当制动装置。快慢机扳手柄在第一方案中安装在机匣的左侧，在后来几个方案中又回到最初的位置，安装在机匣的右

"作为一名武器设计师，他应该随时随地地思考某些问题。我的产品早已名扬世界，但这并不是说，我可以停下脚步，不用再思考了。武器设计师应该是终生都在工作。"

M. T. 卡拉什尼科夫

侧，击发机在一个独立的结构内。枪托、前托、枪机盖、复进弹簧、瞄准尺和击发机的零件也发生了变化。供弹与 AK 式自动步枪一样，使用标准的 30 发弹仓。卡宾枪的试验型号配备了可拆卸的匕首式刺刀。1954 年 6 月，国防工业部技术委员会在对科罗博夫、康斯坦丁诺夫、西蒙诺夫和卡拉什尼科夫提交的卡宾自动步枪进行一系列研究后给出了结论，认为前三个武器的试验型号与 AK 式自动步枪相比，生产劳动量分别为 AK 式自动步枪生产劳动消耗量的

40%~50%；55%~60%；85%~90%，除此之外，设计师科罗博夫和康斯坦丁诺夫的新型武器大量使用了制式武器的组件与零件。与此同时，技术委员会的决定中还指出："科罗博夫和康斯坦丁诺夫的设计结构中使用半自由枪机，替代了火药气体后坐的复杂系统，是相当合理的，能保障设计结构上的简单并降低劳动消耗量。"但是，到 1955 年就停止了这个项目，原因是国防部认为，列装卡宾自动步枪是不合理的，卡拉什尼科夫轻型自动步枪的使用经验证明，其在战斗性能和使用维护性能方面与卡宾枪相比具有明显的优势。

　　研究发现，经过改进的卡拉什尼科夫自动步枪在远距离（400米）瞄准单发射击效果方面并不逊色于西蒙诺夫的卡宾枪。同时它在自动机工作可靠性和机动性方面确实又比CKC式卡宾枪有优势，该款武器尤其是在堑壕、建筑物内等有限空间进行战斗的条件下，能表现出自己的优势，在战斗射速和实施大威力连续射击火力方面也有不俗的表现。轻武器装备科学研究靶场对所进行的工作做出了结论，该结论得到了苏联国防部军械总局的支持："为了提高火力的有效性，提升自动机工作的可靠性和零件的生命力以及武器的机动性，用 7.62 毫米 AK 式自动步枪替代 7.62 毫米 CKC 式卡宾枪是合理的。"

　　根据部队提出的要求，并考虑到了上述各种情况，苏联武装力量领导层承认用卡拉什尼科夫轻型自动步枪（AK）替代西蒙诺夫自装弹卡宾枪（CKC）是合理的。

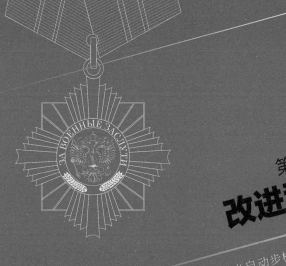

第 9 章
改进型 AKM

（卡拉什尼科夫 7.62 毫米自动步枪）

Глава 9
7,62–мм АВТОМАТ КАЛАШНИ-КОВА МОДЕРНИЗИРОВАННЫЙ (АКМ)

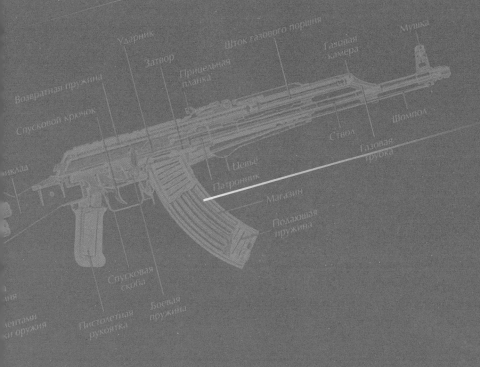

Ударник

Затвор

Шток газового поршня

Газовая камера

Мушка

Возвратная пружина

Прицельная планка

Спусковой крючок

Ствол

Шомпол

Газовая трубка

...клад

Цевье

Патронник

Магазин

Подающая пружина

Спусковая скоба

...ния

...ентами ...и оружия

Пистолетная рукоятка

Боевая пружина

АВТОМАТ
КАЛАШНИКОВА
СИМВОЛ РОССИИ

外部政治的因素影响着苏联军械事业的发展。例如，华沙组织条约的签署给军械事业的发展增加了新动力。首先，华沙条约国之间实行统一的军事技术政策就对军械事业产生了重大影响，其次，各国军队要求装备统一的现代化军事技术装备。第一个提出这一问题的是苏联元帅 И.С. 科涅夫，他当时担任华沙条约组织成员国联合武装力量军事委员会主席。他委托军械总局轻武器装备局研制步兵自动轻武器的新型基本综合体，以代替列装华沙条约成员国军队的所有其他轻武器型号。

苏联武器装备部部长 Д.Ф. 乌斯季诺夫在军械事业发展过程中也发挥了不小的作用。米哈伊尔·季莫费耶维奇·卡拉什尼科夫本人后来回忆说，德米特里·费多罗维奇·乌斯季诺夫在对伊热夫斯克机器制造厂的领导讲话时，确定了轻武器未来发展的前景："……对武器的主要要求是保持其对敌同类武器的优势。我强调：在所有参数上，相同不行，接近不行，必须要有优势。也就是现在 AK 式自动步枪所具备的优势。要想有优势，就必须对型号进行现代化改造。在目前冷战加剧的条件下，这种制造和完善武器的路子对保障武装力量高度的战斗准备程度具有日益增长的重大意义。"

话又说回来，对自动步枪的进一步完善并不是轻而易举之事。轻武器一体化的问题是个重大课题。在当时，国内同时生产三个型号的武器：自动步枪、卡宾枪和轻机枪。所有这些型号的武器用途都是与敌有生力量战斗。有一点不言而喻，要同时训练战士熟练使用三种武器是很困难的，生产方面的复杂性就不用说了。因此，国防部的领导会同国防工业部做出决定，开始研制新型的统一轻型个人武器综合体，以便改善武器的战术和技术性能，同时又要减轻士兵的负荷。武器综合体应包括轻型自动步枪和轻机枪，用其替代排级轻武器的所有其他型号。除此之外，军事专家还提出了完善武器生产技术工艺的建议，以便简化生产过程，降低生产成本。1955年年初，国内所有设计小组都将工作的重点定位于制造使用1943年式定装弹的一体化轻型武器综合体。

对自动步枪和轻机枪的战术和技术要求最早是在1953年3月提出的。要求非常简单：必须制造使用1943年式定装弹的最简单和最便宜的武器。当然，各种武器型号必须达到在严酷的战斗条件下保持其生命力的基本标准。自动步枪作为统一的型号，用于装备列兵和军官。自动步枪的长度不得超过920毫米，重量不得超过2.7千克。弹头初始速度应不低于710~730米/秒，表尺距离为1000米。新型武器除了要改善其使用维护性能外，其各项战斗指标必须要有大幅度提升，其中包括射击密度。

除此之外，对轻机枪还提出了补充的任务要求，新的要求与已往要求的不同之处在于：要使用新型的冲压设备制造新型武器，最大限度地减少车床和手工加工零件。

如果说国内武器设计师们所面临的进一步完善自动步枪的任务始终列入日程安排之中的话，那么人们并没有马上意识到更换轻机枪的必要性。事情是这样的，列装苏联军队的杰格佳廖夫轻机枪的表现并不是那么可靠，特别是在复杂和困难的工作条件下。除此之外，РПД式轻机枪在部队使用的几年中也出现了生命力短的问题，这在很大程度上降低了该型号轻机枪的使用性能。当时许多专家要

229

求马上把杰格佳廖夫轻机枪从军队装备中撤出。从战斗性能上看，杰格佳廖夫轻机枪比卡拉什尼科夫自动步枪略有优势，只是重量较重，严酷条件下的生命力不高。试验委员会在最终的结论中给出了如下的评价："……委员会认为，仍在苏联军队装备中列装 1943 年式定装弹的机枪是不合理的，其理由是现代战斗的条件发生了变化。与 AK 式自动步枪相比，其在射击效果和其他很多参数方面没有明显的优势，使用 1943 年式定装弹的机枪逊色于使用步枪定装弹的轻机枪。因此，为了加强步兵分队的战斗能力，除使用 1943 年式定装弹的机枪外，又合理地为其增加了尼基京式使用步枪定装弹的带枪架轻机枪。"

但是，类似的观点并没有在苏联国防部高层找到更多的支持者。与此相反，军械总局决定要恢复在这方面的工作。1955 年 1 月 31 日，提出了新的战术和技术要求，其中规定，"……轻便式轻机枪用于装备步兵排的班。从生产方面看，轻便式轻机枪应当更加简单，制造技术工艺应该是可以大规模生产，与 РПД 式轻机枪相比，其并不需要复杂的技术设备，能有效节省车床和手工制作的时间。"机枪带空弹链（弹仓）的重量不得超过 5.5 千克，总长度不得超过 1050 毫米。

说到为 1955~1956 年竞标会制造试验用自动步枪的事，就必须指出其以下几个性能指标特点。

第一，下达的任务是减轻型号重量，降低制作劳动消耗量，刺激人们对当时基本上被遗忘的半自由闭锁系统的兴趣，因为这种闭锁方案与气体后坐和转动枪机枪管闭锁一样，在使用 1943 年式定装弹的武器设计结构中非常协调，不仅能使系统变得简单、降低系统的重量，而且还可以减少闭锁组件制作的手工作业量。

第二，实际上，对于新式武器的所有型号来说，可拆卸式机匣盖方案是整体布局的最佳方案。

第三，在各种枪机匣的设计中还出现了一个明显的特点：自动机的移动系统沿导向凸笋的移动被广泛采用。

第四，所有枪型毫无例外地使用 AK 式标准 30 发弹仓供弹。

第五，全部的自动步枪都要提交两个型号：用于步兵的 —— 带固定木制枪托和用于空降兵和装甲技术装备乘员的 —— 带折叠式金属枪托。

当时提交审查的有康斯坦丁诺夫、阿法纳西耶夫、科罗博夫和卡拉什尼科夫设计的自动步枪。

卡拉什尼科夫 C–04–M 式自动步枪是轻型 AK 式自动步枪的改进型。新型自动步枪集中了 7.62 毫米 AK 式自动步枪以及卡拉什尼科夫 1955 年式 ОПЛ 自动卡宾试验枪的全部优点。新型号的研制工作很长一段时间内由 М.Т. 卡拉什尼科夫领导的设计组实施。对于卡拉什尼科夫来说，他的基本任务是简化型号结构、提高武器的可靠性和生命力。根据已提出的要求，卡拉什尼科夫考虑将铣加工机匣结构改为使用板型钢的冲压成型结构。这一方案可最大限度地节省生产成本。但是，这一点却与技术工艺相排斥，因为按照技术工艺专家的观点，结构在淬火过程中就已经"定型"。

工厂的工艺师 М.И. 米勒建议返回冷钢板冲压的方法，认为这种方法与机械加工相比可节约金属材料达 40%~60%，这种条件下金属材料的使用系数可达 80%~85%。卡拉什尼科夫后来就这一情况谈了自己的印象。

М.Т. 卡拉什尼科夫回忆道："节约金属材料的斗争给了完善生产过程一个很好的推动力，促使我们去落实新的、更加进步的零件加工方法。这种方法可以广泛地使用快速加工模式，采用组合车床和自动机，推动实现设备的现代化改造，向自动化和半自动化生产

流程过渡，建立全面的自动化生产工段网络。我们不仅仅推动冲压法，而且还推动按溶化模具进行浇注和粉末冶金技术。我们开始按新的技术工艺进行结构设计。如果直接说到我们设计组的工作，仅统一自动步枪和机枪型号设计，使用先进的加工方法所收到的节约效果就近百万卢布。"

生产技术工艺的改变对整个武器的设计结构产生了影响。先进的生产技术工艺与冲压法和按溶化模具的精确浇注相结合，有效地减少了很多零件制作的劳动消耗量。伊热夫斯克工厂的工人们成功地加工出卡拉什尼科夫改进型自动步枪的 9 个零件，这 9 个零件全部用浇注法制作，其中包括枪托板、保险机的扇形件、自动脱离机、前托环、枪刺环和手柄接头。

除此之外，首先重新制作了机匣，与制式 AK 式自动步枪机匣不同的是，由铣加工改变为冲压铆接。现在机匣的前部是使用铆钉与套管固定，然后再压装枪管。在机匣套管内有枪机闭锁开口，其后壁是闭锁卡铁、用于引导枪机框和枪机运动的凸边和导向凸笋、用于反弹弹壳的凸笋、用于固定侧壁的连接件。除凸笋外，为了卡住弹仓，在机匣的每一个面上（在弹仓窗口上方）各有一个椭圆冲压凹槽，作为弹仓的导轨，以防止弹仓横向晃动。在机匣的后部固定第二个套管，该套管上有纵向 T 字形槽，用于引导复进弹簧连杆，横向槽用于固定机匣盖和枪托的尾板。机匣冲压盖是全新的，为了使其更加坚固，使用了加强横向刚性筋。许多零件和组件（机头、扳机、击发阻铁等）都改为冲压制作工艺，这在一定程度上改善了自动步枪的使用维护性能，提高了武器的生命力和可靠性。

在这种情况下，C–04–M 自动步枪带空弹仓的重量，由轻型 AK 自动步枪的 3.8 千克降至 3.1 千克。与此同时，带折叠式枪托的卡拉什尼科夫改进型自动步枪的冲压焊接机匣起到的作用是负面的，原因是大幅度降低了系统的刚性，这一缺陷也影响到了武器的射击密度和坚固性。

改进型自动步枪使用了新的复进机。该复进机由复进弹簧、导向连杆和套筒组成。复进弹簧的连杆结构变得更加简单，可以使用钢丝生产。木制前托的外形也发生了变化。两侧增加了手指的支撑点，便于射击时握住武器。磷化油漆涂装代替了氧化油漆，极大地改进了卡拉什尼科夫改进型自动步枪的使用维护性能，抗腐蚀性能提高了近 10 倍。

匕首式刺刀的结构也是全新的（后来获得代号为 6Ч3），可安在气腔室下部的枪管专用支撑座上。新式通用刺刀的结构可以铰开铁丝网和加电的照明网钢丝。

M.T. 卡拉什尼科夫设计小组当时还进行了研制轻型轻机枪的工作。这款武器的基本零件由第 74 工厂统一设计局的专家克鲁平独立研制。卡拉什尼科夫在轻机枪设计结构方面还是经验不多。1955 年，在卡拉什尼科夫轻便式自动步枪的基础上，设计出了第一款 C-108 式机枪。武器的新样式与制式自动步枪相比不太一样，加长了枪管（长 520 毫米），使用了扇形瞄准具，计算射击距离达 1000 米。在准星基座前固定了轻便式双腿管状枪架，可保障横向平面射击的稳定性。行军时枪架可放置在枪管的下方。1955 年式 C-108 试验型轻机枪重 5.09 千克，总长度 1080 毫米，枪管长 520 毫米，瞄准线长 485 毫米。但是，这款武器明显没有达到竞标会的要求。

1956 年，卡拉什尼科夫的小组做出决定，要研制实际上是全新的 C-108-M 轻机枪。他们将使用冲压铆接机匣的改进型 A-55 自动步枪作为新款机枪的基础。米哈伊尔·季莫费耶维奇曾回忆说："我们明白，要想保留自动步枪的基本组件和装置的结构，我们就

米哈伊尔·卡拉什尼科夫与妻子和孩子们在一起，1959 年

不得不进行一系列设计结构方面的改变，以满足纯粹与机枪相关的特点。应该说主要是大幅度提升有效火力的射程和射击威力、提高产品的稳定性、增加弹仓的容量、改变枪托外形等，这些特点都需要有自己的解决方案。"

要增加机枪枪管的长度和重量，这样可以提升初始速度到745米/秒，还要提高射击的密度并扩大射击距离。

因此，首先将机枪的枪管加长（到590毫米）并加大其重量，提升其点射时的生命力，增加初始速度至745米/秒，提高射击密度，进而增加有效火力的距离。设计师们在进行了一系列的工作（改变一些零件的形状，使用更加坚固的钢号）后，成功地将武器生命力提高到25000发，而卡拉什尼科夫自动步枪的生命力只有15000~18000发。

除此之外，在武器的设计结构中也进行了一系列的改造。В.Н. 普申为了保障武器射击时的稳定性，对不可拆卸的管式枪架进行了改造，现在的枪架在行军时可以收到枪管的下方。枪架包括：基座；可在泥土中支撑滑板的两条腿，以及用于在复杂地形上固定的凸出部；用于打开两条腿的弹簧；右腿上用于在复杂地形上固定枪架腿的弹簧卡锁。外形变化了的木制枪托（与 РПД 式机枪的枪托相似）增加了可折叠的底板垫肩。在新式轻机枪研制过程中最为特别的地方是供弹系统。根据战术和技术条件提出的要求，弹仓的容量应不低于75发定装弹，所以克鲁平提出一个原创方案，自动步枪与轻机枪可以相互更换弹仓的解决方案：扇形弹仓容量为45发，盘形弹仓容量为75发。轻机枪带空弹仓重5.6千克。

卡拉什尼科夫轻机枪的主要竞争对手是康斯坦丁诺夫的机枪。这两个型号有一个重要的共同特点：机枪内的所有部件和装置都是可以互换的。

1957 年，在同一个竞标会上同时提交了科罗博夫和西蒙诺夫的样枪。通过靶场试验，委员会给出如下结论："……康斯坦丁诺夫的系统在零件的通用性方面与其他样枪相比占有优势；除此之外，自动步枪在各种使用条件下的可靠性方面有优势，而机枪在重量性能方面有优势。与此同时，康斯坦丁诺夫的系统在其他战斗和使用性能方面逊色于其他样枪，并有一系列不足之处，而这些不足是设计特点所决定的，要想修正这些不足，只能从根本上对样枪推倒重来。

杰格佳廖夫 – 加兰宁的机枪在各种使用条件下表现出了很高的可靠性，但机匣和其他零件的生命力较低，还有一系列的实质性不足，要想对其进行修正则需要对样枪进行重大的改造。

除此之外，杰格佳廖夫 – 加兰宁的机枪没有与之配套的自动步枪。因此，认为该款机枪的研制是不合理的。"

军械总局枪械委员会科学技术委员会于 1957 年 7 月 3 日批准了试验靶场技术委员会的结论，其中规定：

"1. 卡拉什尼科夫、科罗博夫、康斯坦丁诺夫和西蒙诺夫设计的 7.62 毫米自动步枪，以及卡拉什尼科夫、科罗博夫、康斯坦丁诺夫和杰格佳廖夫 – 加兰宁设计的轻机枪在一系列战斗和使用性能方面不能完全符合战术和技术要求……

2. 卡拉什尼科夫的自动步枪和机枪以及科罗博夫的自动步枪和机枪在消除本次试验中发现的不足方面所进行的精细加工是合理的。"

试验的结果是清清楚楚的，但 A.C. 康斯坦丁诺夫决定步 M.T. 卡拉什尼科夫的后尘，绕过竞标会的规则。尽管康斯坦丁诺夫的设计没有被建议进行进一步修改，但他仍然决定要对自己发明所出现的不足进行修正。他的这个动议最终还是引起了上层首长的注意。到 1957 年 8 月正式建议该设计师恢复修正设计不足的工作。

同年9月，对这些武器进行了第二次靶场试验。参加竞争的有 M.T. 卡拉什尼科夫和 A.C. 康斯坦丁诺夫所提交的样枪；Г.A. 科罗博夫位于候补的位置，当时他还没有完成自己产品的精加工。尽管康斯坦丁诺夫尽了最大的努力，他的样枪还是被排除在竞标日程表之外："……康斯坦丁诺夫设计的自动步枪和轻机枪，在经过第一次检验后，从试验中撤出，其原因是经常出现撞击无力（近70%）和子弹底火击穿（近50%），具体原因是机体的大幅度回跳。"

　　1958年1月13日，卡拉什尼科夫和科罗博夫经过改进的7.62毫米轻型自动步枪和轻机枪开始进行第二次试验，试验持续到3月。首先是卡拉什尼科夫的小组通过提高样枪的坚固性和可靠性，对轻机枪的使用性能进行了完善。有一些组件实际上是重新设计的，通过加大枪机框的重量，使枪机移动部分的重量加大，从483克上升至527克，这在很大程度上对提升该款武器的可靠性产生了影响。卡拉什尼科夫的自动步枪在动力方面有巨大的储备，如此重的自动机主动构件（枪机匣和枪机）到达最后端的速度超过5米/秒。M.T. 卡拉什尼科夫可以降低枪机的速度，通过这种方式改善自动射击时的射击密度，但更为优先的是增加了自动机工作的可靠性。

　　Л.Г. 科里亚科夫采夫在新型机枪的设计中发挥了很重要的作用。机枪中强化了机匣。机匣盖第一次模仿 A–55 式自动步枪冲压式机匣盖，增加了加强筋，为了达到简化的目的，开始使用更厚的钢板制作机匣盖。对枪机框也进行了一定程度的技术改变。除此之外，为了简化使用冲压法生产枪架的过程，枪架为正方形截面。枪托也换成新的更为成功的样式（可保障在卧姿射击时方便左手支撑），枪托的设计在很大程度上模仿了 РИД 式机枪的枪托。为了提高射击的精度，机枪瞄准具配备了带侧方修正装置的横表尺。自动步枪也有一定的变化，护木加长了一些，增加了三个通风孔。

靶场的报告中写着："在卡拉什尼科夫的自动步枪中，特别是轻机枪中，经过全面的靶场试验还是发现了一些实质性的不足。"问题在于，轻型自动步枪不用做任何大的设计方面的变化就可以加以改进，而轻机枪则需要进行重大的改进。根据军械总局枪械委员会技术委员会的竞标试验结果，建议卡拉什尼科夫的轻型自动步枪进行批次生产（轻微改动后），而轻机枪则应该进行补充加工。

经过行业科学研究所的研究，给出的结论是，该武器在对设计和动力性能方面加以改进后，可以达到更好的射击密度，可将射击密度提升 0.2~0.3 倍。因此，卡拉什尼科夫根据专家学者的建议，对自己的自动步枪进行了一系列新的改进。后来，米哈伊尔·季莫费耶维奇在讲到自己如何设法战胜对手时回忆说："对自动步枪进行了一些设计上的改进。在改进型样枪中我们把枪机匣在前端的撞击从右侧改为左侧。在垂直平面上改善了武器的坚固性后，我们在射击密度方面收到很好的效果。固定位置，卧姿有依托、站姿有依托射击时的射击密度还不能让我们满意，特别是总订购人不满意。办法我们找到了，使用扳机击发缓冲器，加大了一个循环间的时间……顺便说一下，也正是自动步枪在设计结构上的这一原则性变化帮了我们大忙，使我们能在竞赛后期超过我们主要的竞争对手 Г.A. 科罗博夫，在射击可靠性和射击密度这些武器最重要的战斗性能指标上遥遥领先。在此之前，他的样枪在自动射击条件下的射击密度上优于我们的产品，这一点是竞赛后期的一个重要因素。格尔曼·亚历山德罗维奇是一位天才的武器研制专家，在他的设计中有许多原创的思想……"M.T. 卡拉什尼科夫接着说道："应该说从总体上讲，对一个设计师来说，特别是对于一个武器设计师来说，在试验过程中及时地捕捉有价值东西的能力具有重要的意义，这可以使自己的设计保持优势地位。当然，捕捉到有价值的东西并做出结论也只是事情成功的一半。最重要的另外一件事就是及时地对行动做出反应，表现出思维的灵活性。设计思维应该始终处在动态中，在发展中工作。在这种情况下的任何迟疑和缓慢基本上就等于竞争中的失败。"

　　安装在卡拉什尼科夫改进型自动步枪和轻机枪击发机设计结构内的扳机缓冲器是一个 Π 型的杠杆，与扳机尾安装在同一个轴上。在缓冲器的前支架上固定了一个弹簧卡子，辅助其运转。在扳机尾的设计中取消了击发阻铁的右侧凸笋，这种变化可以保障在与缓冲器配合时扳机工作的可靠性。在自动射击过程中，当枪机匣带着枪机返回到前端时，扳机只保持在自动发射的击发阻铁上。当枪机从弹仓中将最上面的定装弹推进弹膛时，枪膛关闭，枪机闭锁。枪机框继续向前运动，将击发阻铁从扳机卡笋中引出。扳机在击发弹簧的作用下，返回并撞击扳机缓冲器的卡子。缓冲器向后转动，在扳机的撞击下接近前凸笋。在对缓冲器撞击的作用下，扳机的运动变缓，这使得枪管在受到带枪机的机匣撞击后，可恢复到接近初始的状态，通过这一动作大大改善了射击的密度。在缓冲器对前凸笋撞击后，扳机对撞针进行撞击，射击完成。这样一来，缓冲器的擒纵机构在自动解脱器关闭后，加大了扳机转动的时间，保障扳机向前运动速度放缓，卡拉什尼科夫改进型武器通过这种方式可提高射击密度近 1 倍。

　　卡拉什尼科夫改进型自动步枪的瞄准具由计算距离为 1000 米的开放式扇形表尺和准星组成。

　　当时，主要竞争对手科罗博夫改进型自动步枪的特点之一是，利用射击时枪机匣的回跳能量保障自动机正常的工作和可接受的射击密度。在击发机的结构中使用了自动解脱器，可以起到循环缓冲器的作用，以减轻武器射击间隙循环过程中若干秒的振动。但是，

卡拉什尼科夫的轻机枪于 1961 年列装苏联武装力量，
该机枪使用了 AK 自动步枪的自动机和 7.62 × 39 毫米定装弹，
武器带空弹仓重 5.6 千克

在极端条件下进行的武器可靠性以及生命力试验中，武器的半自动步枪机后坐式自动机仍然表现出了工作的不稳定性。

1958 年 3 月，靶场再次对卡拉什尼科夫、康斯坦丁诺夫和科罗博夫经过改进的轻型自动步枪和轻机枪进行结论性试验。其结果证明，只有卡拉什尼科夫设计的武器对第二次靶场试验过程中出现的不足进行了足够程度的修正。尽管所有的设计师都取得了相当大的成绩，所有竞争者对米哈伊尔·季莫费耶维奇的武器最主要的批评意见，除了其块头过大，仍然是以带杠杆闭锁半自由枪机后坐为基础的自动机工作的不可靠性。除了结构简单以外，该自动机相对于经过精心加工的从枪膛释放火药气体和枪机转动闭锁自动机没有什么特别的优势，该自动机在各种最复杂的气候条件下表现得很出色，其闭锁装置经典的设计在可靠性方面可以说能给予百分百的保障。在当时的条件下，科罗博夫自动步枪的制造劳动成本是最低的。其劳动消耗量要比卡拉什尼科夫和康斯坦丁诺夫的自动步枪相应低31% 和 11%。

靶场试验结束时，委员会给出了以下结论："科罗博夫和康斯坦丁诺夫设计的样枪没有必要为部队试验进行试验性批量生产，也没有必要再做进一步加工，其原因为，以上两种样枪，即便是再进行精细加工，也不可能比卡拉什尼科夫设计的轻型样枪有实质性优势，卡拉什尼科夫设计的轻型自动步枪是对 AK 式自动步枪的现代化改造，这款枪的生产技术上已被掌握，而且经过了部队的实际检验。"如此，根据多次试验的结果，卡拉什尼科夫的这款武器，在根据经典的火药气体后坐方案和枪机转动实现枪管硬闭锁的改造后，被认为是最有发展前景的。与此同时，半自由枪机作为我国非传统的系统受到否定，因为它与 AKM 式自动步枪相比，不论是在勤务战斗性能上，还是在生产经济技术指标方面都没有优势，在工

AKM 式自动步枪.
1959 年卡拉什尼科夫研制出了改进型的原型自动步枪，在武器
装备序列中获得 AKM 代号。该款武器的表尺射击距离扩大到
1000 米，重量减轻到 3.14 千克
在枪管顶端设计了专用的螺纹，用于安装枪管补偿器，可固定
低噪音射击装置 П Б С 和 П Б С - 1

作可靠性方面也比硬闭锁要逊色。

竞标会达到了自己的目的：为步兵班制造一种新型的自动轻武器综合体，该武器综合体应在结构简单、使用可靠性、高技术性能、低生产成本和部队可维修性等方面最大限度地优于以前各种型号。卡拉什尼科夫自动步枪在保留了自身基本的性能（结构简单、工作可靠性强和便于维护保养）的同时，通过现代化的改造，改进型的自动步枪在战斗和使用维护性能方面有了实质性的改善。与 AK 式相比，武器重量减轻了近 1/4（AKM 式自动步枪不带刺刀，使用轻合金弹仓，压满子弹重 3.6 千克，而 AKMC 式重 3.8 千克）。自动射击时的射击密度提高了 0.5~1 倍。自动步枪生产向更加简单的技术工艺过渡，零件生产已不使用锻件铣加工的方法，完全改为使用钢板冷冲压的技术工艺，部分零件可用精密的浇注毛坯制造。所有这些措施大大地降低了昂贵的合金钢的消费。这种情况下，每一个零件生产的劳动量降低了 20%，材料消费降低了 13%。

这里我们要着重讲一下卡拉什尼科夫设计的第二款武器综合体 —— 7.62 毫米 PПK 式轻机枪。

机枪由以下主要零件组成：带机匣、瞄准具、枪架和枪托的枪管，机匣盖，气体活塞枪机框，枪机，复进机，带枪管护盖的气体管，击发机，护木，弹仓（鼓式或者盒式）。与机枪配套的有：附件、背挎式皮带、布罩和两个弹仓袋。

PПK 式轻机枪具有很高的生命力和可靠性。加厚的大块头枪管使该款武器与自动步枪相比有更加密集的短点射（5 发）和长点射（15 发）连射火力，可以连续射击 200~250 发子弹（连续射击后需要冷却枪管）。连续射击时战斗射速达 150 发 / 分，点射时可达 50 发 / 分。枪管来复线长 240 毫米，加长的瞄准线（枪管长 590 毫米时，瞄准线长 555 毫米）可保障射击的高精度。C–108–

M 式机枪中不可拆卸的管式双腿枪架，在 РПК 式中改为冲压型直角三角形枪架，固定射击线高度（305 毫米）。安装在枪管前部的枪架可实质性提高机枪射击时的稳定性。枪架折叠状态下固定双腿的弹簧卡锁从右腿改为左腿。加大了弹仓的容量：扇形弹仓装弹 40 发，鼓形弹仓装弹 75 发，这在很大程度上提高了战斗射速。可以根据外部条件对射击精度的影响，通过在垂直平面上手轮移动表尺刻度进行 РНК 式瞄准具的方向修正，例如，弹头的侧偏或者正面移动目标瞄准点偏差。

РПК 式轻机枪的生产劳动消耗量与其上一代 РПД 轻机枪相比降低了 40%，而就一项基本指标，即战斗状态的重量相比，卡拉什尼科夫的轻机枪要比杰格佳廖夫的机枪轻 2 千克。РПК 式轻机枪带满装弹的鼓形弹仓重量 6.8 千克，而带满装弹的扇形弹仓重量 5.6 千克，РПКС 式轻机枪相应的重量为 7.1 千克和 5.9 千克。РПК 式轻机枪为数不多的一个不足是有效射击距离不太令人满意，尽管已经声明，对地面目标火力的最大有效射击距离为 800 米，而对飞机和空降兵目标有效射击距离为 500 米。表尺距离为 1000 米是根据武器弹道性能的对应关系而明显定高了。

苏联武器设计师在研制新型的"自动步枪 + 轻机枪"武器综合体过程中首次成功地达到了新型武器军用与生产的统一，在自动步枪中，各零件和组装单位的相互替代系数为 0.7。在 AKM 自动步枪中，24 个组件和 95 个零件中可以与 AKMC 式自动步枪互换的有 18 个组件和 92 个零件，在 РПК 式轻机枪的 33 个组件和 163 个零件中能与 РПКС 式轻机枪互换的有 28 个组件和 90 个零件。在卡拉什尼科夫武器家族的框架下（AKM 式自动步枪与 РПК 式轻机枪）共有可以完全通用的组件 10 个、零件 80 个。完全可以互换不用任何处理的有：弹仓、准星、快慢机、弹簧、击发弹簧、卡锁、退弹簧、枪管护管、瞄准尺板游标、拨弹器、弹仓压簧等其他部件。轻武器的其他型号也能达到类似的统一水平，这主要是归功于各设计集体的巨大努力，在这些集体中不仅有武器设计师，还有来自 B.A. 哈尔科夫领导的设计局的工程师们，他们是 Н.И. 阿尔达舍夫、Ф.М. 多尔夫曼、И.А. 丘卡维娜。

米哈伊尔·季莫费耶维奇曾无不自豪地回忆说："目前，我国武器系统现代化和一体化的设计本身已经可以完全实现相互替换，技术工艺流程已经完全可以保障间隙、尺寸、公差的最大精度，可以做到精确计算和论证。从武器的设计者到生产者已经形成了一个封闭的链条，正像 Д.Ф. 乌斯季诺夫说的那样，实现武器型号的统一化、标准化和生产的自动化。"为了表彰 M.T. 卡拉什尼科夫在新型轻武器研制方面的贡献，他被授予苏联劳动英雄光荣称号。

该款武器获得了正式名称"7.62 毫米卡拉什尼科夫式改进型自动步枪（AKM）"，以及"7.62 毫米卡拉什尼科夫式轻机枪（РПК）"和"7.62 毫米卡拉什尼科夫式折叠枪托型轻机枪（РПКС）"。

1959 年 4 月 8 日，苏联部长会议第 33 号决议决定接收轻武器综合体为苏联红军武器装备，其中步兵武器有：木制固定枪托 AKM 式自动步枪；增配 НСП–3 式红外夜用射击瞄准具的 AKMH 式自动步枪；木制固定枪托 РHK 式轻机枪；增配 НСП–3 式红外夜用射击瞄准具的 РПКН 式轻机枪。空降兵用武器：折叠式金属枪托 AKMC 式自动步枪和增配 НСП–3 式瞄准具的 AKMCH 自动步枪；折叠式木制枪托 РПКС 式轻机枪；增配 НСП–3 式瞄准具的 РПКCH 轻机枪。

如果在 100 米距离上单发射击时夜用瞄准具不超过 15 厘米，带夜用瞄准具的 AKM 式自动步枪的射击密度是正常的，而 РПК 式轻机枪在短点射时，其夜用瞄准具不超过 20 厘米。20 世纪 80 年代改进型的 HCПУM 式夜用瞄准具（代号 1ПH58）取代了 HCП–3 和 HCПУ 式瞄准具，安装在 PПKH–2 式（代号 6П2H2）和 PПKCH–2 式（代号 6П8H2）轻机枪上。按编制规定，在每个摩托化步兵排中应有 3 支 AKMH 式自动步枪和 1 挺 PПKH 式轻机枪。

与 AKM 式自动步枪配套的装备有：附件（通条、擦枪布、刷子、组合扳手 – 螺丝刀、双嘴油壶、附件盒）、背挎式皮带和弹仓袋。除此之外，与 AKMC 式自动步枪配套的还有装弹仓的口袋和枪衣。

AKM 式自动步枪最初是在 1959~1960 年由伊热夫斯克第 74 工厂生产，与此同时 AK 式自动步枪也没有停产，很快，在 1961~1962 年，又在图拉军械厂组织生产。在伊热夫斯克工厂具备坚实的生产基础并积累了丰富的生产经验，以此为基础，开始尽量压缩掌握卡拉什尼科夫改进型自动步枪生产工艺的期限。

卡拉什尼科夫 PПK 式轻机枪的生产由位于维亚茨基耶波利亚内市的斧头机器制造厂承担。生产这种武器的全部新的组织结构在第 74 工厂已全部就绪，只是到了后来伊热夫斯克工厂才把这一任务移交给其他的企业。这一措施保证了在维亚茨基耶波利亚内市工厂生产 PПK 式轻机枪的快速展开，避免了生产部门进行大规模的结构调整。20 世纪 60 年代初，卡拉什尼科夫改进型自动步枪列装部队后，该款武器的设计调整还在继续。20 世纪 60 年代卡拉什尼科夫自动步枪进一步完善的主要方向是，使用新的技术工艺，依靠使用非传统的材料，简化和降低其生产成本，其中包括轻型合金材料（铝合金和钛合金）和塑料。

从 20 世纪 60 年代初开始，伊热夫斯克机器制造厂的设计小组就投入到在卡拉什尼科夫自动步枪的设计结构中使用新技术的工作之中。在技术研究所伊热夫斯克分部的帮助下，第 74 工厂得以使用粉末冶金技术制造一些零件，其中包括单发射击卡锁、弹仓后部蒙皮、刺刀的一些零件等。M.T. 卡拉什尼科夫设计组一直在为延长组件和零件的使用寿命努力工作。这其中包括强化机匣的内衬，这是闭锁装置中最为关键的零件之一。与此同时，还有一系列的零件需要进一步强化（机匣盖、枪衣、枪托底板），这些零件都是使用薄钢板冲压而成。这项工作之所以能成功，主要是使用了高质量的低碳钢 40PA。除此之外，技术研究所伊热夫斯克分部还与伊热夫斯克工厂试验室共同就完善枪管的生产技术工艺进行了大量的工作，枪管是轻武器中最基本的零件，它决定了武器的战斗性能，直接影响到射击的有效性。经过大量的补充性研究，我国的工艺师们成功地降低了枪管镀铬层的厚度（不降低其生命力，不影响其涂层的抗腐蚀强度），AKM 式自动步枪枪管涂层的厚度为 0.04~0.06 毫米。

在那些年月里，最耗费劳动量的是枪膛来复线的生产过程，按技术工艺要求，来复线要用挤光技术实现，也就是说来复线要在专用工具通过平滑枪管的过程中，依靠金属的塑性变形而形成，这种专用工具是一个其外表面带螺旋凸笋的锥形打孔器（模芯）。如果说挤光技术工艺就其简单程度和高产能力来说，在 20 世纪 40 年就已让我国的武器设计师兴奋不已，那么到了 20 世纪 60 年代初或接近 60 年代中期时，这项技术越来越制约卡拉什尼科夫自动步枪的生产向更高技术工艺的跨越，因为目前的技术工艺不能保障最大限度地提高生产的自动化水平。国内在这一领域的知名专家 A.A. 马林蒙曾就这一问题写过文章称："枪管生产的自动化要求降低毛坯的重量并减少零件加工的操作，排除挤光对金属构成的张力，重要的一点就是要排除通过手工校正对枪管曲度进行大量的修正，决定这一点的关键首先是模芯在毛坯上推进过程中金属的变形问题。"

还在 20 世纪 50 年代中期，苏联设计师、工程师和工艺师们就对挤光技术工艺进行了完善，他们的方法是在这一过程中引入对金

M.T. 卡拉什尼科夫与伊热夫斯克发动机制造厂
厂长 И. C. 斯特钦科在一起

属进行电化学处理和电动液压切削枪管的技术。但是，如果说这一技术对 7.62 毫米口径的枪管还是可以接受的话，那么对更小口径的武器来说，则相当困难，毕竟当时国内设计师刚刚开始这项研究工作，我们在这方面存在着明显的不足。所以寻找更加完善的技术工艺的研究一直在继续。马林蒙就这一问题曾写道："这些探索性工作的必要性是现实需要所决定的。因为在光洁平面和膛尺寸要求很高的条件下，使用现有的技术方法切削小口径枪管难度非常大。非常苛刻的技术要求是在一个直径很小的深孔内钻进并进行后续的加工。解决这一难题的方法是使用专用的锻造机器进行转动式冷锻件的（减速）切削。20 世纪 60 年代末，这一方法与电化学法进行了枪管切削技术竞赛。减速切削法在枪管生产中的大规模使用开始于 20 世纪 70 年代，那时武器的小口径已经成为现实。"

从 1971 年开始，挤光法让位于减速切削法。此时，伊热夫斯克机器制造厂购置了奥地利的设备，可以实现 AKM 式自动步枪枪管制造程序的自动化，来复线和弹膛一次成型。在新设备上生产的各种零件质量都相当高，枪管成型后基本上不需要进行补充机械加工。使用减速切削法生产的枪膛，同时形成弹膛，这与原来用挤光法加工枪管，然后再用金属车床加工弹膛的方法相比降低劳动量达 40%，同时还能保障枪管的生产质量、战斗性能和生命力保持原来的水平。这使卡拉什尼科夫小组完成了基本任务：降低 AKM 式自动步枪生产的劳动量，生产每一件产品从 21 个标准小时降至 15.5 个标准小时。

寻找当时更加轻便、更加坚固材料的探索工作始终在紧锣密鼓地进行。M.T. 卡拉什尼科夫后来回忆道："当时我们面临的任务是更换自动步枪的木制枪托。其中包括改用塑料枪托。"为解决这一难题提出了各种各样的方案，我们开始使用能以冲压法制造枪托的材料。在那些年里，我们并没有考虑到用坚固的铸压塑料。说实话，当时有很多谨慎的声音在提醒我们说，塑料的特性是在阳光下会发热，而在严寒条件下接触塑料枪托会感到很不舒服。但是，我们还是制造出一批塑料枪托的自动步枪并送到部队，像往常一样，有的送到酷热的南方，有的送到严寒的西伯利亚……很快就收到了第一批负面的反馈意见……来自中亚的意见认为：塑料在阳光下烫得不敢用手摸。来自西伯利亚的信息说，严寒中脸颊会粘在枪托上，因此根本没法贴近枪托，无奈之下，我们又急忙为寻找更加先进的材料而奔忙。热塑性塑料（不导热塑料）虽然有很好的机械性能，但技术性能不够，所以武器设计师们不得不又回头使用很便宜的胶合板材料，这种材料相当坚固，并具有很好的防潮性。不管怎么说，这项工作后来总算有了一个相当好的结果。只是 AKM 式自动步枪的手柄使用了耐撞击塑料（当时的 AKMC 式自动步枪的射击控制手柄还是木制的），我们开始生产更加便宜和轻便的弹仓，用于替代金属弹仓。”

在制造武器的过程中使用塑料实际上可以在技术工艺流程中省去诸如冲压和焊接这些劳动量大的作业。当时新的弹仓就其坚固程度来说已超过了原来的型号。但是，进一步加工弹仓的工作并没有结束。1967 年，新的塑料弹仓得到了进一步的完善，在其设计结构中加入了弯曲的加固金属片，以及弹仓前后连接器，这使产品的使用时限延长近 3 倍。

经过长时间的研制，该科学研究所的工程师 B.C. 亚库舍夫提出了轻武器动态稳定性的理论。他提出了独一无二的枪口补偿器思想，这种补偿器可以加强卡拉什尼科夫自动步枪的稳定性，可以实质性地提高不稳定姿势下射击点射时的射击密度，如行进间、站姿和跪姿等。

1962 年，用于装备特种侦察部队和队属侦察分队的 AKM 式自动步枪得到进一步完善，并增配了一种极为简便的无声无烟射击装置 —— ПБС–1（代号 6412），该装置由第 61 科学研究所研制。该型号与原来的 ПБС 型不同的是机身，它的机身是一个圆筒，其中装有 10 个隔板的分离器和橡胶阻塞器。为了防止分离器的隔板移动，在三个杆上安装了柱形套管。

隔板和套管之间依靠前后的环使用连杆连接。在这些环和隔板上有用于弹头穿过的孔。阻塞器通过定位器固定在设备的径向槽中。在设备的外壳表面有用于与头部连接的螺纹，用于该装置在自动步枪上的固定并从枪管中排放多余的火药气体。为了防止外壳自行松动，在其外表面铆接了弹簧片形的卡锁。ПБС–1 的用途、作用原理和战斗性能与 ПБС 相同。

20 世纪 60 年代中期，苏联武器设计专家所面临的任务是研制步兵单兵用榴弹投掷武器，可在与自动轻武器射击同样的距离上与敌有生力量斗争。

到 1966 年，中央运动和狩猎武器设计研究局的青年工程师 B.B. 列布里科夫为了提高 AKM 自动步枪射击的有效性，设计出了苏联第一个使用枪管、枪口装填的 TKB–048 式掷弹器。根据军械总局的战术和技术要求，1967 年 4 月开始研制"与 7.62 毫米卡拉什尼科夫改进型自动步枪配套使用的聚能装药杀伤爆破枪榴弹射击装置"试验设计工作，代号为火花。聚能装药杀伤爆破枪榴弹应具备在 60°角上 90% 的击穿能力，装甲厚度不低于 30 毫米。后来，这个要求有所降低，装甲击穿能力为 45°角 30 毫米。列布里科夫 ТКБ 048 型以及其改型 TKB–048M 枪管掷弹装置的研制设计工作持续了 3 年。他提出了来复线枪口装填的射击装置，枪管长 140 毫米，可在 50~400 米的距离上进行曲射火力瞄准射击，也就是手榴

狩猎中的米哈伊尔·卡拉什尼科夫

弹投掷的最大距离和迫击炮的最短射击距离。中央常规武器设计试验局的设计师 K.B. 杰米多夫为其研制了聚能杀伤爆破榴弹，代号为 TKB 047 (ОКГ–40)。过了不久，又有一位图拉的武器设计师 B.H. 捷列什开始为火花掷弹筒研制射击消声器 TKB–069，代号为火炬。

掷弹器安装在 AKM/AKMC 式自动步枪的枪管下，固定在装刺刀的构件上。在 60~80 米距离，80°～85° 角曲射火力射击时，掷弹器有一个专用的起重设备，可降低榴弹的初始速度至 55 米 / 秒。火花的另一个特点是，掷弹器和枪口的断面在一平面上，这样可以在从枪眼中射击时调整武器的位置，不影响使用超口径弹药射击。火花除了制式榴弹 ОГК–40 以外，还可以使用 ПГ–7 式榴弹的头部进行射击。但是，火花式掷弹器和 ОКГ–40 式聚能杀伤爆破榴弹没有能通过 1970 年 7 月至 12 月进行的靶场试验，由于对该型号武器有太多的责难，被中央常规武器设计与试验局认定为不合理。当时对该掷弹器提出了大量的质疑，其中包括：使用火花瞄准太复杂，使用与之配套的掷弹器严重地改变了自动步枪的战斗特性（射程达 3000）；使用掷弹器射击时武器的后坐能量太大，比使用标准定装弹用 AKM 式自动步枪射击时后坐能量大了 4 倍，如此大的后坐能量，自动步枪的枪托以肩膀为依托是不可能完成发射的。由于设计中的某些错误，使用带开放式起重设备的掷弹器在 150 米距离，仰角 50°～70° 射击时，可以观察到榴弹的部分飞行受到破坏。

榴弹落地时或侧面或后部在前，这使榴弹的引爆装置不能在撞击作用下引爆，而是靠自爆装置引爆，这样一来就降低了弹药对目标的杀伤效果。除此之外，军械总局没有为新的榴弹规定装甲击穿率。试验结果证明，ОКГ–40 式榴弹对 30 毫米装甲钢板，在 45° 角上的击穿率只占 33%~57%。因此，火花课题的各项工作在 1971

年年初全部停止，但制造像掷弹器这样有效近战兵器的思想没有被遗忘。几年以后，这一思想再一次以更加完善的形式表现出来，在图拉制造出另外一种型号为 ГП–25 的掷弹器，由中央运动和狩猎武器设计研究局的设计师 B.H. 捷列什研制，课题代号为篝火。

20 世纪 70 年代初，中央精密机器科学研究所为特种部队和分队提供武器装备，由 Г.H. 彼得罗巴洛维研制了又一个自动步枪掷弹器综合体，代号为安静，用于在 300 米距离上隐蔽毁伤敌有生力量和轻装甲目标。该款武器是 AKMC 式自动步枪带无声无烟射击装置 ПБС–1，并加配了一个 БС–1 式无声掷弹器。

这款原则上全新的专用武器是一个枪口装填的 30 毫米无声掷弹器，射击时使用聚能榴弹。该掷弹器安装在 AKMC 式自动步枪的枪管下方，使用刺刀固定组件固定。通过一个径向滑动闭锁机实现掷弹器管腔的闭锁。保险机安装在扳机护圈的后部。保险机开启时，可限制发射扳机向后移动。借助一个安装在自动步枪瞄准具座上的框形组合瞄准具和准星实现自动掷弹器对目标的瞄准。БС–1 式掷弹器的表尺射击距离为 300 米，而带 ПБС–1 的 AKM 自动步枪的表尺射击距离为 400 米。为了满足夜暗条件下的射击，在瞄准具的表尺和准星上加配了发光点。掷弹筒射击消声达到其枪管原型设计的水平。在该掷弹器上安装了一个专用活塞，射击时该活塞在将榴弹抛出的同时，在枪管内闭锁了火药气体的溢出，也就是说，射击是在一个移动的闭锁空间内进行的（实现了声音与烟火的机械隔离）。БС–1 的一个特点是，在控制射击的手柄内有一个 5 发装的弹仓，作为基本弹药发射榴弹使用。基本弹筒以 1943 年式 7.62 毫米空包弹的弹壳为基础制造。榴弹在枪管上由三个弹簧片固定。30 毫米聚能榴弹在飞行中依靠旋转保持稳定。在初始速度约为 100 米 / 秒时，榴弹有击穿 10 毫米厚钢板的穿甲能力。自动榴弹综合体总重量为 5.93 千克。AKMC 式自动步枪带不装填榴弹的 ПБС–1 式掷弹筒重 4.15 千克。

　　AKM 式自动步枪被全世界的武器设计师所认可，自动步枪首屈一指的战斗性能、完美的形状、组件和零件的简单与精致、配置的紧凑性、射击和携带时的便利，以及简便的可维护性、工作的可靠性和设计结构的耐久性，所有这一切使它成为 20 世纪最好的一款自动步枪。

　　军备竞赛的持续发展和国内的政治形势促使 AKM 成为世界上最为流行的自动步枪。AKM 的生产达到了登峰造极的数额：在其使用最为活跃的 16 年中共生产了 10278300 支自动步枪（AKM 和 AKMC）。

第 10 章

1974 年式 AK74

（5.45 毫米卡拉什尼科夫自动步枪）

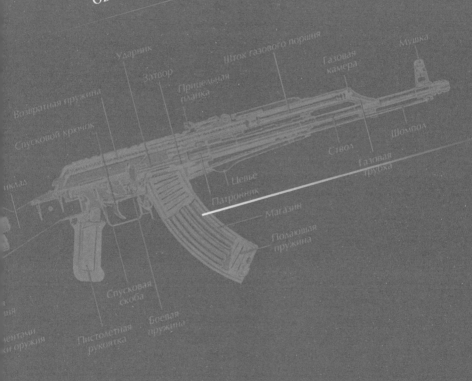

Глава 10
5,45–мм АВТОМАТ КАЛАШНИКО-ВА ОБРАЗЦА 1974 г. (АК74)

Ударник

Затвор

Шток газового поршня

Газовая камера

Мушка

Прицельная планка

Возвратная пружина

Спусковой крючок

Ствол

Шомпол

Газовая трубка

...клад

Цевье

Патронник

Магазин

Подающая пружина

Спусковая скоба

...ля

...ентами ...и оружия

Пистолетная рукоятка

Боевая пружина

АВТОМАТ
КАЛАШНИКОВА
СИМВОЛ РОССИИ

华沙条约组织与北约军事集团紧张的关系继续对武器事业的发展施加着影响。在很短的时间段内，北约差点儿就冲到领先地位，它们制造了新的弹药－武器综合体。

这期间武装力量对 AKM 的设计完全满意，自动步枪超常的可靠性和生命力得到了很高的评价，与此同时，对武器的要求日益增长，这首先源自于军备竞赛的需要。

没过多久，由于点射条件下过高的散布率，武装力量开始对 AKM 自动步枪不太满意了。这与以下情况有关，1943 年式 7.62 毫米自动步枪定装弹的强大后坐脉冲（0.78 千克力 / 秒）使改进型的卡拉什尼科夫自动步枪也无法达到很高的自动火力射击密度，特别在不稳定姿势下射击时更是如此。苏联武器设计专家的研究证明，决定自动步枪射击密度的不仅仅是定装弹的弹道脉冲和武器后坐能量，还有型号本身的设计结构特性。手持自动武器向更小口径过渡的合理性早在 1939 年就由 В.Г. 费多罗夫进行了科学论证。他当时就写道，中等尺寸定装弹的直接射击距离不应该小于制式的步枪定装弹。为了减少定装弹的重量和尺寸指标，他认为应该将其口径减至 6 ～ 6.25 毫米。1945 年，В.Г. 费多罗夫在其著作《提高轻武器射击效果途径的进一步研究》中证明，自动武器最有前景的发展途径是转向使用更小口径的定装弹。由于当时没有足够的技术装备，向其他口径的过渡被暂缓下来。

20 世纪 60 年代初期，受如今臭名昭著的军备竞赛的影响，制造新型弹药－武器综合体的问题变得特别尖锐。美国武装力量不久前才改装为 M.14 式 7.62 毫米自动步枪，这是专门为能使用北约 7.62×51 毫米步枪－机枪定装弹而研制的自动步枪。很快，他们就为自己的匆忙决定而后悔莫及。而从另一方面讲，这促使美国军方指挥机关早在 1957 年就决定着手研制使用小脉冲定装弹的自动武器，这一举措成为现代轻武器整个后续历史的转折点。苏联武器设计专家也有类似的结论，并证明标准步枪口径新型弹药的有效性不强。新型国产定装弹技术解决方案的水平和在这一项工作中所达到的成就，在一定程度上降低了后坐脉冲的情况，但最终并没有帮助他们解决新型弹药－武器综合体所面临的根本任务。该项任务是：与使用 1943 年式 7.62 毫米自动步枪定装弹的现行在编轻武器相比，要提高有效射击距离 1.5 倍。

制造新型弹药－武器综合体的第一阶段科学研究工作以研制 5.6 毫米口径 AKM 自动步枪为主展开。研究结果证明，新的 5.6 毫米定装弹的后坐力与 1943 年式 7.62 毫米定装弹相比降低了 35%，这就能降低武器后坐能量近 80%。苏联国防部研究试验靶场在分析使用轻武器更加优化方案的可能性时，在报告中给出了自己的结论：

"……在不稳定姿势条件下射击时，改善自动步枪射击密度最有效的手段是减少射击时的后坐脉冲。"在定装弹弹道脉冲近似于 0.5 千克／秒的情况下，可保障达到所要求的射击密度。

国内技术专家一直在从事小口径枪管制造的研究工作，这是武器设计专家所面临的最为困难的问题之一。在复杂的条件下，枪管纵深径向钻孔处理的劳动消耗量大大地增加，伊热夫斯克工厂 20 世纪 70 年代初就已经掌握的减速切销法对于生产新型 5.43 毫米口径武器的枪膛是可用的。使用冷旋转锻坯生产 5.45 毫米枪管的劳

*德米特里·乌斯季诺夫和米
哈伊尔·卡拉什尼科夫与伊
热夫斯克军械厂的代表们
在一起*

动消耗量与使用挤光法生产卡拉什尼科夫 AKM 自动步枪 7.62 毫米
口径枪管相比降低了 60%。苏联武器和弹药设计专家所取得这些成
就为制造新型的小口径武器奠定了基础。

　　1965 年，苏联国防部做出制造 5.45 毫米口径射击综合体的决
定，其中包括 5.45 毫米的定装弹和自动步枪。到了 1966 年，军械
总局就下达了研制自动步枪的具体战术和技术任务书，要求这种武
器既可以在稳定条件下，也可以在不稳定条件下射击。

　　新型弹药 – 武器综合体所面临的任务是：依靠以下原则在射击
效果方面超过 7.62 毫米卡拉什尼科夫 AKM 自动步枪：

—— 保留 1000 米的射击距离，之所以要这样考虑，是因为该综合体除了自动步枪的作用以外，还要有轻机枪的作用；

—— 降低后坐脉冲，以降低点射时的散布，提高单发射击时的射击密度；

—— 与 1943 年式定装弹相比，加大弹头的穿透能力和杀伤能力，同时应考虑到潜在敌人会使用个人防护器材；

—— 提高武器的使用可靠性，与此同时，降低其重量至 2.5 千克，改善工效状况；

—— 降低生产成本（与 AKM 相比，降低 25%），提高其技术工艺性等。

1960~1970 年，研制使用低脉冲定装弹的新型号武器的科学研究工作广泛展开。当时，伊热夫斯克军械厂在武器制造业中起着主导的作用，其优良的技术装备为国内优秀的武器设计专家们实现自己的创造思想提供了极大的可能性。

实际上国内所有的军械企业的武器设计集体都参加了 1968 年进行的新一轮竞标。提交参加竞标的 5.45 毫米自动步枪样枪基本上是按两种方案设计制造的：使用平衡效应的、经典的撞击和非撞击自动机。

伊热夫斯克机器制造厂提交的一系列自动武器有：

—— 按常规方案设计生产的卡拉什尼科夫自动步枪 A–3；

—— Ю.К. 亚历山德罗夫的 ЛА 自动步枪，自动机工作原理为后坐式，长枪机行程和扳机平移；

—— Ю.К. 亚历山德罗夫和 А.И. 涅斯捷罗夫的 АЛ–4 自动步枪，带平衡式自动机，来自中央运动和狩猎武器设计研究局（图拉市）；

—— Г.А. 科罗博夫的 ТКБ–072 自动步枪，高射速，带平衡式自动机，来自中央重型机器科学研究所（克利莫夫斯克市）；

——A.A. 杰里亚金和 H.A. 特卡乔夫的 AΓ–021 自动步枪，带平衡式自动机；

——A.A. 杰里亚金和 H.A. 特卡乔夫的自动步枪，带自动稳定器；

——Г.П. 彼得罗巴甫洛夫的 AO–34 自动步枪，带减振器；

——A.И. 希林的 AO–35 自动步枪，带平衡式自动机；

——B.C. 亚库舍夫和 П.A. 特卡乔夫的 AO–38M 自动步枪，带平衡式自动机；

——索科洛夫的自动步枪，枪管前倾，与自动机移动部分在一起，来自科夫罗夫机械厂（科夫罗夫市）；

——A.C. 康斯坦丁诺夫和 С.И. 科克沙罗夫的 CA–006 自动步枪，带平衡式自动机。

很自然，没有哪一个设计完全符合委员会提出的要求。大多数型号的设计结构都过于复杂，有大量的小零件。在实际战斗态势下，这种自动步枪会变得一塌糊涂，毫无用处。实际上，所有提交的样枪的寿命都很低。

乍一看，任务似乎很简单，只不过是要求给自动步枪换一个枪管而已。而实际上，新的口径给设计师提出的问题之多，是你怎样想象都不会过分的。例如，如果往枪管里灌满水，只要开一枪，这只样枪就报废了。更不用说带水射击会造成枪管的突然断裂，这就说明这款武器射击不安全。必须投入大量的精力，以达到对枪管寿命方面的要求。

新材料、新技术、海量的新的试验数据……经常是耗费了大量的时间，却什么也没得到。M.T. 卡拉什尼科夫不想抛开 AKM 自动步枪："许多亲身经历过的经验证明，AKM 自动步枪的基础在这个时候也能表现出其优秀的一面，经典的设计方案能再一次捍卫自己的地位，能再一次成为所有新设计中当之无愧的竞争者。"

经过对提交的大量试验样枪的全面研究，最后只剩下了三支，其中有两支是伊热夫斯克设计师提交的，它们是：М.Т. 卡拉什尼科夫的 5.45 毫米 А–3 自动步枪，该款枪是在 АКМ 自动步枪经典设计方案的基础上制造的；另一支是 Ю.К. 亚历山德罗夫的 АΛ–6 自动步枪，使用了平衡式自动机；第三支是科夫罗夫工厂提交的 5.45 毫米 СА–006 自动步枪，它是由科夫罗夫设计师 А.С. 康斯坦丁诺夫和 С.И. 科克沙罗夫设计制造的，使用平衡式自动机。所有这三支样枪的枪管都是按卡拉什尼科夫的方案设计，依靠枪机转动，使用枪膛的硬闭锁，标配 30 发装弹仓。

卡拉什尼科夫新的 5.45 毫米自动步枪与 АКМ 自动步枪相比，几乎是一样的，只不过就是换了枪管，成为一款更为出色的型号。军械行业中一直有这样一个原则："越简单的，越是好东西。"正因为如此，卡拉什尼科夫的自动步枪才能成为一款传奇式的武器。如果说最初，即伊热夫斯克机器制造厂在 1965~1969 年生产的卡拉什尼科夫 40–П、720–М 和 А–017 等自动步枪的样枪只是完全重复 АКМ/АКМС 自动步枪的设计的话，那么，在 1970~1972 年则对其进行了大幅度的改造。А–3 式新自动步枪的基本设计特点是：有一个双腔的枪口制退器，它可以在射击时吸收大约 50% 的后坐能量；机匣的左侧增加了夜用瞄准具板，气管由弹簧支承。在卡拉什尼科夫新的自动步枪中扩大了浇铸、冲压和塑料零件。用于摩托化步兵部队的款式为木制枪托。除此之外，枪托底板新的橡胶金属设计结构带一横向小槽，改善了自动步枪的合肩性，便于瞄准并实质性地减少了瞄准射击时枪托从肩上下滑的机率。А–3 式 5.45 毫米自动步枪使用了带隔热屏蔽的护木和固定的枪托，护木和枪托使用固热塑料制造，充填物为木质纤维材料（АГ–4С）。

用于空降兵部队的 A–3 式自动步枪，重新设计了折叠式金属枪托，可沿机匣左侧折叠。金属枪托的三角形设计可保证其必要的刚度。在枪托的上方安装了一个皮制的脸颊护具，将枪托隔离开来，以防止在低温和高温条件下射击时，脸颊直接与枪托的金属零件接触。最早出厂的 A–3 自动步枪配备金属的 30 发装弹仓，弹仓上有粗大的纵向加强筋，后来改为塑料弹仓，使用抗冲击浇铸的聚酰胺玻璃钢材料 AГ–4C 制成。A–3 自动步枪的重量为 3.53~4.42 千克（取决于试验枪型）。不加刺刀枪长 930 毫米。

这里还需要着重说一下 M.T. 卡拉什尼科夫设计的另外一款 5.45 毫米武器 —— C–022 自动步枪，它制造于 20 世纪 70 年代初期。在这个型号中伊热夫斯克的武器设计师们研制了一款对于他们来说完全非典型的自动机设计方案，使用的是枪膛半自由闭锁。在向后坐时，通过一个直接安装在枪机上的专用转动衬管实现枪机的固定。但是卡拉什尼科夫设计组的这一研究方向没能得到进一步的拓展。

在使用低脉冲定装弹自动步枪的竞标会上有几款样枪获得了领先地位，其中包括康斯坦丁诺夫和科克沙罗夫研制的自动步枪、亚历山德罗夫的自动步枪和 AK–3 式自动步枪。

为了发现新型自动步枪的优缺点，对这些武器的部队试验安排在不同气候条件的地区进行，这些部队有驻莫斯科军区的近卫第二塔曼摩托化步兵师和驻乌兰乌德的后贝加尔军区第二摩托化步兵师。这两款样枪再一次证明其包括射击密度在内的射击效果要比 AKM 式 7.62 毫米自动步枪有优势。但是，在 A–3 与 CA–006 之间进行比较时，评价却不尽相同。在莫斯科军区，两款枪的能力不相上下，而在后贝加尔军区，CA–006 就明显地优于竞争对手。因此，当时决定进行补充性靶场和部队试验。

亚历山德罗夫的自动步枪获得了领先，该款枪具备了更高的一体化水平，与在编的 AKM 式自动步枪的一体化率高达 40% 左右。在射击密度方面，康斯坦丁诺夫的自动步枪超出 AKM 自动步枪近1 倍。但是，尽管如此，康斯坦丁诺夫的这款自动步枪还是没有能参加部队试验，其原因是军械总局认为，两款枪同时进行进一步研究是不合理的，尽管这两款枪分属于不同的设计师，但结构相近，实际战斗指标相同。当时做出决定放弃已经在进行部队试验的康斯坦丁诺夫的 CA-006 自动步枪。由此在两个老对手卡拉什尼科夫和康斯坦丁诺夫之间展开了激烈的竞标斗争。

在 1972 ～ 1973 年，紧张进行的部队试验证明了这两款自动步枪相对于 7.62 毫米制 AKM 式自动步枪的优势，CA-006 在不稳定姿势射击时的射击密度优于卡拉什尼科夫的 5.45 毫米自动步枪，但与此同时，在自动步枪重量和劳动量耗费方面 CA-006 又输给了卡拉什尼科夫的 A-3（分别为 17 和 12 标准小时），以及在更高的再装弹力量指标上，卡拉什尼科夫自动步枪高出 3 ～ 5 千克。与此同时，在提交的试验用样枪中还发现了大量的不足。

针对康斯坦丁诺夫自动步枪提出的问题是：射击时机匣盖会自动开启，枪口补偿制退器在长时间使用过程中过多地受火药积碳污染，一部分零件生命力过低，武器再装弹过程中要求射手用力过大，由于多余气流压力造成的射击声音过大，致使射手的听觉器官有疼痛的感觉。卡拉什尼科夫的自动步枪中同样也发现了某些使用中的问题：火药积碳对枪口补偿制退器污染过重，给武器的拆卸和清洗造成困难，某些零件固定不太牢固，其中包括机匣盖；击发机的某些零件清洗不太方便等。

同时，亚历山德罗夫的自动步枪，由于使用了平衡式自动机，具有了很高的射击有效性以及射击时操枪的方便性。在康斯坦丁诺夫和科克沙罗夫的自动步枪中使用了相当复杂的系统，来消除自动

在亲人们中间。照片拍摄于 20 世纪 70 年代

机射击时的反作用力，这决定了武器的稳定性，避免了武器向两侧和向上的偏移，这一点对于以不稳定姿势进行短点射的自动射击特别重要。新的试验结果证明，卡拉什尼科夫的5.45毫米A-3式自动步枪在有效性方面比用作检验用枪的7.62毫米AKM式自动步枪高出22%，比5.45毫米CA-006式自动步枪高出45%，也就是说样枪实际上已满足了技术任务书的要求。

总之，亚历山德罗夫的自动步枪在所有的指标上超过了卡拉什尼科夫的使用低脉冲定装弹的自动步枪。但最终的赢家却是卡拉什尼科夫。后来解释这一问题时提出了两条理由：一是AK式自动步枪仍然具备结构布局简单和尽量少地使用小零件的传统；二是简单的继承性原则取得了胜利。康斯坦丁诺夫的自动步枪再一次输掉了，正像他在15年和25年以前一样。尽管康斯坦丁诺夫设计组的设计取得了很大成果，最后还是卡拉什尼科夫设计结构的简单性赢得了竞标会领导的青睐。自动步枪高超的工艺性也在他们这个不太容易的决定中起了不小的作用。这个工艺性的取得只能感谢该自动步枪在伊热夫斯克机器制造厂所进行的大量的研究和试验。从新型武器的大量技术指标来看，苏联武器设计专家确实是超过了他们潜在的敌人。A-3式5.45毫米自动步枪射击速度为620发/分，枪口能量为1404焦耳，而后坐脉冲为每秒0.42千克，当时美国的M16A1式5.56毫米突击步枪的技术指标是：射击速度950发/分，枪口能量为1645焦耳，后坐脉冲为每秒0.52千克。AK74的参数在同级别的武器中接近最优值。因此，如果要按武器质量综合指数公式评价苏联和美国自动步枪的优缺点的话（这个公式有四点：弹头对目标的作用指标、击中目标的概率、武器对射手的作用和实际射击速度），A-3的评价指标为21.39，而M16A1的评价指标为11.78。

当然，只是看到卡拉什尼科夫 5.45 毫米自动步枪的优点，那是不全面的，因为该款武器的设计结构很难说有什么创新。低脉冲弹药的制造开创了提升整个自动轻武器综合体战术技术指标的广阔可能性。但是，用于替代 7.62 毫米 AKM 自动步枪的卡拉什尼科夫 5.45 毫米自动步枪只是在确定定装弹弹道脉冲值这一层面上，在散布参数方面有明显优势。因此，A–3 自动步枪相对于 AKM 提高战斗有效性 30%，苏联国防部并不是百分百的满意。由于缺乏可以接受的新型武器型号，研制这一武器的工作会无限期地长期进行下去，而军方十分迫切（他们很清楚，我们在这方面落后于潜在的敌人），希望在很短的期限内将新型轻武器列装。这一点成为决定将 5.45 毫米武器综合体列装，替代卡拉什尼科夫 7.62 毫米自动步枪 AKM/AKMC 和轻机枪 РПК/РПКС 的一个主要原因。1973 年，苏联国防部做出决议，决定以 A–3 为基础生产同型号的木制枪托和折叠式枪托的轻机枪和小型自动步枪。

М.Т. 卡拉什尼科夫新型统一武器综合体获得的正式名称为"卡拉什尼科夫 1974 年式 5.45 毫米自动步枪（AK–74）"和"卡拉什尼科夫 1974 年式 5.45 毫米轻机枪（РПК–74）"。

在 М.Т. 卡拉什尼科夫的领导下，А.Д. 克里亚库申的设计组参加了 AK–74/РПК–74 武器系统的研制，该设计组由以下设计师和工艺师组成：В.Н. 普京、Н.И. 米柳亭、А.С. 马卡罗夫、В.А. 拉科姆佐夫、Э.М. 赛伊夫特基诺娃、К.Б. 尤金采夫、Ф.В. 别洛格拉佐夫；钳工和装配工：Е.В. 博格丹诺夫、П.Л. 布哈林、В.Г. 列昂季耶夫和 В.П. 布拉维切夫。

卡拉什尼科夫 1974 年式 5.45 毫米自动步枪实际上完全是重复了 AKM 自动步枪的设计结构，与其实现了统一化的组件有 9 个（占 36%），零件有 52 个（占 53%）。这奠定了加快掌握新型武器生产的基础。对生产自动步枪的工艺进行了具体的重新审定。大部分零件采用了冲压法生产，但有相当一部分零件，如气室、护木圈、表尺座、准星基座、扳机等开始使用更加进步的精确浇铸法生产；除此之外，还尽量减少组装过程中的手工加工。就是在 AK-74 供货的过程中，伊热夫斯克工厂的设计师和技术员们还在对其设计结构进行修改。AK-74 自动步枪的所有金属零件都进行了磷酸盐油漆涂装，以便保持其各项性能，同时大大降低了对武器仓库和存储基地的要求水平，不需要为存储采取专门的措施建立有利的微气候条件。最为复杂和最能消耗劳动量的新型自动步枪小口径枪管的生产也采用了更为先进的方法 —— 减速销切法（冷锻造）加枪管旋转来复线一次成型，在电解过程流水线上进行快速镀铬，减速销切法从根本上简化了枪口补偿制退器的生产程序。由于对设计技术工艺的进一步加工处理，在掌握卡拉什尼科夫新型 5.45 毫米自动步枪生产技术过程中，还对其设计结构进行 350 项改进，从而降低了 AK-74 生产的劳动消耗量达 20%。

　　AK-74 自动步枪按火药气体从枪管中后坐的原理工作。枪管的闭锁依靠枪机在两个射击凸笋上的旋转来实现。击发机可以进行单发射击和自动射击。首批出厂的 AK-74 自动步枪的击发机缺少延迟器，后来又在重新设计的结构中进行了安装。快慢机安装在机匣的右侧。瞄准具由计算射击距离为 1000 米的开放式扇形表尺和准星组成。在新型自动步枪的表尺板上刻有一个字母 П(相应的表尺 4，高度为 50 厘米的胸环靶，射击距离为 440 米)，与 AKM 不同的是，直接瞄准射击距离为 350 米。瞄准线长 379 毫米。像 AKM 自动步枪一样，在 AK-74（РПК74）上安装了夜间射击和能见度受限条件下射击用瞄准具（自发光管）。但是在新型瞄准具上的不是一个点，而是发光线条：两条水平线在表尺上，一条垂直线

在准星上。

　　与 AK/AKM 相比，5.45 毫米口径自动步枪射击时火焰喷发和声音水平明显加大，这种情况下，若有另外一名射手近距离靠近 AK–74 自动步枪一侧的话，会对其听力造成较严重的伤害。造成这一情况的原因是双室补偿制退器在发挥消焰器作用时所产生的脉冲，但这一装置大大地提高了射击的精度。除此之外，与 AKM 自动步枪相比，新型的双室枪口补偿制退器可降低声波压力。制退器有前后两个气室。后气室是一个长 48 毫米的圆筒，有用于弹头通过的孔和三个直径为 2 毫米向上的不对称补偿孔，用于气体向中间部分的释放。在枪口补偿制退器后气室的前面，在侧边缘上，隔板的左右两侧有两条缝隙，用于弹头的通过。前气室两侧有两个较宽的窗口，用于火药气体的排放和枪口向上偏移的补偿。隔板的边缘倾斜，用于排发气体的导向，而在前气室的后部做成一个凸缘，用于在自动步枪安装刺刀时固定刺刀圈。射击时，火药气体冲击枪口补偿制退器后气室的前壁，使枪管向前冲，以减少其后坐力，从而使补偿孔排出的气体向下压枪管，以降低武器枪口部分的"上跳"，并通过这种方式阻止自动步枪自动射击时枪管向左右偏移。

　　依靠后坐脉冲的减小和有效的枪口补偿制退器，AK–74 自动步枪进行点射时可有效降低散布 10%~15%（与 AKM 自动步枪相比）。枪膛来复线行程长度缩减，现在的长度为 200 毫米。在枪机框的左侧有一个用于减压的开口，在其下部有一个直角三角形的凸缘，用于排除自动机移动部分后坐时枪机与弹仓内子弹之间的相互作用。在气管的后端和枪机盖上固定一个椭圆形弹簧片，不仅可以防止护木的左右摇晃，还可以用于密集射击时发热枪管的伸长。

　　М.Т. 卡拉什尼科夫的这一思想是继承了 Н.Ф. 德拉古诺夫的狙击步枪的护木设计。

AK–74 的枪机与 AKM 的枪机相比尺寸减小了。在弹底巢中没有环形凹槽，而退弹弹簧下的槽为一个纵向槽沟。为了改善 AK–74 自动步枪工作的后坐力性能，设计师们加强了退弹器弹簧的硬度。使用了进弹器卡铁斜面引导进弹，代替了 AKM 上的弹仓钩斜面，而机匣内的引导不再需要子弹依靠弹头顶部的旋转顶住枪管。击发机的拆卸很方便，特别是在建立了击发机、带弹簧的击发阻铁和延迟器在一个轴线上单独组装后，其组装更为方便。气室上的气体释放孔不像 AK/AKM 那样向着枪膛轴的角度开孔，而是因镀铬层较厚垂直开孔。

1974 年式自动步枪生产有两个款式：用于摩托化步兵的是木制枪托，而用于空降兵的是 AKC–74 式金属折叠式枪托，可沿机匣的左侧折叠。这样的设计方案增加了武器的宽度。在使用皮带背枪时，枪托摩擦皮肤甚至会擦伤皮肤。在 AKC–74 胸前携带时，如果要求收起枪托，持枪会很不方便。而使用 AKC–74H 在行军中要收起枪托时，必须将安装在表尺板上的夜用瞄准具拆下。

该枪由一个 30 发装可拆卸的扇形盒式弹仓供弹。弹仓装弹使用一个专用装置进行，该装置由 15 个装弹夹和一个接转器组成。为了在肉搏战中杀伤敌人，配有刺刀。卡拉什尼科夫 AK–74 式自动步枪配备有 6Ч4 刺刀，到 20 世纪 80 年代中期，开始配备更加简单的新型结构的刺刀。

AK–74 自动步枪配备有方便的皮带，用于武器的携带，还有附件、四个弹仓、装弹仓用的布袋以及枪刺。自动步枪 AKC–74 的配套组件中有空降时使用的带弹仓袋的枪衣。

新型的 5.45 毫米自动步枪定装弹的研制成功大规模完善了苏联军队中的轻武器装备，也就是进一步完善卡拉什尼科夫的自动步枪。AK–74 自动步枪射击使用以下类型的 5.45 毫米钢壳定装弹：

1974 年苏联正式列装卡拉什尼科夫全新的改进型
自动步枪 AK-74，该款武器按 5.45×39 毫米定
装弹制造。自动步枪重 3.2 千克，配 30 发定装弹
的弹仓，可以按每分钟 600 发的射速进行射击。
AK-74 的表尺射击距离约 1000 米。与 A K 式自
动步枪主要的不同点在于大量地使用了浇铸成型的
零件并使用新的枪口补偿制退器

——钢芯普通弹头定装弹，（ПС），代号7Н6；

——曳光弹头定装弹（Т），代号7Т3；

——低速弹头定装弹（УС），代号7У1；

——高穿透力弹头定装弹，（ПП）代号7Н10。

与AKM相比，在AK-74中由于口径缩小，弹头杀伤距离也从1500米减少到1350米，杀伤作用距离与有效射击距离之间的比对关系从3.75降到2.7倍。

AKM和AK-74之间各种零件和组件的一体化程度使得可以在最短的时间内安排生产新的零件（也就是说新老零件之间的差别很小）。武器的技术维护也非常简单。每年一次的工厂间相互取代性查检证明了一个很有意义的特点：任何一家国内军械企业生产的任何一个专用于卡拉什尼科夫自动步枪的零件都可以代替其他工厂生产的零件。各家工厂生产的组件和零件组装成的卡拉什尼科夫武器都有完全相同的战斗力。

AK-74成为步兵的主要武器。很长的时间内在各种军事冲突中都会使用到这款武器。这种实战的主动检查可以发现该型号武器存在的需要进行修改的不足。首先，这种不足是枪管的寿命短（枪管寿命要比技术任务书中声明的少一半）。修正这一不足的任务由伊热夫斯克和科夫罗夫工厂承担。

发现不足要比改正不足容易得多。在提高自动步枪寿命方面进行的研究工作大约持续了10年。终于在20世纪80年代，通过将枪管的镀铬层加厚到0.1毫米，才使其寿命达到必要的水平，可射击10000～12000发。

在战斗行动中还发现了AK-74新的特点。在温度达到+40~+50℃时，木制表面会发生油漆软化。类似像隔热枪托这种小的问题，只有在炎热气候条件下才能发现。战士们长时间用随手拿来的东西解决问题：用医疗纱布或者绝缘带把手柄包起来。设计师们建议使用抗冲击力强的浇注玻璃聚酯生产自动步枪的枪托、射击控制手柄、弹仓、护木和机匣盖。

带横向和纵向加强筋的新型塑料护木改善了导热性，还减少了手与护木的接触面积，防止因长时间射击导致射手的手灼伤，因为与木制护木相比，塑料的导热性更强。除此之外，聚酯的抗磨性和抗冲击性更强，消除了折断和开裂的危险。这种材料除了坚固性以外，其质量与木制品相比，还能有效防止生物害虫的破坏，长时间存放其特性也不会改变。还使用了塑料、配筋玻璃聚酯材料生产弹仓的外壳，当时，只有弹仓盖和接口是金属制造的。按照研制人员的观点，各种材料在弹仓设计结构中的类似结合，从保障其最大坚固性和寿命方面看，是非常合理的处理方案。

著名学者 Π.A. 马利蒙是这样评价 AK-74 的："在设计和使用方面非常简单，这种简单是合理的零件布局方案所决定的，它经受住了时间的考验，表现出很高的设计寿命。原创的枪机转动闭锁系统和枪机框、枪机匣的合理配置都是 AK 系统得以长期保持设计特点的基础，这些特点保证了其对国内外同类产品的优势。这一技术不仅在国内自动步枪设计行业，同时也在国外的设计实践中得到了广泛的传播。"

这种在零件配置和布局上难以置信的简单，以及其完全的互换性使人们可以在超短时间内掌握 AK-74 的使用和维护。AKM 和 AK-74 的各种零件令人惊讶地统一，尽管各种零件是按不同类型的定装弹设计的。卡拉什尼科夫自动步枪的这种通用性使得我国在无休止的军备竞赛中处于领先地位。

1973 年，M.T. 卡拉什尼科夫推出了自己的改进型 AKC-74 式 5.45 毫米自动步枪。该款武器的自动机按火药气体从枪管后坐的原理工作。通过枪机在两个闭锁卡铁上转动实现枪膛的闭锁。缩短至215毫米的枪管将弹头初速度降低至735米/秒，但与AK-74相比，其射击密度变得更差。经过改进的击发机可以进行单发射击和自动射击。扳机转动限制器代替了扳机延迟器，限制了扳机向后转动并防止扳机对扳机尾的撞击。快慢机安装在枪机匣的右侧。安装在机匣盖上的瞄准具计算射击距离为500米。胸环靶直接瞄准射击距离为360米，其中包括在360米距离上击穿有防护的目标，包括5毫米厚钢板击穿距离为210米，钢盔（安全帽）的击穿距离为500米，含钛合金片的装甲防弹背心的击穿距离为320米。射击速度为650～700发/分。有标准的可拆卸盒式扇形30发定装弹弹仓，简装式弹仓为20发定装弹。枪管的减短使气管后移，改变了准星的设计结构。准星基座与气管连为一体，这种设计使表尺更靠近射手的眼睛，瞄准线很短。这样一来，活塞杆和排气管也变短。枪口切面强大的火药气体压力要求安装加强型消焰器，可以在一定程度上降低冲击波所带出的火焰，增强自动机运行的可靠性。但是消焰器并不能完全压制射击时的声音和火焰，这种声音和火焰会使射手目眩和暴露自身。由于枪管短，为了保持弹头在飞行过程中的稳定性，设计师不得不加大了缠度，来复线的行程长度从200毫米减至160毫米。枪机匣也进行了重新设计，通过一个铰链接头向上开启。枪机盖的前部有两个转动角度限制器，上面有两个穿轴用的孔，盖可沿轴转动。枪机盖与枪机匣连为一体，不能分开。依靠复进机导向杆的凸部保持机匣盖的关闭。除这一款武器外，1975年还出现了一款卡拉什尼科夫A1-75式5.45毫米短型自动步枪。与其原型ПП-1的不同点在于：

——带消声消焰射击仪（ПБС）；

AKC-74Y 式短型自动步枪，是
AK-74 的改型和缩短专业版。
与原型枪不同的是使用折叠式
枪托和更加短的枪管.

—— 为了便于安装 ПБС，更换了强化消声器，有一带螺纹底座的套管，在这个套管上安装准星基座；

—— 在表尺座上安装了三个片状标尺板:П 用于 100 米距离上瞄准射击，另外两个可折叠的标尺板，用于 150 米和 200 米瞄准射击；

—— 击发机的设计只能进行单发射击；

—— 金属枪托不能向下折叠，而是在护木的下方，向上折叠，放置在气管和枪机匣盖上，自动步枪可以在枪托折叠状态下再装弹。

1977 年 3 月，AKC–74У 开始在后贝加尔军区驻基洛瓦巴德的摩托化步兵师和空降兵师进行部队试验。部队试验后，卡拉什尼科夫新的短型 5.45 毫米自动步枪被建议列装。1979 年，卡拉什尼科夫 AKC–74У 式 5.45 毫米自动步枪列入火箭炮兵、战斗车辆机械师兼驾驶员、通信兵、工兵、导弹兵器战斗班和内务部特种部队和分队的武器编制。

АСK–74У 自动步枪除了其基本型以外，还生产了改型：АСK–74УН 和 АСK–74УН2，安装了夜暗无补充光瞄准仪 НСПУ/НСПУМ。20 世纪 90 年代中期，还出了一款 АСK–74УН3 式自动步枪，其不仅将安装全部的夜用瞄准具，而且还准备安装未来的瞄准综合体 Кандит-0。后来，还出现了另外一款可以用这款武器射击的、更加简便的瞄准设备：由白俄罗斯专家研制的激光目标指标仪（ЛЦУ）。这种新技术对在城市条件下战斗有特别重要的意义，在夜间，在封闭的空间内非常有用。从 1985 年开始到 1990 年年初生产的 АСK–74У 式自动步枪护木和气管盖都是木制的，后来全部改为更加坚固的玻璃聚酯材料 АГ–4В。塑料护木增加了金属遮热板，用于减少射击时发热。

20 世纪 80 年代初，还出现了一款 ACK–74УБ 式自动步枪，配备了更加完善的无声无焰射击仪 ПБС–4。以此为基础生产了新型无声枪榴弹自动步枪综合体，代号为金丝雀。该综合体由 AKC–74УБ 式 5.45 毫米自动步枪、ПБС–4 式无声射击仪和 БС–1 式 30 毫米无声掷弹器组成。与其上一代一样，БС–1 可安装在自动步枪的枪管上。为此，在 AKC–74У 式自动步枪的枪管上，在距枪口切面 120 毫米处焊接了一个耳环，用于固定枪口掷弹器。在护木的下方，有一个 40 × 30 毫米的孔用于固定 БС–1。在自动步枪表尺座上安装了可折叠的立柱式表尺，用于枪口掷弹器在 400 米距离上的射击。弹仓的弹容量为 5 发定装弹。使用在 5.45 毫米空包弹（没有塑料弹头）基础上制造的新型基本定装弹，可增加枪榴弹的初始速度超过 100 米 / 秒和表尺射击距离。БС–1 式掷弹器射击使用 30 毫米聚能枪榴弹，具有穿透 15 毫米钢板的可穿透性和扩大的超界杀伤作用。使用掷弹器射击时，为了降低后坐力，应给自动步枪枪托底板戴上橡胶底板减震器。除此之外，AKC–74УБ 式自动步枪还装备有短式塑料 20 发容量弹仓。这种新技术对执行特种任务来说是必要的，执行这种任务时要求射击的高精确度，一般距离都比较远。这种射击的基本姿势是卧姿，为了降低火线的高度必须使用小容量弹仓，因为这种弹仓非常方便，可以让射手尽可能低地接近地面。金丝雀综合体列入总参谋部情报总局特种部队侦察破坏分队的武器装备系列，用于取代已经过时的安静式无声自动步枪掷弹综合体。AKC–74УБ 自动步枪带 БС–1 式掷弹器总长 900 毫米，枪托折叠起时长 650 毫米。带 БС–1 式掷弹器枪重 5.66 千克，不带掷弹器枪重 3.88 千克。AKC–74У 式自动步枪综合体包括：自动步枪枪衣、附件、三个备用弹仓、四个弹夹、弹仓接头和弹仓携带布

277

袋以及附属工具。

当 AK-74 投入生产时，在军械制造业又出现了一颗明星：图拉军械厂。该厂此时是技术装备精良，还有来自全国各地的优秀武器制造专家。也就是在这家工厂里 AK-74 一直生产到 1994 年。

第 11 章
AK-74M

（5.45毫米卡拉什尼科夫自动步枪）

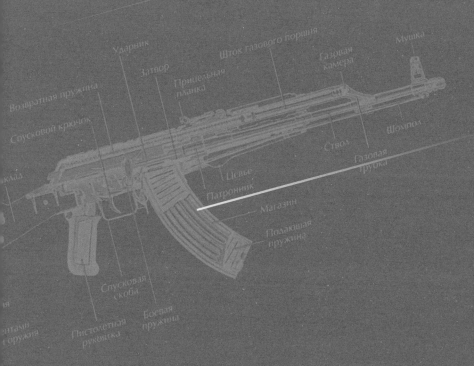

Ударник

Затвор

Шток газового поршня

Газовая
камера

Мушка

Прицельная
планка

Возвратная пружина

Спусковой крючок

Ствол

Шомпол

...клад

Газовая
трубка

Цевье

Патронник

Магазин

Подающая
пружина

Спусковая
скоба

Боевая
пружина

...я

...ентами
...оружия

Пистолетная
рукоятка

АВТОМАТ
КАЛАШНИКОВА
СИМВОЛ РОССИИ

武器的完善仍在继续。世界发生了重大变化，为了适应这种变化，要求在 AK 系列自动步枪中进行某些创新。

20 世纪 80 年代中期，伊热夫斯克机器制造厂的设计师们研制出了卡拉什尼科夫通用改型自动步枪 A-60 和 A-61。后来获代号为 AK-74M。

A-60 式 5.45 毫米自动步枪，像后来出厂的 AK-74 式一样，使用固定式塑料枪托和护木。不可拆卸式简化枪机匣盖固定在一个铰链轴上，拆卸时向上翻起，与 AKC74У 式自动步枪一样。加长至 460 毫米的枪管使用了变更设计的短枪口补偿制退器。自动步枪带空弹仓重 3.46 千克，总长 940 毫米，表尺距离 1000 米，弹头初始射速 920 米 / 秒。

A-61 自动步枪与上一代不同的是，使用另外一种设计结构的塑料枪托，与 AKC-74 式自动步枪一样，可折叠在枪机匣的左侧。枪机匣盖与 A-60 一样，拆卸时向上翻起。使用了更加短的单腔枪口补偿制退器。总长 943 毫米，枪托折叠时长 705 毫米。

当时在其基础上研制了一款最为成功的卡拉什尼科夫 AK-74M 式 5.45 毫米自动步枪。这款武器很快就替代了卡拉什尼科夫的几个自动步枪款式：AK-74、AK-74H、 AKC-74 和 AKC-74H。AK-74M 的自动机按火药气体从枪管后坐的原理工作。枪膛闭锁通过枪机在两个击发阻铁的转动实现。击发机可以实现单发射击和自动射击。快慢机－保险在枪机匣的右侧。

瞄准具由计算距离为 1000 米的开放式扇形表尺和准星组成。通过标准的可拆卸扇形盒式 30 发定装弹弹仓供弹。

AK–74M 保留了卡拉什尼科夫固有的全部优点，同时还具备了一些新的、有很大改进的战斗和使用维护特性。新型卡拉什尼科夫自动步枪基本特点是，用折叠式塑料枪托代替了原来的金属枪托。新的枪托比金属枪托更轻便，在设计结构上更像是 1986 ~ 1990 年出厂的 AK–74 式固定塑料枪托，携带时更少与军装挂扯。除此之外，用塑料制成的枪托完全消除了射手在低温和高温条件下射击时不舒服的感觉。与此同时，枪托经过改进的设计结构消除了当枪支从高处坠落时枪托铆接处的松动和变形。由于塑料枪托在行军时可以改变形状（不仅是摩托化步兵，战斗车辆乘员和空降兵在使用中也都会感到很方便），这不仅使武器在射击时有更大的稳定性，还可以在近战中用刺刀和枪托毁伤敌人。在枪托的左侧有一个长方形的槽，可以安装折叠状态的标准表尺固定组件。AK–74M 式自动步枪的护木和气管枪机盖也是用玻璃聚酯材料 AΓ–4B 制成，具有高强度的抗机械破坏性能。新材料的导热系数不高于木制材料，可消除长时间射击会灼伤手的情况，同时，护木上的纵向加强筋可以在瞄准射击时操枪更加方便和轻松。

AK–74 式自动步枪中并不太成功的枪口补偿制退器在设计结构上进行了几次改变。枪口补偿制退器使用了开放式腔体，不用从枪管上拆卸就可以进行清洗，并通过扩大接触面消除了枪口补偿制退器射击时发生"摇晃"的现象。枪机匣盖得到相当大的加强，减少了其机械变形的概率，特别是在肉搏战的撞击过程中。

刚刚改型不久的卡拉什尼科夫自动步枪获得装备新型表尺的机会。表尺是一个单倍光学测量仪，仪器中会一直有一个红色的点，

AK–74M 改进型自动步枪，
自动步枪装备有可向一侧折叠的塑料枪托和燕尾型
统一固定，
枪口制退器采用开放式腔体，
自动步枪上还装备了加强型枪机匣。该款武器一直
到现在还在俄军中使用

这是光学测量仪的瞄准标记。

　　来自莫斯科特种装备与通信科学生产联合企业的设计师与扎戈尔斯克光学器械厂共同推出了独一无二的夜用瞄准具 ПОНД–4 和 ПОНД–7，用于装备 AK–74M 式自动步枪，可以不分昼夜实现对目标的瞄准。通过在瞄准具外壳左侧手柄的转动实现昼夜模式的转换。

　　早在 1991 年就计划安排在伊热夫斯克机器制造厂生产新型的 AK–74M 式自动步枪，在维亚茨基耶波利亚内斧头机器制造厂生产 РПК–74M 式轻机枪。但是，当时的国内政治形势已不允许安排 AK–74M 的生产了。当时的俄罗斯实际上已经停止了武器的生产。一直到 1995 年才允许生产。

第 12 章
卡拉什尼科夫
"100" 系列自动步枪

АВТОМАТ
КАЛАШНИКОВА
СИМВОЛ РОССИИ

20 世纪 90 年代，整个俄罗斯的国防工业经受了严峻的考验。军备竞赛作为影响武器发展的重要因素，被人们遗忘得无影无踪。在全面混乱的几年中，国防工业几乎损失掉了全部的销售市场。在所谓的"第三世界"国家开始仿制各种型号的卡拉什尼科夫自动步枪，主要是在中国和其他的一些国家。军械工厂要求按新的世界模式进行改造，这需要大量的财政输血，更主要的是需要大量的时间。而当时根本就没有这样的时间。落后的差距非常巨大，随着时间一天天的流逝，俄罗斯重返世界武器舞台的机会越来越小。伊热夫斯克机器制造厂设计局向前迈出了史无前例的一步，设计出了卡拉什尼科夫 100 系列自动步枪。

卡拉什尼科夫 100 系列自动步枪（AK–101 式 ~AK–105 式），吸收了 AK、AKM、AK74 式和 AK–74M 式自动步枪的所有优点。新型自动步枪计划使用更为广泛使用的北约 5.45Ч39、5.56Ч45 自动步枪定装弹和 7.62Ч39 定装弹。

在整个卡拉什尼科夫武器家庭中，最为原创的是 AK–102 式、AK–104 式和 AK–105 式自动步枪。在这些型号的武器中最大限度地提高了标准自动步枪以及其短型自动步枪之间的一体化程度。除口径和枪管长度以外（314 毫米 —— AK–102 式、AK–104 式、AK–105 式，415 毫米 —— AK–101 式、AK–103 式），100 系列 AK 式自动步枪的不同之处在于定装弹的尺寸。该系列武器有与

AK-74式相同的标准双腔枪口补偿制退器（AK-101式和AK-103式是标准款式）或者是使用了AKC-74У式的加强型消焰器（小口径款式自动步枪AK-102式、AK-104式和AK-105式），以及计算射击距离各不相同的开放式扇形表尺：AK-101式、AK-103式和AK-105式为1000米；AK-102式和AK-104式为500米。自动步枪设计使用北约的5.45毫米和5.56毫米定装弹，来复线距为180毫米，而使用7.62毫米定装弹自动步枪的来复线距为240毫米。

为了向西方国家和第三世界国家出售使用更为普及的5.56毫米低脉冲定装弹的自动步枪，当时研制了2款新型卡拉什尼科夫自动步枪：AK101式（标准型）和AK-102式（小型）。与AK-74/AK-74M式相比，AK-102式小型自动步枪的枪管短100毫米，这就保持了气管的标准配置，而没有像AKC-74У式一样气管后移。首先是保留了标准的枪机组件和瞄准具。鉴于目前世界武器市场更为流行苏联1943年式自动步枪定装弹，伊热夫斯克机器制造厂的设计师制造了使用这种定装弹的两款自动步枪：AK103式（标准型）和 AK-104式（小型），这两款武器有着相当好的出口前景。除此之外，在AK-102式和AK-104式的基础上，还为俄罗斯武装力量和护法机关研制了使用5.45毫米定装弹的AK-105式小型自动步枪，其具备了出口型卡拉什尼科夫自动步枪的全部优点，但在战斗性能方面要超出AKC-74У式自动步枪好多倍，用于替换AKC-74У式自动步枪。

100系列AK式自动步枪的自动机也像其他的卡拉什尼科夫自动步枪一样，按火药气体从枪管后坐的原理工作。依靠枪机在两个射击阻铁上转动实现枪膛的闭锁。扳机型击发机构。击发机可以实现单发射击和自动射击。在制造100系列卡拉什尼科夫自动步枪的过程中广泛使用了现代技术和材料。大量的零件，包括枪机盖、气腔、下皮带环、枪托定位销等，使用了精密浇铸法制造。100 系列自动步枪的设计结构中完全排除了木制零件（与优秀的卡拉什尼科夫 AK–74M 式 5.45 毫米自动步枪相似）。枪托和护木使用黑色的玻璃聚酯材料 AГ–4B 制造，因此，美国人给该款武器起的雅号叫"黑色卡拉什尼科夫"。

　　为了便于在夜暗条件下的射击，100 系列 AK 式自动步枪使用了专用附加式瞄准设备，这种设备与该武器所有型号的结合可在很大程度上减轻光线不足条件下的瞄准难度。AK–102 式、AK–103 式和 AK–104 式自动步枪与 AK–74/AK–74M 式自动步枪不同的是，除标准的枪口补偿制退器外，可以安装无声无焰射击仪。除此之外，所有型号的 100 系列自动步枪都可以安装 ГП–25/ГП–30 型枪榴弹掷弹器。

　　在新型自动步枪中使用有发展前景的材料和涂层对延长武器寿命起到了很好的作用。AK–101 式 ~ AK–105 式自动步枪的无故障工作试验证明，发生故障的概率明显低于技术任务书中规定的 0.2% 的射击故障率。武器寿命达到了 10000 ~ 15000 发。AK 式自动步枪最亮丽的名片是各种组件和零件的统一化，这一特性保障可在最短的期限内完成武器的技术维护。在生产过程中已完全排除了对某些组件和零件的修正调整。

　　专门为护法机关研制了自装弹型的自动步枪 AK–101–1 式、AK–102–1 式、AK–103–1 式 和 AK–104–1 式，其击发机的设计更加简化，机构中去掉了缓冲器和自动解脱器。使用这种武器只能进行单发射击。

　　1999 年，伊热夫斯克机器制造厂首次提交了 100 序列自动步枪的改进型号：AK–101–2 式、AK–102–2 式、 AK–103–2 式、

世界上最著名自动武器的演变过程

AK

Темп стрельбы, выстрелов в минуту	600
Прицельная дальность, м	800
Принят на вооружение	1949 г.

▌ 7,62×39 мм ▇ 4,3 кг ⌐ 870 мм
* Масса здесь и далее указана без патронов

Разработан Михаилом Калашниковым в 1947 году

АКМ

Темп стрельбы, выстрелов в минуту	600
Прицельная дальность, м	1000
Принят на вооружение	1959 г.

▌ 7,62×39 мм ▇ 3,14 кг ⌐ 880 мм

Легкие сплавы и штамповка уменьшили вес оружия

АК74

Темп стрельбы, выстрелов в минуту	600-650
Прицельная дальность, м	1000
Принят на вооружение	1974 г.

▌ 5,45×39 мм ▇ 2,7-3,6 кг ⌐ 730-943 мм

Новый стандарт калибра.
Увеличены начальная скорость пули и темп стрельбы

АК

100-й СЕРИИ

Темп стрельбы, выстрелов в минуту	600-900
Прицельная дальность, м	500-1000
Принят на вооружение	1991 г.

▌ 7,62×39 мм
5,45×39 мм
5,56×45 мм (NATO)   ▇ 3,15-3,8 кг ⌐ 824-943 мм

На основе АК74М разработаны автоматы 100-й серии:
калибра 5,56 мм (АК101, АК102, АК108),
калибра 7,62 (АК103, АК104, АК109),
калибра 5,45 мм (АК105, АК107)

AK

| 子弹口径
7.62×39 毫米 | 重量
4.3 千克 * | 枪体尺寸
870 毫米 |

* 这里及以下的重量不含定装弹

| 射击速度：600 发 / 分钟 | 表尺距离：800 米 | 列装时间：1949 年 |

AKM

| 子弹口径
7.62×39 毫米 | 重量
3.14 千克 | 枪体尺寸
880 毫米 |

| 射击速度：600 发 / 分钟 | 表尺距离：1000 米 | 列装时间：1959 年 |

AK74

| 子弹口径
5.45×39 毫米 | 重量
2.7~3.6 千克 | 枪体尺寸
730~943 毫米 |

| 射击速度： 600~650 发 / 分钟 | 表尺距离：1000 米 | 列装时间：1974 年 |

AK

100 系列自动步枪

| 子弹口径
7.62×39 毫米
5.45×39 毫米
5.56×45 毫米（NATO） | 重量
3.15~3.8 千克 | 枪体尺寸
824~943 毫米 |

| 射击速度：600~900 发 / 分钟 | 表尺距离：500~1000 米 | 列装时间：1991 年 |

在 AK74M 的基础上研制的 100 系列自动步枪：
口径 5.56 毫米（AK - 101、AK - 102、AK - 108）
口径 7.62 毫米（AK - 103、AK - 104、AK - 109）
口径 5.45 毫米（AK - 105、AK - 107）

AK–104–2 式和 AK–105–2 式，这些武器都配备了带 3 发弹排列隔弹片的击发机，保障了零件和击发机最大可能的统一。击发机一次组装成型，快慢机手柄装在左端。射击计数由隔弹片（棘轮）杆控制，在自动机移动部分来回移动过程中由枪机杆推动其动作。隔弹片杆在下部挡住击发阻铁，在第三发射击完成后将其释放，在这种情况下，击发阻铁卡住扳机，不能进行射击。

使用这类武器射击的基本类型是：固定连续 3 发定装弹的自动射击。

维亚茨基耶波利亚内斧头机器制造厂与伊热夫斯克同时开始了完善武器的道路，2000 年研制了两款取名为 200 系列的出口型卡拉什尼科夫轻机枪，即使用北约 5.56×45 毫米定装弹的 РПК–74M 式轻机枪（201 型）和使用北约 7.62×51 毫米定装弹的 РПКМ 式（204 型）轻机枪，其大部分零配件与 РПК–74M 式 5.45 毫米机枪一致。

正是卡拉什尼科夫系列武器，使俄罗斯重新回到世界武器行业的发展水平上。

第 13 章
谁发明了
卡拉什尼科夫自动步枪？

Глава 13
КТО ИЗОБРЕЛ АВТОМАТ КАЛАШНИКОВА?

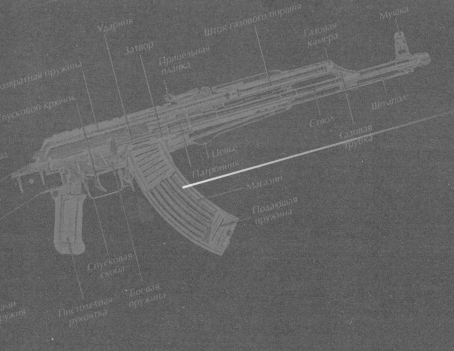

Возвратная пружина
Ударник
Затвор
Шток газового поршня
Газовая камера
Мушка
Прицельная планка
Спусковой крючок
Шомпол
Ствол
Газовая трубка
...клад
Цевье
Патронник
Магазин
Подающая пружина
Спусковая скоба
...ния
...ментами ...х оружия
Пистолетная рукоятка
Боевая пружина

АВТОМАТ
КАЛАШНИКОВА
СИМВОЛ РОССИИ

随着卡拉什尼科夫自动步枪普及程度的增长，有关该武器制造的各种传闻也不断涌现，这些传闻的内容和观点不仅千奇百怪，有些甚至截然相反。例如，有的说是 M.T. 卡拉什尼科夫一个人单枪匹马地研制出这种传奇式的武器；有的却认为 M.T. 卡拉什尼科夫与自动步枪研制一点关系也没有。广为流传的有两种推论：一是所谓的"冒名顶替之说"；二是"关于什马伊谢尔自动步枪之说"。

2002 年 3 月 1 日，《莫斯科共青团报》在一篇题为《20 世纪的秘密》的专栏中刊登了没有署名的文章，标题是《传奇人物卡拉什尼科夫：不是武器设计专家，而是冒名顶替之徒》，文章以第三人称引言的形式提出"射击武器的研制者是德米特里·希里亚耶夫"。尽管文章的内容明显地以毛相马，难圆其说，却产生了爆炸性的效果。关于冒名顶替的说法得到广泛传播。现将该文章的文字摘录如下：

1943 年 7 月 15 日，在莫斯科武器装备人民委员会的技术会议上，民用和军事专家会集一堂。桌子上放着缴获的战利品：德国的自动步枪。同时下达了命令：立即制造类似的国产"枪-弹"综合体。

在非常短的时间期限内，也就只有半年时间，设计师尼古拉·叶利扎罗夫、设计师帕维尔·梁赞诺夫、工艺师鲍里斯·肖明研制出了 7.62 毫米口径定装弹，是介于步枪弹和手枪弹之间的一种定装弹，取名叫中等尺寸定装弹。宣布参加使用这种定装弹武器竞标的共有15个竞争者。

其中根本没有卡拉什尼科夫。

按中等尺寸定装弹规格制造武器

"1946年，建议米哈伊尔·卡拉什尼科夫军士参加的竞标试验不是自动步枪，而就是个火钩子，这本也会是一款很优秀的现代武器。"中央精密机器制造科学研究所（研制射击武器的牵头单位）的主任设计师德米特里·伊万诺维奇·希里亚耶夫肯定地说，"一个名不见经传，只念过七年书的军士能在与经验丰富的武器设计大师们的竞赛中取胜，如果背后没有某些懂行的专家或天才的高人指点，没有权势的帮助，这有可能吗？我认为，未必行。特别要看到，卡拉什尼科夫的第一支自动步枪就是个废品，根本就没有得到进一步加工的权利……"

"1956年，在休罗夫斯基靶场，比留科夫上校给我们展示卡拉什尼科夫的第一支自动步枪 AK-46，"著名自动射击武器设计师彼得·安德烈维奇·特卡乔夫回忆说，"那支枪在结构上像不像列装的卡拉什尼科夫 AK-47 自动步枪呢？答案非常明确：不像。自动步枪很像是布尔金发明的。"

"平心而论，应该列装的是阿列克谢·苏达耶夫的自动步枪，"德米特里·希里亚耶夫接着说，"苏达耶夫的 ПΠС 式冲锋枪在战斗中表现非常出色，这是他在列宁格勒被围困时期制造的。可这位35岁的设计师突然被送到莫斯科的一家医院，几个月后他就去世了。在围困期间他得了胃溃疡。领袖的位置腾出来了，开始相互谩骂……竞标会向后拖了两年。每个参与竞标者都有自己的自动步枪样枪，其中没有一支有德国原枪的明显特征。这时就出现了卡拉什尼科夫。"

　　米哈伊尔·季莫费耶维奇·卡拉什尼科夫本人认为，当时"能从苏达耶夫手中接过大旗"的应该是工程师鲁卡维什尼科夫上校、青年设计师巴雷舍夫和他本人。

　　卡拉什尼科夫根据布拉贡拉沃夫将军的推荐来到位于莫斯科州拉缅斯科耶区休罗夫沃村的军械总局靶场。布拉贡拉沃夫院士在战争年代领导过莫斯科航空专科学院的轻武器装备教研室。在后来的疏散中，受伤后痊愈的坦克兵卡拉什尼科夫曾向院士展示过他和军事工程师卡扎科夫一起研制的自动步枪。

　　尽管布拉贡拉沃夫认为"这款枪从整体上说是不成功的"，还是表扬了卡拉什尼科夫为此所做的大量工作……

　　"战争年代，对任何一个提出来的发明都应给予全面的回应，"彼得·特卡乔夫解释说，"过了几年，有武器设计师说，战争期间有一次有人向他们提出发明了无声狙击步枪。申请人设想在步枪的枪口上安上一个……猪的尿泡。你们能怎么想，设计师们买下了猪，切下来尿泡，进行了试验……在当时的发明申请表的右上角有斯大林的语录，大概意思是：谁妨碍科学技术进步，就应把谁从道路上清除。所有的人都会对 1937 年记忆犹新……"

试验只进行了 12 天就草草收摊

　　"卡拉什尼科夫在来我们分队之前，曾在阿拉木图与武器设计师卡扎科夫共同工作过，"试验分队主任瓦西里·柳特后来回忆说，"试验用枪发给了军械总局戈鲁特温科学研究靶场。但这些样枪并没有进行射击试验，其原因是这些东西太粗糙了。与卡拉什尼科夫在报纸和杂志上介绍自己的情况相反，我负责任地声明，他在哈萨克斯坦工作期间什么也没造出来，没有什么可令人关注的东西。米哈伊尔·季莫费耶维奇是个很有天赋的人。但就其受教育程度、实践知识水平和经验来说，远没有达到一个武器设计师、一个教授的水平，他的产品怎么还能装备军队……"

卡拉什尼科夫后来的一款自动步枪的试验用样枪在射击靶场是由普切林采夫上尉试验的。试验结束后工程师给出了详细的报告，报告的结论对于米哈伊尔·季莫费耶维奇来说是不能令其宽慰的："系统是不完备的，不能进行进一步加工处理。"当时，卡拉什尼科夫请求试验分队的主任瓦西里·柳特大尉再重新检查一下他的自动步枪，重新审查一下普切林采夫的报告，并要求列入下一步加工处理的程序。

"那是 1946 年，正好来了命令：禁止军人在靶场从事武器设计工作。"彼得·特卡乔夫讲道，"应该说，这个命令非常英明。军人只能是检查人员，而不能是研发人员。"

瓦西里·柳特是一个位具备了必要经验和知识的武器专家，他实际上是把事情揽在自己的手里。他修改了普切林采夫的结论，指出了 18 个必须要进行重大修改的问题并建议对该自动步枪进行下一步加工处理。后来，柳特的老朋友、军械总局的上校经验丰富的工程师弗拉基米尔·杰伊金参加了自动步枪的进一步完善，柳特曾与杰伊金共同制造过 ЛАД 式机枪（柳特、阿法纳西耶夫、杰伊金）。

米哈伊尔·季莫费耶维奇在自己的书中写道，击发机是杰伊金帮助他研制的。

"这不是实情。"德米特里·希里亚耶夫说道，"AK 自动步枪的击发机属于'扳机俘获'式击发机，这是 20 世纪 20 年代由捷克人埃玛努伊尔·霍列克发明的。这一装置的原型是用在施迈瑟自动

卡拉什尼科夫自动步枪闻名全世界。因其生产成本低廉，AK 自动步枪在一些第三世界国家的价格低于一只活鸡。在世界上任何一个热点地区的新闻通报中都可以看到 AK 自动步枪。AK 自动步枪列装世界上 50 多个国家的正规军队。

步枪上的。杰伊金充其量也就是这一装置设计的继承人，而且卡拉什尼科夫将这一装置用在他 1946 年式自动步枪上也是不成功的。"

卡拉什尼科夫到科夫罗夫军械厂去生产自己经过改造加工的自动步枪样枪。他在去的路上"有点儿忐忑不安，不知道工厂里会怎样接待他这个外来人，会不会给他找麻烦"。著名武器设计师瓦西里·杰格佳廖夫也在这家工厂里研制自己的自动步枪样枪。卡拉什尼科夫在科夫罗夫工作了一年，一次也没有遇见大名鼎鼎的竞争对手。"我们在做自己的样枪，就像是被一种看不见的篱笆隔开一样"，米哈伊尔·季莫费耶维奇后来曾对这事有过回忆。

"给予卡拉什尼科夫保护的瓦西里·柳特在自己的回忆录里提到过竞标参与者，但从没提到他们的军衔、职务。"我们的鉴定专家德米特里·希里亚耶夫说道，"要知道，当时在这个靶场，在柳特的试验分队里大约有 15 支其他设计师的自动步枪在进行试验。他们中间每一位样枪的试验结论，包括卡拉什尼科夫样枪的试验结论都会在很大程度上取决于试验分队的领导和军械总局驻靶场的监督员杰伊金的态度。由于自己的地位他们在竞标这种事上是应该严格保持中立的。"

竞标的各个阶段都是封闭的。所有的竞赛参与者提交的样枪文件都是使用假名。真实姓名在一个单独的信封里保存。卡拉什尼科夫用的假名是"米赫吉姆"。猜到这就是米哈伊尔·季莫费耶维奇也不难。

"有经验的靶场研究人员在射击的第一天后，就可以说出样枪排在第几位，"卡拉什尼科夫回忆说，"什帕金第一个认输，回去了。在看了自己样枪自动机运动速度的记录以后，他表示要离开靶场。一种难以置信的紧张，让我喘不过气来，被无休止的射击声煎熬着，浑身发热。这是杰格佳廖夫的样枪……布尔金死死地盯着试验员的每个步骤，用挑剔的眼光检查着样枪是不是擦干净了，最关心的是报靶的结果。他好像觉得竞争对手会对他暗中使坏。"

只有三支样枪进入了 1947 年 1 月的试验最后阶段：图拉人布尔金的 ТКБ–415、科夫罗夫设计师杰缅季耶夫的 КБП–520 和卡拉什尼科夫的 КБП–580。

"在伏首山博物馆收藏着一个命令的复印件，命令中说，1947年 12 月 27 日开始的试验日程安排为 12 天：需要尽快让可靠的自动步枪列装。"德米特里·希里亚耶夫说，"按照命令，试验成绩在前的是布尔金。但是这个图拉人脾气暴躁，无休止地因军人的评语发生争吵。最后的结果是，这位天才设计师只能从跑道上下来。卡拉什尼科夫军士性格随和，他对各位指导老师言听计从，要知道他们的军衔可比他高得多。在试验的最后一轮，'米赫吉姆'，他很喜欢这样称呼自己，接受了经验丰富的布尔金和柳特的意见，终于取得成功。从保存下来的文件中可以看到，根据委员会 1948 年 1 月 10 日的结论，选中了卡拉什尼科夫自动步枪，也就是后来的 AK–47，顺便说一下，这个委员会的成员全部是由炮兵学院的毕业生组成。"

苏联的武器应该更出色……

众所周知，武器要长时间"学习射击"。卡拉什尼科夫带着自己的样枪到科夫罗夫进行进一步加工。"禁止军人从事武器设计研发工作，但他们对竞标条件都是睁一只眼闭一只眼，任其破坏规矩，让他们去重新调整经过试验的自动步枪样枪。"彼得·特卡乔夫接着讲，"我认为，这项任务会把天才工程师、设计小组领导人扎伊采夫推到前台：要从所有参加竞标的自动步枪中吸取最好的东西。"

米哈伊尔·季莫费耶维奇回忆这事的时候是另外一种说法："在科夫罗夫，我和萨沙·扎伊采夫背着领导构思成熟了一个大胆的想法：以加工处理做掩护，对整个自动步枪进行大的重新调整。我们还是把自己的计划告诉了杰伊金……"

有必要说一下，整个重新调整的主要工作量都落在了经验丰富的科夫罗夫设计人员肩上。

"扎伊采夫在自己的回忆录中写道，卡拉什尼科夫甚至连一个绘图员的工作都不会做，"特卡乔夫回忆说，"设计和计算这类技术活都不让米哈伊尔·季莫费耶维奇知道。"

委员会的成员在试验的结束阶段"没有发现"卡拉什尼科夫提交的自动步枪枪管短了 80 毫米，击发机也换了，出现了枪机匣盖，把整个移动部分都给盖住了……卡拉什尼科夫竞争对手的好多要素都被搬到这来了。这简直就是另外一支自动步枪。

"谁也不可能超越卡拉什尼科夫，"科夫罗夫康斯坦丁诺夫设计局总设计师希里亚耶夫后来说，"又有多少高官是和他一道领取了奖金……"

"与其他武器设计师相比，真的没有哪一个武器要素是卡拉什尼科夫自己发明的，是可以保护知识产权的。"希里亚耶夫如实说，"我们知道的只有一点，在他们单位还有 4 个共同发明人。"这事以后，又传出了他的一个声明，曾引起一时的轰动：卡拉什尼科夫不是武器设计专家，他是冒名顶替的。

"米哈伊尔·季莫费耶维奇在这其中没起什么作用。"彼得·特卡乔夫认为，"当时国家的政策就是这样。军人的行为是正确的：这支自动步枪是卡拉什尼科夫的，还是杰缅季耶夫的，有什么区别吗……重要的是要把一支好的自动步枪列装部队。"有一点是明确的，在世界上任何一个国家，没有任何一种型号的武器会很快列装，确实需要对其进行多次的修改加工。

事情在于，第一款 AK 自动步枪有两个改进型：一种是带木制不可折叠枪托的 AK-47，另一种是带金属可折叠式枪托的 AKC-47，后一种继承了德国冲锋枪的设计方案。正如科学技术博士尤里·布雷兹加洛夫认为的那样，"德国 MΠ-43 式冲锋枪只是在外形上与 AK-47 相似，其工作原则完全是另外一回事"。要说是卡拉什尼科夫把所有的优点都集中在自己的设计之中了，那这种情况在国内外武器行业中早有先例，教授认为，这是卡拉什尼科夫的功绩所在，教授强调说，因为"所有的武器设计师在研制新型武器时都会使用这种方法"。

AK 式自动步枪到目前为止还是世界上最优秀的射击武器，这一点是众所周知的事实，毋庸置疑。

《莫斯科共青团报》的文章有着爆炸性效果。一周后，M.T. 卡拉什尼科夫不得不出来反驳。

在安德烈·库普佐夫《白海牌香烟与卡拉什尼科夫的自动步枪》一书中有一个片断说，实际上 AK-47 的发明者是另外一位著名的苏联武器设计师谢尔盖·加夫里洛维奇·西蒙诺夫。库普佐夫证实，西蒙诺夫至少是枪机组件和配置结构的发明者。库普佐夫提出自己假定的依据是：一般情况下，参加竞标的所有型号都有与战术和技术要求相一致的、事先规定的参数，只是在 1930 年以前，在苏联武器设计师之间流行一种所谓的自由创造活动，1931 年，在战术和技术要求的汇总清单中就列入了楔入闭锁枪机。当时取胜的是西蒙诺夫的系统（ABC-31）。后来其他的武器设计师也使用楔入式闭锁制造出了样枪。

还有一种观点很流行，说在研制卡拉什尼科夫自动步枪的过程中或全部，或部分地复制了德国人施迈瑟的 StG–44 式突击步枪。这一假定的支持者经常引为依据的是这两个型号外形相似，还有一个事实就是，AK–47 的设计方案面世时，正好有一批德国著名武器设计师在伊热夫斯克工作。"要想弄清楚这种说法对战后 AK 系列自动步枪的影响，这一观点就足够了。"戈登·威廉松这样写道。关于设计相近之处和 StG–44 对卡拉什尼科夫自动步枪的影响，美国学者戈登·罗特曼曾多次在其著作中提起。除了外表相似以外，这一观点的支持者们还提起德国武器设计师胡戈·施迈瑟在伊热夫斯克设计局的工作（需要说明的是，AK 的研制工作并不是在这里，而是在科夫罗夫工厂）和苏联专家对 StG–44 的研究是在苏尔市的一家工厂进行的，组装并提交给苏联 50 支 StG–44 式突击步枪，用于技术评估。

一位施迈瑟的支持者是这样说的："你们没有发现，AK–47 非常像第三帝国的施迈瑟突击步枪吗？不用猜测为什么。就是因为这款枪只有一个作者（确切地说是共同作者），他就是胡戈·施迈瑟。当然，有必要说的是，施迈瑟的枪与 AK 的内部有很大的差别。首先是后者要比前者出现的晚，所以它会更加完善。除此之外，当时第三帝国奇缺合金材料，所以不得不使用更软一些的钢材制造武器。当时施迈瑟的设计就是要用更加软一些的材料制造这种武器。那么，这位施迈瑟又是谁呢？他是祖传的武器设计师，他的父亲路易斯·施迈瑟是欧洲最著名的武器设计师之一。早在第一世界大战之前，他就在贝格曼（Bergmann）公司从事机枪的设计和生产。胡戈·施迈瑟在这家公司积累了丰富的实践经验并迈开了他作为武器设计师的第一步。胡戈·施迈瑟提出的第一个新型武器是使用中等尺寸定装弹的突击自动步枪。在他之前，所有的自动步枪都是按手枪定装

胡戈·施迈瑟，德国火力和气动轻武器设计师，1946 年 10 月他被强制送到苏联。施迈瑟与大量武器设计师一起被送到伊热夫斯克，参加伊热夫斯克机器制造厂武器设计局的工作

弹规格制造。比如有关德国人的电影中很常见的叶尔玛公司的自动步枪，常常被错误地叫成施迈瑟自动步枪，还有我国的ППШ式冲锋枪，美国的汤姆森自动步枪。世界各国军队列装的还有7.62毫米或者相近口径的大威力定装弹步枪。使用这种定装弹射击，如果没有支撑或者支架，是不可能的，因为它的后坐力特别大。所以胡戈·施迈瑟研制出了使用7.62毫米中等尺寸短型定装弹的新型武器，称之为突击步枪。武器获得了极大的成功，后来，只是对其进行了一些改进。这位胡戈·施迈瑟在战后成了苏联的俘虏，在伊热夫斯克一家封闭的科学研究所里工作，研制轻武器。除此之外，在设计局里工作的还有许多我国和德国的著名武器设计师。年轻的米哈伊尔·季莫费耶维奇·卡拉什尼科夫当时也在这里工作。他在武器试验处工作，还是设计局共青团组织的书记。他进设计局是为研制使用手枪定装弹的，用于装备坦克乘员的紧凑型冲锋枪。这款枪外形上很像是AK。胡戈·施迈瑟在这个设计局工作到20世纪50年代初，比其他德国俘虏武器设计师在此工作的时间都长，只是在他病入膏肓时才被遣返回到德国。1953年，他因肺癌死于民主德国的家乡。胡戈·施迈瑟是一位很谦虚的人，也可能会签署保密字据。不管怎么说，他在回答有关他在AK制造过程中的作用问题时只是说：'我只是给了一些有用的建议。'"

　　无论是StG或者其后一代改型，还是AK都没有任何原则上武器设计创新的要素。这两款枪所使用的基本技术方案，也就是气体推动和枪机闭锁方式，以及УCM的工作原理等，基本都是19世纪末20世纪初，根据研制上一代自动步枪（使用步枪／机枪定装弹）而获得的经验，这已经是一清二楚的问题。再说气体后坐自动机结合转动枪机闭锁，这在墨西哥人曼努埃尔·蒙德拉贡的世界第一支自装弹步枪的设计中就已经使用过，这款枪 1880 年研制，1908 年列装军队。

这些系统的创新在于：武器使用介于手枪和步枪 / 机枪之间的中等尺寸定装弹，并成功地建立起大规模生产的技术工艺，说到 AK，还可以加上一点，那就是这款枪调校到了极为实用可靠的水平，可以说是自动武器中的精品。

在这两款自动步枪中，气体后坐推动力的使用决定了它们的枪管、准星和气体后坐管的外形相似，气体后坐推动原则不可能是卡拉什尼科夫直接从施迈瑟那里继承来的，这种方法在很久前就已被知晓（顶部布置的气体推动首次使用是在苏制步枪 ABC 上）。气体后坐推动、带固定在枪机框上的气体活塞也不是什么新东西，在这之前很早就已开始使用，如在杰格佳廖夫的 1927 年式机枪上。

在其他方面施迈瑟和卡拉什尼科夫系统的设计差别也是很明显的，在结构以及其他关键性组件方面更是有着原则性差别。如枪管闭锁装置（AK 是转动枪机，StG-44 是枪机倾斜）、击发机（在使用一致的扳机动作原则的条件下，其功能的具体实现完全不一样），弹仓、弹仓的固定（StG 有一个相当长的接管，而 AK 的弹仓直接卡在机匣的窗口上），快慢机和保障装置（StG 有独立的双向按钮式火力转换开关，保险机为手柄状，设置在左侧，而 AK 的快慢机和保险合二为一在右侧）。

在枪机匣的设计上也有原则性的差别，同时，在拆卸和装配的程序上也不一样：卡拉什尼科夫 AK 式自动步枪的枪机匣由自身呈一个倒装的字母 Π 型切面，上部弯曲，枪机组合由在机匣内运动的枪机和在其上部固定的枪机匣盖组成，武器拆卸时必须把盖拆下；而 StG-44 是一个管状的枪机匣，其上部呈数字 8 型封闭型切面，

307

枪机组件安装在其中，还有一个下部分用于击发机的盒子，下部分在武器拆卸时，拆下枪托后必须向下掀开，与射击控制手柄一起用销钉卡住。

StG 枪机组件的运动轨道由一个大块头的气体活塞筒状基座固定，这个气体活塞筒状基座在枪机匣上部的筒腔内，紧贴着筒壁运动，而 AK 是利用枪机框下部的专用槽，借助这些枪机组件在枪机匣的上部沿弯曲的导向轨道运动。

总而言之，这两款枪之间只在设计理念和外观的艺术风格上有相当大的类似。

有一个事实是无可争辩的，那就是，德国人有了像 StG-44 这样新式和相当成功的武器，是不可能不被苏联发现的，后者必须要对其进行详尽的研究，这难免会在一定程度上对苏联新式武器的理念选择和研制同类武器的工作过程产生影响，这其中就包括 AK，关于卡拉什尼科夫直接继承了突击步枪设计的说法是经不起推敲的。

阿纳托利·瓦谢尔曼在回应针对发明 AK-47 的著作权出现大量质疑时说：

"卡拉什尼科夫自动步枪复制施迈瑟突击步枪的问题是有关武器行业争论中一个很普遍的问题。有关这个问题早就可以理直气壮地说，那些相信卡拉什尼科夫自动步枪是复制了施迈瑟突击步枪的人，可以说是对武器方面最基本的知识一无所知。

他们只是听说过卡拉什尼科夫和施迈瑟的名字，也仅仅是听说，甚至都没有去深入了解这两款武器。实际上这两个型号之间没有一点儿共同的地方。当然，从外观上看它们确实有点像，但其内部结构则完全是南辕北辙。更不用说它们是属于两个不同的工程学派，

它们不仅使用全然不同的自动步枪工作原理，而且战斗使用的理念也完全是风马牛不相及。

卡拉什尼科夫自动步枪已闻名世界，首先是它在各种条件下使用的可靠性，就这一点就足够了，不用再说别的什么了。施迈瑟突击步枪对污染特别敏感，需要特别的维护。这就证明，突击步枪是依据另外一种战斗使用理念制造的，这是任何一个看了这两种型号武器内部结构的人都可一目了然的问题。

可以理解的是，布洛戈尔·阿达加莫夫从来就没看过武器，他甚至认为看看别的地方比看武器更好，因此他目前远离自己的故乡。我再说一次，人之所以会成为自己国家和本国文化的敌人，那是因为他不了解自己的国家和自己国家的文化。

具体到米哈伊尔·季莫费耶维奇·卡拉什尼科夫这个人，我曾说过多次，也写过很多次，他与许多吹捧他的人的描述正好相反，这其中有不少不友好的记者，他既不是自动步枪理念的发明者，也不是具体这款枪的发明者。

他确实有不少自己的发明，但具体到卡拉什尼科夫自动步枪来说，没有什么东西是他发明的。这款自动步枪是由各个时期其他发明家的发明组合而成。卡拉什尼科夫在其中的功绩不在于发明，而在于设计。他作为一名自动步枪的设计师，从大量各种各样的，由其他人制造的组件中选出了有利于他完成任务的东西。他的任务就是制造武器，制造一款任何一个士兵经过最短时间的训练都会使用的武器，一款可以在任何可预料和不可预料的条件下使用的武器，一款生产过程相对简单，可以成千上万地进行复制的武器。

简而言之，他琢磨出了列夫·尼古拉耶维奇·托尔斯泰所说的那种'人民战争的大棒'，也正是这个'大棒'多次毁灭了形形色

309

色侵占他人土地的爱好者。非常清楚，布洛戈尔·阿达加莫夫就是那种很明显热衷于住在别人土地上的人，他当然不会喜欢制造这种'人民战争大棒'的人。"

第 14 章

对所走过道路的认识

摘自 M.T. 卡拉什尼科夫回忆录

ВЗГЛЯД НА
ПРОЙДЕННЫЙ ПУТЬ

Из воспоминаний М.Т. Калашникова

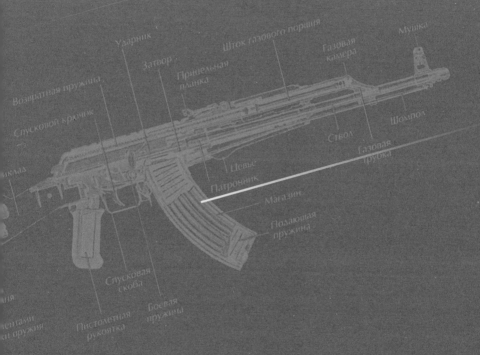

Ударник

Затвор

Шток газового поршня

Газовая камера

Мушка

Возвратная пружина

Прицельная планка

Спусковой крючок

Шомпол

Ствол

Газовая трубка

...иклад

Цевье

Патронник

Магазин

Подающая пружина

Спусковая скоба

...ия

...ентами
...н оружия

Пистолетная рукоятка

Боевая пружина

АВТОМАТ
КАЛАШНИКОВА
СИМВОЛ РОССИИ

　　这是我回忆录的最后一部分。我首先想说说，我作为一名武器设计师所度过的那些艰难岁月；说说我得以成功地制造并完善自动轻武器的那些年代，为此我付出了半个世纪的心血；说说那些与我的命运紧密相连的不平凡的人们。

　　我的叙述并不是生平记录，而是讲述我所走过的道路，正像我现在所认识到的，是对我整个一生的讲述。

　　回首往事，作为一个作者，我不会刻意地去选择材料，而会尽量客观地对待自己所走过的路、所接触的人。我也如同每个人那样，有着自己的嗜好和厌恶，也会感到时而被伤害，时而被感动，对那些触及心灵深处的东西，我当然会记得很清楚。我觉得，这应该是我要讲述的主线。我能预料到会有一些不理解，甚至是委屈，有人会说，干吗有的事讲得这么具体，有的事却一带而过呢？为什么有些事要展开讲，有些只是点到为止呢？记事叙述不是做研究，其精髓是活生生的记忆，是有选择性的……

　　经常有人问我，你对自己的命运满意吗？我的回答是：满意。我满意的是，我一生都在从事着人民需要的事业。

　　当然，武器不是拖拉机，不是联合收割机，不是播种机，也不是犁地机。武器不能耕地，不能种粮食，但是，没有武器就不能保卫我们的土地，不能打击敌人，捍卫我的祖国和我的人民。

　　因此，我回忆起有一次回到我的家乡阿尔泰边疆区库里亚的情景，很遗憾，我因公务繁忙很少回家。我站在村子的中心广场，看着木制的两层小楼，那是我的学校，我在那里学习到战争开始。从那里看过去，整个库里亚就像手掌一样大，连接着一块不算太高的高地，整个村子洒满了温暖的阳光。洛克捷夫河绕村而过，远处是岭间空地和宽阔的田野。田间小路上不时会有车辆通过，卷起一阵尘土。我深情地凝视着这片亲近的土地，以至于没有发现一位老年妇女向我走过来。她轻轻地推了一下我的手说：

"米沙，你不记得我了吗？"

我注视着她的脸。她的脸上包着一块压得很低，几乎盖住全部额头的防太阳晒的带小圆斑点的白色围巾。脸上堆满深深的皱纹。一脸温存的笑容，眼神里略带着一些湿润。

"是的，好像是记不起来了，"老人继续说着，"是的，你哪能想得起来呀？我都80多岁了。可我记得你，你还是个孩子的时候我就认识你。我们过去是邻居。后来爆发了战争……你上前线当兵去了，再也没回村子里来。我们这些女人们留在这里。我和你的两个姐姐阿尼娅和达什娅在集体农庄里工作，养奶牛……我丈夫在战场上战死了……"她用围巾的一角擦了一下从眼眶里流出的悲伤的泪水，接着说，"这不，我的儿子和孙子都好好的。因为现在没有了战争。我应该感谢谁呀？我想是你，米沙。我代表所有的母亲，代表我们，我们这些老太太们……"

老人的话是发自内心的。这些话来自一个历经苦难，却仍满怀挚爱和感恩之情的心灵，她能理解你为国家所做的每一点贡献。

我的工作也收到了来自国外的意想不到的评价，尽管用今天的眼光看，这些评价并不那么出乎意料。美国史密森尼学会的美国历史国家博物馆武装力量历史处主任、轻武器国家收藏保管人爱德华·克林顿·伊泽尔给我写信说：

伊热夫斯克市米哈伊尔·卡拉什尼科夫生前纪念碑，
雕刻家弗拉基米尔·库罗奇金作品

"作为一名轻武器的历史学家，我丝毫不带奉承和恭维地认为，您对20世纪下半叶这一级别技术装备理论的发展产生了重大影响。我认为，世界上再也不会对这点有任何疑义。这一情况要求我们必须以特别的注意力对待您的创造生涯，它在改变我们熟悉的这个世界的面貌中发挥了非常重要的作用。在方便的时候，非常想看到介绍您创造过程的资料，想了解一个武器设计师的成长过程、成长动机，以及确定其发展方向和工作能力成长的方法和条件。除了科学和人类进步这类知识以外，对您的了解也是教育培养年轻一代的巨大财富，我个人认为，这可以促进我们两国人民的相互理解和相互尊重。"

　　在我收到这封信不久，我与赫赫有名的美国历史和射击武器技术专家爱德华·克林顿·伊泽尔见了面。他受我的邀请来到了苏联。这是整个两国关系史上，至少是战后关系史上两国武器设计专家的首次会见。不久前我们还相互不信任，有时还会发生冲突，与美国的关系发展到两国武器领域专家能相见的水平，实为不易，这样一个事实说明，世界的政治氛围发生了深刻的现实变化。我们打破了在这一领域相互不信任的规则。这样的接触在不久前我们甚至想都不敢想。

　　会见后，一名记者向我提出了一个问题：

　　"如果我们在这场旷日持久的裁军谈判中获得胜利，在我们期盼已久的没有武器的世界里，您不担心会失业吗？"

　　我摇了摇头说：

　　"不，我不担心。所有的人，其中包括我，都是梦想着世界能够和平与和谐，全世界的人民都能安宁与幸福，而我们这些武器设计师，总会找到工作的。我非常热爱大自然，热爱森林、热爱小鸟和动物。如果会出现您所说的那种情况，我将会去制造摄影枪，一定会努力使这种枪的水平不亚于我们的自动步枪……

后来没多久，中央的一份报纸刊登了我与伊泽尔博士的谈话。在我看来，我所走过的道路是很有意义的，尽管我武器设计之路的第一步是被"藏"起来的，是要保密的。但是，总有一些人，不论是我们国家的人，还是外国的人，对我的工作表现出极大的兴趣，正是这些人过去养育了我，现在还继续养育着我，保障着我的身份和人的尊严。

20 世纪 70 年代初的一天，我发现信箱里有一封来信，信封上还写着回信的地址：美国，华盛顿。我承认，我当时非常吃惊。一位叫爱德华·克林顿·伊泽尔的陌生人，怎么说，就如同黑夜里打枪，突然来请我讲讲自己，要求我寄个简历，因为他在收集现代轻武器设计师的资料，并进行这方面的研究工作。说实话，当时根据国防工业企业的规定，我把信的内容向国家安全委员会的工作人员做了汇报。我从他们那里得到的建议是明确的：不允许进行任何接触。

不让回信，就不回信。我把伊泽尔的信放到了一个包里，很快就忘记了。当时正在进行研制 5.45 毫米定装弹自动步枪的紧张工作，根本就没工夫考虑像给一个外国作者回信这等"小事"，更不用说这已经超出了我的工作规定范围。

我还记得，20 世纪 60 年代初，德米特里·费多罗维奇·乌斯季诺夫对我说过：

"米哈伊尔·季莫费耶维奇，您是国防工业的一名设计师，这一点就能说明一切。对于我们来说，您是非常有价值的人。"

直到今天，我也没有觉得德米特里·费多罗维奇的话里有任何可指责之处。这是延续了几十年的保密系统规则，在这里也是起作用的。不过，我最终还是给美国历史学家回了信，当然这都是后来的事情了。

317

只是我当时并不明白，我给美国人的回信成了他走出困境的阿里阿德涅之线，使他写出并在美国出版了《AK-47 的历史》一书。不过，让我们来看一下在《红星报》上刊登的一次答记者问，这或许能说明很多问题。

记者：伊泽尔先生，在您《AK-47 的历史》一书的前言中有这样一句话："十几年来，历史学家伊泽尔对围绕在卡拉什尼科夫生活周围的秘密进行着渗透性侦探工作。"您这一次到访苏联，是不是也与这个任务有关呢？

伊泽尔：可以说，您的话正中要害。这个问题经常会由西方人出于对从事苏联军事工业保密工作的人的兴趣提出来。还有另外一个原因，在研究、介绍"卡拉什尼科夫"历史的同时，我们有可能知道，苏联武装力量是通过什么方式成功地避免了对外国设计和生产技术的依赖并在这些问题上获得了完全的独立自主。但是，也可以说，最主要的是想更多了解这个人，对于苏联人来说，他是这一领域的人民英雄。

卡拉什尼科夫：这只是历史学家的观点，而从我们设计师群体来说，我们的想法是不一样的。现代化是没有止境的，世界上有着大量的很好的轻武器型号。

伊泽尔：我重申一下我的话，现代有很多优秀的武器设计师，其中包括大家非常熟悉的尤金·斯通纳和加利尔·布拉什尼科夫，他们都为汤姆森、乌兹系统做了大量的工作，他们也研究过您的系统，认为您的武器系统是世界上最优秀的。他们两人委托我向您致敬。

卡拉什尼科夫：谢谢。

伊泽尔：顺便说一下，除了设计工作之外，还有一个情况可以把您与他们联系在一起。

"时至今日，我的武器还是不可超越的。我已向世界所有武器设计师
说过：'如果谁能设计出更好的武器，我将第一个握住他的手。'但
我一直仍在伸着手等着。"

M. T. 卡拉什尼科夫

卡拉什尼科夫：什么情况呢？

伊泽尔：他们两人，斯通纳和加利尔，像您一样，都曾是在第二次世界大战前线战斗过的战士，一个在美国军队，另一个在英国军队。

记者：这是一个很有意思的事实。看来不论是斯通纳，还是加利尔，还有您，卡拉什尼科夫，致力于制造现代化轻武器的出发点都是与法西斯做斗争，都是为了尽快地取得胜利，战胜共同的敌人。

伊泽尔：是的，很明显，这一事实在后来的命运中起到了不小的作用。我感兴趣的还有想向苏联读者介绍尤金·斯通纳，他也像米哈伊尔·季莫费耶维奇·卡拉什尼科夫一样，是自学成才，他也没有接受过专业教育或者是高等教育。

卡拉什尼科夫：这种或那种不知道的事情还很多，但是，关于我们制造的轻武器我们所知道的，要比彼此之间知道得更多。

伊泽尔：为了弥补美国人对您生活和工作方面了解的空白，今天的会面我等了很久。与我一起来的摄影小组会把我们的谈话拍成胶片，这部电影将成为史密斯学会电影资料的一部分，成为献给现代技术装备制造者的科学纪录影片。

记者：换句话说，您是不是想把罩在卡拉什尼科夫身上的所有神秘面纱彻底掀开呢？

伊泽尔：我会按我的评估方式去做，关于这一点我已经在《AK-47的历史》一书中说过，卡拉什尼科夫自动步枪在世界舞台的出现是一个标志，它证明，苏联已经进入了一个崭新的技术纪元。AK-47自动步枪以及其大量的改型是第二次世界大战以后，扩散最为广泛和最著名的军用轻武器。当然，不管怎么说，西方有一些专家坚持一种观点，认为美利坚合众国军队列装的M.16突击步枪是最好的。可我本人不这么认为。这不仅仅是我个人对卡拉什尼科夫自动步枪的偏爱，我们可以从来自贝鲁特和伊朗大沙漠、来自埃尔萨尔瓦多密林和阿富汗大山之中的新闻电报和报纸照片上看到卡拉什尼科夫的自动步枪。这一情况要求我们在美国特别关注米哈伊尔·季莫费维奇·卡拉什尼科夫的创作活动，特别关注他个人的一切。

321

我再一次强调：除了科学和人类的利益之外，与现代武器设计大师的相识对于青年人来说，当然也包括美国的青年人在内，有着巨大的教育意义。是的，是的，您不要不理解。我们是会评价别人成就的人，我们会赞赏那些取得了重大成就的人。

记者：基于这一原因，我还想具体地了解您所说的史密斯学会的情况，想知道它的作用是什么？

伊泽尔：史密斯学会是美利坚合众国中央国家机构，它的事业是收集、保存并向我国人民和大量的外国客人展示人类文明在文化、科学和技术领域的成就。学会利用广泛的大型博物馆、收藏馆、工业作坊、车站、试验室和其他科学教育机构网络开展工作。我相信，米哈伊尔·季莫费耶维奇，在不久的将来，您会赏光到我国进行回访的，届时，我会很荣幸地向您介绍很有意思的藏品和资料。

卡拉什尼科夫：谢谢您的邀请，伊泽尔博士。现在，当我们有机会相见时，应该利用这个机会，让我们更加密切地相互了解。我想从我的角度再强调一下，我高度评价美国武器设计师所取得的巨大成就，这其中我要单独说一下的是您的同胞加兰德，自装弹步枪的制造者，他原创了枪膛的闭锁机构和供弹机构。

说到您的书，伊泽尔博士，我承认，它让我好吃惊。没想到，您看待我国轻武器的发展演变，不论是革命前阶段，还是苏联时期都是那么的客观和深刻。

伊泽尔：是的，做到这一点真的很不容易。从俄国武器制造史中收集的资料是很有限的，更何况有关您生活的情况，收集时真的很像是侦探的工作。有关您的信息非常地少，不仅是英文的材料，甚至来自苏联的信息也很少。

卡拉什尼科夫：我想，不用多长时间，这个空白很快就会被弥补。苏联国防部军事出版社准备出版我的一本书，在书中我会讲述我所走过的道路，我对这一道路的看法是我目前，在已经过了大半生的今天，对自己所走过道路的理解。

伊泽尔：您的书？这对我来说，是出乎意料的好消息。您是不是在书中披露了，卡拉什尼科夫不仅仅是一名武器设计师，而且还是其他武器设计师的老师？

卡拉什尼科夫：在现代社会条件下，武器设计师不可能像家庭手工业者一样独往独来。在设计局里工作的是一个庞大的集体。这个集体里要有分析研究专家，也要有工艺师，还要有冶金专家，甚至还要有工业品艺术设计师。当然，设计局里也有我的学生。我很乐意向他们传授我设计和制造系统的经验。我的儿子也是一名设计师。

伊泽尔：这太好了！又一个做设计师的卡拉什尼科夫？

卡拉什尼科夫：是的，他正在努力超过他的父亲。

伊泽尔：根据我作为一名历史研究和武器装备技术专家的预测，苏联会在轻武器领域做出重大发现并取代武器库中您的系统，可以预测到2025年就可以使用这些新系统了。尽管我认为这些新发现的概率不大，老卡拉什尼科夫的武器还会被使用很久的时间。不管怎么说，我还是要祝愿小卡拉什尼科夫在武器设计领域取得成就。

记者：伊泽尔博士，您怎么看步兵轻武器的未来，这种武器还能继续用多久？

伊泽尔：步兵轻武器是所有武器装备中最低水平的一种武器。但它很可能会最后一个消失。因为它可能会比其他武器寿命更长。我们美国在这一领域常常是投入大量的财力，收到的成果却很小。现在我们的陆军正在试验的有 4 个新型号。但是，据我看，到 2000 年，我们的轻武器只能通过对 M.16 步枪进行改造而得到完善。

这样的谈话是在 1989 年，当时我的书稿正准备交付出版社印刷。一年以后我收到了伊泽尔博士的来信。内容是这样的："我们以史密斯学会、美国历史国家博物馆的名义邀请您来美利坚合众国继续进行记录 20 世纪武器设计师工作影视资料的项目，这个项目您去年夏天是参与了的，当时我的工作小组访问了莫斯科和列宁格勒。"

随信还寄来了未来的日程安排。在这个日程表中还给我安排了一个令人惊喜的节目：与著名美国武器设计专家、M.16 步枪的制造者尤金·斯通纳会面。

就这样，从各方面来看，轻武器系统的设计专家走上了世界交际的舞台。

我个人认为，我的命运发生了令人不解的转变。而且，我与斯通纳都不会为能揭开我们武器系统的一些秘密而感到不安。正像我在答记者问时说过的那样，我们各自都已经把对方的武器研究透了。在华盛顿饭店见面，又是在美国的首都，然后是史密斯学会、国家博物馆，谈得更多的可能纯粹是人类的相互关系，而不是什么步枪和自动步枪。斯通纳不懂俄语，我也不懂英语，这种场面就像是在伟大卫国战争期间苏联军人与美国军人在易北河畔会师时一样，不会影响我们之间的对话。更不用说，我们身边一直会有翻译安德雷亚斯·斯托姆伯格，他在苏联学习多年，对我们国家非常了解。

有一个情况可能有点象征意义，设计师们的会见是以国家博物馆、北弗吉尼亚弓箭手狩猎俱乐部和弗吉尼亚武器收藏家协会的名义进行的。我国的国防和军事部门与这些机构实际上一点儿关系都没有。只是有一次建议我们到美国海军陆战队的一个部队去看了看。

五月的一个阳光灿烂的日子，在离华盛顿 36 海里的一个军事基地，科弗尔德将军接见了我们。在简短的寒暄以后，他就建议我们和斯通纳一起去看看海军陆战队的士兵，看看火力准备营都在操练什么科目。我们了解到，这个营的人员直接从工厂的集装箱中卸下新型号的轻武器和运动武器，在该基地进行精细加工和试验。在进行产品精细加工的过程中，尤为注重的是提高射击密度。如果某些参数不符合弹道要求（所有的参数都是用电子设备进行记录），就直接在现场修正存在的问题。

"来，现在请你们展示一下你们打枪的本事吧，你们可都是这些武器的创造者。"将军请我们进入一个小靶场并说道。

"我提一个条件吧，"我们刚刚走进靶场，科弗尔德拦住我们说，—— 斯通纳使用 AKM 射击，而卡拉什尼科夫使用 M.16 步枪射击。可以接受这个建议吗？"

我和斯通纳都笑了起来说："我们接受！结果都是一样的。"

将军从我手中接过自动步枪，轻轻地向上抛了一下，然后用手掌实实地把枪抓住，转身面向我说：

"我承认，在战斗中我更喜欢使您的武器。我参加过越战，指挥过一个分队。很想有一把您设计的自动步枪作为个人武器。有一个情况，您的武器与 M.16 不同，速度与射击的声音不一样。我用这款枪打过，我的士兵差点儿就朝我本人开火，他们以为，我的旁边有敌人。"

站在旁边的斯通纳好像是同意将军的点评，会意地点了点头。

我写这些文字并不是想强调我们的武器系统比外国的有优势，而是想说另外一个问题：难道我们国家制造产品的竞争力仅限于各种型号的武器吗？难道在我们国家有能力制造出世界最高级民用技术装备的天才还少吗？我认为，我们常常会把人才埋没在地下，认为能用外汇买的东西，就从西方买好啦，这要比自己进行科学技术创造和生产国产优质产品来得快。

我感到痛心的是，我国在改革期间企图很草率地抹黑我们的过去，认为社会主义的和共产主义的宝贵财富没用了，甚至认为是有害的，认为是在犯罪。在这里，我想把西德杂志上的几句话送给那些在民主改革浪潮中放弃了"光明未来"理想的人，要知道这家杂志对那些选择了社会主义的国家并没有好感，可它也不得不在1991年1月号的期刊上承认：

"M.T. 卡拉什尼科夫的生平中明显的特点是，他是一个普通农民的儿子，并没有受过学院派的教育。他之所以能从苏联武器设计师中脱颖而出，成为一名总设计师，只能证明共产主义制度的优越性，这种制度能给每一个人生活的希望，并不论其出身和受教育程度如何。"

我认为，这种雄辩的认可是非常有力的，也是恰如其分的。

美国达拉斯国际机场，高大的候机大厅像是一个玻璃宫殿。各种语言嘈杂的交谈声汇成一片。我们与美国同行说着最后告别的话，他们是那样热情周到地接待了我们，每个人都在不停地握着手，都不忘加上一句："下次再见。"

下次再见……在这经典的格言后面最好再加上一句：最好是贸易而不是交战，最好是狩猎武器，而不是战斗用自动步枪的竞争，最好是在能保障我们两国安全要求的框架下降低武器装备的竞争，而不是扩大武器装备的竞争，我们应该共享精神财富，更多地相互敞开心扉。

大型客机飞向欧洲，就要回到祖国的怀抱。尽管我们的美国之行非常友好，与故乡一个星期的分离仍让我感觉到时间已经很长……

　　一次又一次地回首我所走过的道路，我的心一直不能平静下来，有个念头一直在折磨着我，我所制造的武器系统是用来保卫国家防止外敌入侵的，可是在 20 世纪 80 年代末到 90 年代初，一些人为了在那些非正义的、灾难性的事件中达到目的，越来越多地使用了这种武器。

　　那些在外高加索地区各共和国之间以及在我国其他地区使用"卡拉什尼科夫"的消息一次又一次深深地刺痛着我的心灵。不是的，我半个世纪从事研制现代自动轻武器的目的，绝对不是为了 20 世纪末在匈牙利的议会上因"卡拉什尼科夫式屠杀"所引起的态势，讨论关于成千上万支自动步枪从匈牙利非法转运到克罗地亚，致使南斯拉夫发生内战的问题。

　　让我痛心疾首的还有我国出现的前所未有的武器流失。当我知道光荣的科夫罗夫军械厂武器失窃的消息后更是心如刀绞，要知道我的生活和设计生涯的大部分都与该工厂息息相关……

　　我一遍又一遍地读着我们报纸上的通栏标题：《从哪里搞来的"卡拉什尼科夫自动步枪"？》《你们没有武器吗？这不是问题……》《逮捕了一名 16 岁的武器贩卖者》《目前自动步枪多少钱？》……我读着，思考着：好像我是生活在另外的星球上，又好像是生活在另外一个什么国家，在那个国度里，在一片为无辜被镇压、被杀害同胞的祈祷声中，把武器当成生与死的判官，当成在国际关系中换取医治所有人类、经济和政治疾病的灵丹妙药的小钱。

　　不然的话，当一个加盟共和国的总理建议图拉军械厂的厂长进行易货贸易，说什么，我们给您食品，您拿自动步枪来交换时，又该怎么理解呢？这太可怕了，越过了人类的道德底线。

　　不久以前，我们的媒体痛斥西方国家那些无耻的武器商人和武器交易。这是对的，把自动步枪和机枪放置在任何一个国家平民住所的地毯上都是不合适的，不论是社会主义国家，还是资本主义国家都是如此。私人拥有战斗武器的问题是要由法律来决定的。例如，在美国，要通过建立武器收藏协会，要通过官方限制批准的交易，要通过一系列的法律渠道。

　　当然，我们国家也可以走上这上道路，但只能是在社会政治和经济形势稳定的条件下，我的整个人生和多年的设计生涯告诉我们：存放战斗武器的最好地方是军队，是在有可靠警卫的军队仓库和枪架上。装备武器的只能是警卫队，当然还有边防部队以及和平时期执行保卫国家和军事财产安全以及边界安全战斗任务的分队。就让那些武器在靶场上为提高我们士兵的战斗技能去服务吧。其他所有的武器都应该收藏起来，让武器远离人们的眼睛和手，只有发生战争的时候才能动用它们。

　　我思考着，思考着……春天是这事的理由吗，要不就是我已经老了，我们生活中的每一个事实，当今世界的每一种现象都需要更敏锐、更深刻地去理解。这里所有东西都是相互关联的。

米哈伊尔·季莫费耶维奇·卡拉什尼科夫

1919 年 11 月 10 日 ~2013 年 12 月 23 日

**АВТОМАТ
КАЛАШНИКОВА**

СИМВОЛ РОССИИ

结束语

卡拉什尼科夫概念化现象

Калашниковизация

　　方便、可靠和无后坐力的卡拉什尼科夫自动步枪被称为群众性的大规模毁伤性武器。被这种武器杀死的人数远远超出核武器造成的牺牲，也超出了其他所有轻武器杀人数量的总和。只要一说出"卡拉什"这个词就会引起世界各国人的恐慌和尊敬，是在美国，还是在莫桑比克并不重要。无论到什么地方，人们都知道 AK。在非洲国家，人们用它给孩子起名，把它印在国旗上，刻在国徽上。世界上所有的自动步枪玩具实际上都是卡拉什尼科夫自动步枪的复制品。事情的原因不在于天才的设计方案，而在于它出奇的简单。众所周知，越是复杂的技术装备，就坏得越快。在战斗中武器坏了，是要付出生命代价的，所以装配简单成为生产武器最为重要的标准。米哈伊尔·季莫费耶维奇·卡拉什尼科夫的设计团队制造出了出奇的简单和廉价的武器。10 美元，几年前用这点儿钱就可以在阿富汗的黑市上买到仿制的卡拉什尼科夫自动步枪。在美国花 100 美元也可以买到这种仿制品。

　　伏特加、套娃、巴拉莱卡琴，这是当问外国人有关俄罗斯情况时，外国人的词语选项。而实际情况不是这样的。在各协会的手册上好多年以前排在最前面的都是卡拉什尼科夫自动步枪。这到底是好还是不好呢？这只能是一个客观评价的问题。

　　媒体促使卡拉什尼科夫自动步枪驰名世界。从 20 世纪 50 年代起，就开始了对卡拉什尼科夫自动步枪的崇拜。这种现象被称为"卡拉什尼科夫概念化现象"。

所有这一切都起始于大众化的艺术。1954 年，在电影《马克西姆·佩列佩利察》中观众第一次可以全方位地评价 AK–47。列昂尼德·布科夫饰演的、描述勇敢战士马克西姆·佩列佩利察的喜剧成了 AK 自动步枪的电影首秀。从此以后，卡拉什尼科夫自动步枪以令人羡慕的普及度出现在苏联的许多电影中。几十年过去了，卡拉什尼科夫自动步枪成了征服好莱坞的第一件俄罗斯器物。在好莱坞电影的历史上，AK 自动步枪出现的次数要比其他俄国电影演员在好莱坞演出的总和还要多。《龙兄虎弟》《X 战警》《双重魔鬼》……能见到这支著名武器的电影名字罗列起来有几百部。在电影《战争之王》中卡拉什尼科夫自动步枪成了主角。主人公尼古拉斯·凯奇在谈到这支自动步枪时说："这是世界上最流行的自动步枪，勇敢的武士都喜爱它。这枪出奇的简单，由冲压钢和胶合板组成，只有 9 镑重。这枪不会坏，不会卡壳，不会发烫。可以用它在泥里、在砂子中射击。它用起来很简单，就连小孩子都可以开枪射击。索维特人把自动步枪的图案铸在硬币上，莫桑比克人把自动步枪的图案缝在自己的旗帜上。冷战结束后，'卡拉什尼科夫'成了俄罗斯人出口的重头戏，然后才是伏特加、鱼子酱和自杀作家。"为了拍摄这部电影，他们不得不购置大量武器模型，要为道具花很大一笔钱。为了节省预算，决定购买真正的卡拉什尼科夫自动步枪，因为真枪要比枪的模型便宜得多。

世界闻名的电影导演昆汀·塔伦蒂诺认为在自己的电影中只能使用卡拉什尼科夫自动步枪，因为"要想消灭你身边的所有活物，再没有比这更好的兵器了"。

卡拉什尼科夫概念化现象也没能绕过音乐。世界上出现了以 AK–47 命名的组合（这样的组合在俄罗斯、美国、中国都有，挪威的卡拉什尼科夫组合非常有名。芬兰 KYPCK 组合还专门定制了卡拉什尼科夫自动步枪形状的吉他。后来这种吉他非常流行，有大量买主。表现 AK 自动步枪的歌曲数不胜数：戈兰·布列戈维奇的《卡拉什尼科夫》、Sisterhood 组合的《芬兰红、埃及白沙漠》，还有著名歌手艾斯·库伯的好几首歌曲。重金属音乐歌手更是喜爱卡拉什尼科夫自动步枪。

在艺术作品中卡拉什尼科夫自动步枪的地位不久前也得到了巩固。开始时，自动步枪形状只是在文身中流行，后来 AK 在一些高雅的艺术作品中大放异彩。2012 年，著名雕刻家达米恩·赫斯特制作了真正的卡拉什尼科夫自动步枪艺术品，达到以假乱真的程度，后来这件艺术品以 8.9 万美元的价格被拍得。雕塑家安东尼·葛姆雷在其大型艺术作品《寂静》中表现了自动步枪。作品是用金属丝编制成一个人的轮廓，里面有一支自动步枪。这个艺术作品后来以 8 万美元的价格落锤。2012 年，为卡拉什尼科夫自动步枪举行了拍卖展示会。这次活动共卖出了几十件雕塑品和艺术品，总成交额超过 67.5 万美元。

世界最著名的现代工业艺术大师菲利普·斯塔克不久前向世界展示了一盏卡拉什尼科夫自动步枪样式的台灯。这件工业工艺品价值约 2000 美元。这盏灯成为 2012~2013 年度最为流行的卖品。

卡拉什尼科夫概念化现象的出现很难解释清楚。有人开玩笑说，这是战胜恐惧的最好方法。不管怎么说，自动步枪已经在大众艺术活动中广泛流行。也许今天的卡拉什尼科夫自动步枪是世界上最著名的一项发明，它也许的确暗示着某种恐惧与尊敬。正因为如此，"卡拉什"才被印制在一些国家的国旗上，并成为津巴布韦、莫桑比克和东帝汶等国家国徽上的图案。从 1984 年到 1997 年，可以在布基纳法索的国徽上看到自动步枪的图案。在德国的左翼激进组织红色军团的徽章上刻有德国 HKMP5 式自动步枪的图案，这款枪常常会被误认为是卡拉什尼科夫自动步枪。在什叶派军事化组织真主党的旗帜上也印有卡拉什尼科夫自动步枪的图案。在共产主义组织红色青年先锋队（AKM）的旗帜上也有卡拉什尼科夫自动步枪的图案。

大量地区性组织都喜爱卡拉什尼科夫自动步枪。在地区性集团的旗帜上也能看到自动步枪的图案。

镀金的卡拉什尼科夫自动步枪非常时髦，这得感谢伊拉克的萨达姆·侯赛因。当然，这种奢侈品只能属于墨西哥大毒枭拉米罗·帕索斯·冈萨雷斯、巴西最残暴的罪犯埃利斯马尔·莫莱尔和俄罗斯企业家维克多·布特。世界上所有最可怕和最残暴的罪犯都购买镀金的自动步枪，以此来彰显自己的统治地位。例如刚才提到的拉米罗·帕索斯·冈萨雷斯就有一支镀银镶金的卡拉什尼科夫自动步枪。他自己承认，这支枪是他强调自己地位所必需的象征物。埃利斯马尔·罗德利格斯·莫莱尔不带上金制自动步枪是不会上街的。再有就是莫莱尔在自己匪徒的圈子里建立了金制自动步枪的祭祀仪式。在逮捕莫莱尔时发现，这帮匪徒的窝点中有 233 支镀金的卡拉什尼科夫自动步枪。

由于计算机游戏的发展，自动步枪也成了全世界中学生的武器。大概在上百款电子游戏中可以看到卡拉什尼科夫自动步枪。在《使命召唤》《反恐精英》《孤岛惊魂》《潜行者》《战争前线》《马克思·佩恩》等所有畅销作品中都可以遇到卡拉什尼科夫自动步枪。这些电子游戏的作者都喜爱 AKM 和 AK–47У 式自动步枪。

令人不解的是，武器作为军备竞赛的一种产品，竟然也成了美国的流行商品。这里说的可不仅仅是在电影中。卡拉什尼科夫自动步枪常常是普通百姓购买的物件。不久前 Max Motors 汽车发行股票，在其发行广告上有这样一句话："武器、上帝、勇敢和美国皮卡。"

在拥有股票的前提下，如果购买皮卡，作为礼物公司将发给 AK 自动步枪的持枪证。因而在股票发行期间，该公司的销售量大涨。

在俄罗斯，M.T. 卡拉什尼科夫的发明创造也特别引人注目。例如，前不久，中央银行发行了带卡拉什尼科夫自动步枪图案的硬币。2008 年在堪察加建立了一座 AK–47 的纪念碑。建立纪念碑的决定是 2006 年在伟大的武器设计大师 M.T. 卡拉什尼科夫访问了纳雷切沃边防哨所以后通过的。1995 年，格拉佐夫斯基甜烧酒工厂开始生产卡拉什尼科夫牌伏特加，这个牌子的酒马上就火了起来。

大家都知道，民间传说和民间创作是知名度的一个最好指标。卡拉什尼科夫自动步枪早已在民间笑话、童话和故事中广为传颂。"用拉斯科尔尼科夫的斧头换取卡拉什尼科夫的自动步枪""自动步枪枪口下，特别是在卡拉什尼科夫自动步枪的枪口下，是抢不回来钱的""挎着卡拉什尼科夫自动步枪，做事不用忙"……这只是几个最为流行的有关卡拉什尼科夫自动步枪的格言。

最近，围绕要不要发明新武器为话题进行辩论的数量超出了理性范围。有一种论调说，必须禁止研制新的自动步枪，以便世界上少一些屠杀，这种观点广为流行，实际上，想人为地制止这一进程只能是白日做梦。人们已渐渐地忘记了，武器是不能够杀人的。

"杀人的不是自动步枪，杀人的是人。"—— M.T. 卡拉什尼科夫。

**АВТОМАТ
КАЛАШНИКОВА**
СИМВОЛ РОССИИ

附 录

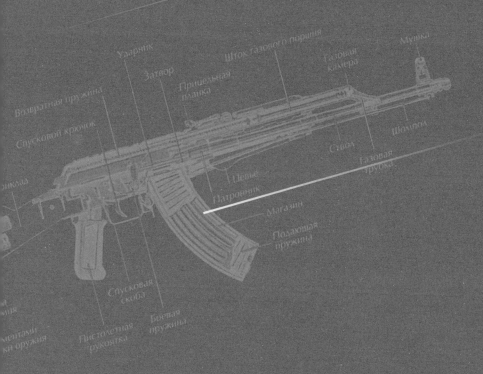

ФРОНТОВАЯ ТЕТРАДЬ

Ударник
Затвор
Шток газового поршня
Газовая камера
Мушка
Прицельная планка
Возвратная пружина
Спусковой крючок
Шомпол
Ствол
Газовая трубка
Цевье
Патронник
Магазин
Подающая пружина
Спусковая скоба
Пистолетная рукоятка
Боевая пружина

АВТОМАТ
КАЛАШНИКОВА
СИМВОЛ РОССИИ

卡拉什尼科夫系列自动步枪的战术技术指标

AK-47/AKC-47 技术指标

口径：7.62 毫米；

表尺射击距离：800 米；

胸环靶直接瞄准射击距离：350 米；

射击速度：600 发 / 分钟；

实际射击速度：单发：近 40 发 / 分钟；

连续射击：近 100 发 / 分钟；

弹头初始速度：715 米 / 秒；

弹头杀伤作用距离：近 1500 米；

弹头极限飞行距离：3000 米；

弹仓容量：30 发定装弹；

自动步枪不带刺刀和弹仓总重：3.47 千克；

刺刀重量：0.37 千克；

空弹仓重量：钢制：0.33 千克；轻合金：0.17 千克；

使用定装弹：1943 年式 7.62×39 毫米；

定装弹重量：16.2 克；

外形尺寸：

AK/AKC 带刺刀和枪托：1070 毫米；

AKC 枪托收起时：645 毫米；

枪管长：415 毫米；

瞄准线长：378 毫米。

AKM /AKMC 技术指标

口径：7.62 毫米；

表尺射击距离：1000 米；

胸环靶直接瞄准射击距离：350 米；

射击速度：600 发 / 分钟；

实际射击速度：单发：近 40 发 / 分钟；连续射击：近 100 发 / 分钟；

弹头初始速度：715 米 / 秒；

弹头杀伤作用距离：近 1500 米；

弹头极限飞行距离：3000 米；

弹仓容量：30 发定装弹；

自动步枪不带刺刀和弹仓总重：3.13 千克；

匕首式刺刀重量：0.45 千克；

空塑料制弹仓重量：0.23 千克；

使用定装弹：1943 年式 7.62×39 毫米；

定装弹重量：16.2 克；

外形尺寸：

AKM/AKMC 带刺刀和枪托：1020 毫米；

AKM/AKMC 不带刺刀：880 毫米；

AKMC 枪托收起时：640 毫米；

枪管长：415 毫米；

瞄准线长：378 毫米。

AK-74 (AKC-74) 技术指标

口径：5.45 毫米；

表尺射击距离：1000 米；

胸环靶直接瞄准射击距离：440 米；

射击速度：600 发 / 分钟；

实际射击速度：单发：近 40 发 / 分钟；连续射击：近 100 发 / 分钟；

弹头初始速度：900 米 / 秒；

弹头杀伤作用距离：近 1350 米；

弹头极限飞行距离：3150 米；

弹仓容量：30 发定装弹；

自动步枪不带刺刀和弹仓总重：3.07 千克 /2.97 千克；

匕首式刺刀重量：0.45 千克；

空弹仓重量：0.23 千克；

使用定装弹：1974 年式 5.45 × 39 毫米；

定装弹重量：10.2 克；

外形尺寸：

AK–74/AKC–74 带刺刀和枪托：1089 毫米；

AK–74/AKC–74 不带刺刀：940 毫米；

AKC–74 枪托收起时：700 毫米；

枪管长：415 毫米；

瞄准线长：379 毫米。

AKC–74У 技术指标

口径：5.45 毫米；

表尺射击距离：500 米；

胸环靶直接瞄准射击距离：350 米；

射击速度：700 发 / 分钟；

实际射击速度：单发：近 40 发 / 分钟；连续射击：近 100 发 / 分钟；

弹头初始速度：735 米 / 秒；

弹仓容量：30 或 45 发定装弹；

自动步枪总重：2.485 千克；

使用定装弹：5.45×39 毫米；

定装弹重量：10.2 克；

外形尺寸：

AKC–74У 枪托打开时长：730 毫米；

AKC–74У 枪托收起时：490 毫米；

枪管长：200 毫米。

AK–74M 技术指标

口径：5.45 毫米；

表尺射击距离：1000 米；

胸环靶直接瞄准射击距离：625 米；

弹仓容量：30 或 45 发定装弹；

射击速度：600 发 / 分钟；

实际射击速度：单发：近 40 发 / 分钟；连续射击：近 100 发 / 分钟；

弹头初始速度：900 米 / 秒；

弹头杀伤作用距离：近 1350 米；

自动步枪带满弹仓重：3.8 千克；

匕首式刺刀重：0.45 千克；

使用定装弹：5.45×39 毫米；

定装弹重量：10.2 克；

外形尺寸：

AK–74M 带刺刀和枪托长：1089 毫米；

AK–74M 不带刺刀长：940 毫米；

枪管长：415 毫米；

瞄准线长：379 毫米；

枪口能量：1377 焦耳。

100 系列 AK 自动步枪技术指标

口径：

AK–101 式和 AK–102 式：5.56 毫米；

AK–103 式和 AK–104 式：7.62 毫米；

AK–105 式：5.45 毫米；

表尺射击距离：

AK–101 式和 AK–103 式：1000 米；

AK–102 式、AK–104 式和 AK–105 式：500 米；

弹仓容量：30 发定装弹；

射击速度：600 发 / 分钟；

弹头初始速度：910 米 / 秒；

弹头杀伤作用距离：3150 米；

自动步枪带满弹仓重：

AK–101 式：4 千克；

AK–102 式：3.6 千克；

AK–103 式：4.1 千克；

AK–104 式：3.7 千克；

AK–105 式：3.5 千克；

使用定装弹：

AK–101 式、AK–102 式：5.56×45 毫米；

AK–103 式、AK–104 式：7.62×39 毫米；

AK–105 式：5.45×39 毫米；

外形尺寸：

AK–101 式、AK–103 式：943 毫米；

AK–102 式、AK–104 式、AK–105 式：824 毫米（折叠式枪托打开时）；

枪管长：

AK–101 式、AK–103 式：415 毫米；

AK–102 式、AK–104 式、AK–105 式：314 毫米；

枪口能量：

AK–101 式、AK–102 式：1798 焦耳；

AK–103 式、AK–104 式：1981 焦耳；

AK–105 式：1316 焦耳。

有关卡拉什尼科夫自动步枪的 30 个有意义的事实

1. 为表彰发明自动步枪，米哈伊尔·卡拉什尼科夫于 1947 年荣获一级斯大林奖金和红星勋章。奖金金额为 15 万卢布。用这些钱当时可以购买约 10 辆胜利牌小汽车（当时该小汽车的价格为 16000 卢布）。

2. 1949 年自动步枪列装。官方名称为：1947 年式 7.62 毫米卡拉什尼科夫自动步枪（AK-47）。经常简称为"卡拉什"。

3. 在苏联时期，会拆装卡拉什尼科夫自动步枪是初级军事训练课程中获得的最基本的知识水平。

4. 在国防部的仓库中存储有约 1600 万支各种轻武器，其中大部分是卡拉什尼科夫自动步枪。这中间有约 650 万支超过了使用寿命。尽管俄罗斯在 10 年的时间内实施了销毁陈旧武器装备型号的计划，这样巨大的轻武器存量还是阻滞了新武器装备的订购。国有俄罗斯技术公司将继续执行解决问题的方案，计划用 1 支新型的 AK-12 自动步枪换 3 支老一代自动步枪，以减少军事仓库的库存量。

5. 自动步枪的双标准。俄罗斯自动步枪最主要的成就是，卡拉什尼科夫自动步枪既可以使用北约的 5.56 毫米定装弹，也可以使用苏联式的 7.62 毫米定装弹。专家认为，正是这个双标准才使"卡拉什尼科夫"在世界武器市场上如此普及。

6. 自动步枪实现了在全世界范围内的克隆。在很多国家存在着卡拉什尼科夫自动步枪的非法生产。官方承认的生产国家有 12 个，非法生产厂家无法计算。大多数国家的仿制品质量非常差，严重损害了俄罗斯武器设计专家的信誉。实际上在任何一个展示会上，俄罗斯的代表都不得不向外国生产厂家就仿制苏联武器问题提出索赔要求。而实际上在 1997 年获得的卡拉什尼科夫自动步枪专利权（1999 年 4 月 4 日国际专利号 WO9905467），只能保护 AK-74M 系列自动步枪中的某些设计方案，而不是 AK 和 AKM 自动步枪。

7. 从各种信息源得知，50 年中共生产 4000 万~7000 万支卡拉什尼科夫自动步枪（包括所有改型）。由于仿制的卡拉什尼科夫自动步枪数量巨大，复制的数量无法统计。

8. 萨达姆·侯赛因的金制自动步枪。萨达姆·侯赛因有多支镀金的卡拉什尼科夫自动步枪。这位独裁者会把镀金自动步枪奖励给最亲密的战友，以表彰他们的功勋。当 2003 年 4 月美国军队攻入巴格达时，士兵们发现了约 20 多件镀金射击武器。在其长子侯赛因·乌代废弃的宫殿中找到一支镀金的 AK 自动步枪，上面有以下铭文："萨达姆·侯赛因总统授予的礼物"。

9. AK-47 是索马里海盗喜爱的武器和熟知古兰经的奖品。在索马里，对于很多人来说，卡拉什尼科夫自动步枪就像渔民的渔网一样重要，是唯一的生产工具。在这个国家里宗教激进组织青年党活动猖獗，孩子们如果熟读古兰经就会被奖励这种武器。

10. 卡拉什尼科夫自动步枪由于生产工艺简单并不算昂贵。在一些国家里它比一只老母鸡还要便宜。

11. 根据《外交政策》杂志的评估，黑市上，一支卡拉什尼科夫自动步枪的价格在阿富汗为 10 美元，在印度达 4000 美元。在美国买一支卡拉什尼科夫自动步枪要花 70~350 美元。

12. 卡拉什尼科夫自动步枪作为世界上存量最大的武器被列入世界吉尼斯纪录。目前世界上约有一亿支 AK 自动步枪。

13. 世界上每 60 位成年人平均占有一支卡拉什尼科夫自动步枪。

14. 卡拉什尼科夫自动步枪列装全世界 106 个国家的军队和特种分队。卡拉什尼科夫系列武器在俄罗斯军队列装 60 年。

15. 卡拉什尼科夫自动步枪的图案被镶嵌在一些国家的国徽上。目前，在非洲国家津巴布韦的国徽上（从 1980 年起）、莫桑比克的国徽和国旗上（从 1975 年起）、亚洲国家东帝汶的国徽上还有 AK 自动步枪的图案。从 1984 年至 1997 年 AK 自动步枪的图案被镶嵌在非洲国家布基纳法索的国徽上。

16. 刚果也有把 AK 自动步枪镶嵌在国徽上的设计方案。

17. 卡拉什尼科夫自动步枪的图案被镶嵌在黎巴嫩真主党的党徽上。

18. 在一些非洲国家里，给新生儿起名叫"卡拉什"，作为一种对卡拉什尼科夫自动步枪的敬意。

19. 俄罗斯篮球运动员安德烈·基里连科是伊热夫斯克人，是生产著名的卡拉什尼科夫自动步枪的地方，他在美国 NBA 职业篮球联赛的犹他爵士队的效力，球衣号码是 47 号，获得的绰号叫"AK–47"。

20. 在埃及西奈半岛的海岸边建立了一座卡拉什尼科夫自动步枪的纪念碑。

21. 在伊拉克有一座清真寺建成了 AK–47 自动步枪弹仓的模样。头号恐怖分子乌萨姆·本·拉登的很多视频信息都是以 AK 自动步枪为背景。

22. 在所有非常流行的电子计算机游戏中都能看到卡拉什尼科夫自动步枪，如《反恐精英》《使命召唤》《战争前线》。

23. 不久前，堪察加为传奇式自动步枪建立了纪念碑。

24. 2008 年俄联邦中央银行为庆祝乌德穆尔特并入俄罗斯 450 周年发行了带有卡拉什尼科夫自动步枪图案的硬币。

25. 为纪念自动步枪诞生 60 周年，新西兰铸造了带有 AK 自动步枪图案的硬币，面值为 2 新西兰元。

26. 在阿富汗，人们会把自动步枪的图案编织在小地毯上。

27. 20 世纪末法国杂志《解放报》承认卡拉什尼科夫自动步枪是 20 世纪的伟大发明。认为该款武器的成功超过了原子弹和航天技术。

28. 2004 年《花花公子》杂志认为，卡拉什尼科夫自动步枪是 50 个改变世界的产品之一。列在苹果电脑、避孕药和索尼磁带录像机之后。

29. 各种型号的卡拉什尼科夫自动步枪是电子计算机游戏中最普遍使用的武器。它几乎出现在所有的电子计算机游戏中。

30. 经过计算认为，使用卡拉什尼科夫自动步枪杀死的人数要比炮火、航空炮弹和导弹毁伤人数的总和还要多。每年死于 AK 子弹的人数约为 2500 万。

我研制武器并不是为了对人的屠杀，而是为了保卫自己的祖国。经常会有人问我这样一个问题："有这么多的人死于您的自动步枪枪口下，您能睡得着觉吗？"我在回答这样的问题时会说："我睡得很好，睡不着觉的应该是那些挑起战争的政客。"

—— M.T. 卡拉什尼科夫

图书在版编目(CIP)数据

步枪之王AK-47：俄罗斯的象征 /(俄罗斯)伊莉莎
白·布塔著；孙黎明译. -- 北京：社会科学文献出版
社, 2016.11
　　ISBN 978-7-5097-9867-6

　　Ⅰ.①步… Ⅱ.①伊… ②孙… Ⅲ.①自动步枪－介
绍－俄罗斯 Ⅳ.①E922.12

中国版本图书馆CIP数据核字(2016)第254823号

本作品中文专有出版权由中华版权代理中心代理取得，
由社会科学文献出版社独家出版

步枪之王AK-47：俄罗斯的象征

著　　者 / 〔俄〕伊莉莎白·布塔
译　　者 / 孙黎明

出 版 人 / 谢寿光
项目统筹 / 尤　雅
责任编辑 / 张苏琴　尤　雅

出　　版 / 社会科学文献出版社·电子音像分社图书编辑部　(010) 59367105
　　　　　　地址：北京市北三环中路甲29号院华龙大厦　邮编：100029
　　　　　　网址：www.ssap.com.cn
发　　行 / 市场营销中心 (010) 59367081　59367018
印　　装 / 三河市东方印刷有限公司

规　　格 / 开　本：880mm×1230mm 1/32
　　　　　　印　张：11　字　数：262千字
版　　次 / 2016年11月第1版　2016年11月第1次印刷
书　　号 / ISBN 978-7-5097-9867-6
著作权合同
登 记 号 / 图字01-2015-2323号
定　　价 / 55.00元